普通高等教育教材

女装结构设计

陈晓芬　编著

Women's Clothing
Structural
Design

化学工业出版社
·北京·

内容简介

本书讲解了女装结构设计的基础理论与实践方法。以服装结构设计的基本原理和方法为主线，讲解了新文化式上衣原型结构制图、新文化式原型袖与两片袖结构设计、结构设计样板修正、连衣裙与旗袍结构设计、衬衫结构设计、裤子结构设计、翻驳领结构设计、女西装结构设计等内容，并通过实例演示，引导读者逐步掌握各类女装款式的结构设计要点与技巧。

本书可以作为服装设计及工程专业的教材，也可以作为服装设计行业从业人员的参考书，还可以作为对服装设计初学者的入门读物。

图书在版编目（CIP）数据

女装结构设计 / 陈晓芬编著. -- 北京：化学工业出版社，2025.4. --（普通高等教育教材）. -- ISBN 978-7-122-47949-5

Ⅰ. TS941.717

中国国家版本馆 CIP 数据核字第 2025MJ6120 号

责任编辑：贾　娜　　　　　　　装帧设计：史利平
责任校对：李露洁

出版发行：化学工业出版社
　　　　　（北京市东城区青年湖南街 13 号　邮政编码 100011）
印　　装：河北延风印务有限公司
787mm×1092mm　1/16　印张 12¼　字数 268 千字
2025 年 4 月北京第 1 版第 1 次印刷

购书咨询：010-64518888　　　　　售后服务：010-64518899
网　　址：http://www.cip.com.cn
凡购买本书，如有缺损质量问题，本社销售中心负责调换。

定　　价：49.00 元　　　　　　　　版权所有　违者必究

前 言

在时尚舞台上，女装以其独特的魅力和丰富的变化，成为服装设计领域的璀璨明珠。"女装结构设计"课程是现代服装设计创新的基石。该课程融合艺术性与工程性，通过科学结构处理手法，如省道、分割线与松量配置，将设计创意转化为符合人体工学的服装产品，兼顾合体性、舒适度、生产效率与成本控制。在快时尚盛行的当下，优秀的结构设计能根据目标客群个性化需求进行款式演变，是设计创意落地为市场化产品的关键技术载体，直接决定成衣的功能性、审美价值与商业竞争力。

在产业数字化转型浪潮中，女装结构设计正经历深刻变革。在服装服饰专业学科体系中，女装结构设计占据双重战略地位，既是行业技术的迭代引擎，也是市场需求的传感器，其发展遵循"用户导向—生产效能—可持续创新"的演进逻辑。无论是服装设计师的概念转化、制版师的技术实现，还是工艺师的成品优化，都需要以深厚的结构设计知识为根基。作为产业链的核心技术节点，结构设计连接创意构想、消费需求、生产实践与趋势演变，是服装形态"骨骼系统"与行业创新的突破口。当下，其价值维度已拓展至可持续设计、智能穿戴等前沿领域，持续为服装产业的升级发展注入动能。

掌握女装结构设计技能，是成为优秀服装设计师、打版师的基本要求。本书旨在为服装专业师生及行业从业人员讲解实用、可落地的女装结构设计方法论，助力其在女装设计领域找到方向，开启充满创造力与成就感的旅程。作为服装设计与工程专业核心课程之教材，本书充分考虑教学实际需求，内容编排遵循48课时教学计划，采用"理论讲解＋案例实操"双轨模式，便于教师教授与学生自主学习。本书内容兼顾服装设计理论与实际操作，可以让学生感受从设计图到成衣转化过程，帮助其掌握服装结构基本原理，提升动手能力与解决问题能力，锻炼空间想象力，将二维设计图转化为三维服装样板，为未来职业发展打下基础。

本书基于课程体系编写，涵盖一个学期（约48课时）的教学需求，既可作为高等院校服装专业核心教材，也可供行业技术人员参考。本书从基础理论到实践应用逐层深入，系统阐述了省道处理、分割线设计、松量控制等核心技术要点，帮助学生奠定扎实的理论基础，提供清晰的实践路径。同时，紧密结合行业实际需求，融入市场趋势分析及现代设计创新思维，确保所授技术方法具有行业实用性。本书通过对女装结构设计专业知识的梳理与整合，实现传统技艺的现代传承，推动该领域创新发展。

本书由浙江科技大学陈晓芬编著。期望通过本书基础知识的讲授与实践技能的训练，培养既懂传统工艺又掌握现代技术的复合型专业人才。

由于编著者水平所限，书中难免存在不足之处，恳请广大读者批评指正。

编著者

目录

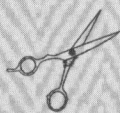

绪论

在当今服装教育体系中，女装结构设计课程占据着举足轻重的地位，其独特价值与深远意义在多个层面得以彰显。服装结构设计课程以女装结构设计教学为主，由女装结构特点与市场需求等多方面因素决定。

男装结构设计原理与女装相同，但女装款式丰富多样，涵盖日常穿着的连衣裙、衬衫、半身裙，民族特色的旗袍，时尚的晚礼服等类型。与男装相比，女装在款式设计上变化空间更大，领型、袖型、裙摆等细节可创新调整，还能融入装饰元素。这种丰富的款式变化带来更大的设计挑战，更能激发学生创新思维与设计潜能，提升设计能力。在结构方面，女装复杂性远超男装，女性身体有明显的胸腰差和臀围差，身体曲线优美复杂。女装结构设计需精确处理省道、褶皱、分割线等关键元素，确保服装贴合女性身体曲线，展现身材魅力。例如设计女裙时，需精准把握臀部形状尺寸，巧妙设计臀围和裙摆线条，使裙子贴合臀部曲线，保证舒适性与美观性。这种复杂性使女装结构设计成为服装结构学核心内容，学生深入学习后，能掌握高级精细结构设计技巧，为后续学习相关课程奠定基础。

从市场需求角度看，女装在服装市场中地位重要，消费群体庞大，市场需求旺盛。掌握女装结构设计专业技能，能让学生更好地满足市场对各类女装产品的需求，提升就业竞争力与职业发展潜力。此外，女装结构设计学习成果也易在实际服装生产中应用转化，学生有机会参与女装设计项目，将理论知识与设计技巧运用到实际工作中，积累实践经验，提升专业素养与综合能力。女装设计还注重美观性与时尚感，通过女装结构设计教学，可引导学生关注服装造型美、线条美和色彩美，培养审美能力与艺术鉴赏力。教学过程中可鼓励学生大胆创新，尝试不同设计手法与元素组合，激发创新意识与创造力，设计出个性化、时尚感的女装作品，为服装市场注入新活力与创意。

从学科建设角度而言，女装结构设计课程犹如一座桥梁，紧密连接着艺术创意与工程技术两大领域。它通过深入剖析女性人体特征与服装结构之间的内在联系，为学习者逐步搭建起从二维设计图纸迈向三维成衣制作的专业知识架构。这一过程不仅要求学习者具备扎实的理论基础，更需要他们在实践中不断磨砺技艺，将抽象的设计理念转化为具象的服装作品。

在服装产业发展格局中，女装市场始终占据着主导地位，其庞大的消费群体与旺盛的市场需求催生了对专业人才的海量需求。本课程紧扣行业脉搏，将实践教学贯穿始终，借助精心设计的案例教学环节，让学生在模拟真实工业生产的场景中，深刻领会结构设计的精准要求与关键要点。通过对女性体型特征的细致研究，构建了一套科学完整的教学框架。女性体型的显著特点，如较大的胸腰差、臀腰差以及独特的肩部斜度和背部曲度，为女装结构设计带来了诸多挑战，也赋予了其独特的魅力。与男装结构设计的相对平直不同，女装结构设计需要巧妙运用省道、分割线等特殊手法，以实现服装与女性身体曲线的完美贴合。

在课程体系架构中，本教材精心规划了女装结构设计课程的定位与衔接。作为专业核心课程，它在人才培养过程中发挥着承上启下的关键作用。学生在修读本课程之前，需先掌握服装结构设计基础与服装材料等相关知识，为深入学习女装结构设计筑牢根基。而本课程所涉及的知识与技能，又将为后续的成衣设计、毕业设计等实践环节提供坚实的技术支撑。本教材内容遵循循序渐进的原则，从基础原型入手，逐步过渡到复杂款式，涵盖平面制版与立体裁剪等多种技术手段，形成一条完整且清晰的能力培养链条。

本课程的教学重点聚焦于三个关键层面。基础理论层面，深入讲解各类原型制作的原理与方法；技术操作层面，着重训练省道转移、分割线变化等核心技能，确保学生熟练掌握操作技巧；创新应用层面，着重培养解决特殊体型问题的能力，激发学生的创新思维与实践能力。在学习过程中，学生需高度重视空间想象力的培养，这是实现二维与三维转换的关键所在。通过48课时的系统训练，学生将逐步掌握从基础款式到复杂礼服的完整结构设计方法，为未来的职业发展奠定坚实基础。

在教学实施层面，本教材充分考虑了教学的可行性和灵活性。教师可根据实际教学需求，灵活采用模块化教学、项目驱动等教学方法，激发学生的学习积极性与主动性。建议将总课时的40％用于实践环节，通过"讲解-示范-练习-评价"的循环模式，确保教学效果最大化。

通过本课程的学习，学生将建立起系统的女装结构知识体系，具备解决实际问题的专业能力，为后续的专题设计、毕业设计等课程奠定坚实基础，最终成长为符合行业需求的复合型人才。

展望未来，女装结构设计领域将迎来智能化、个性化与可持续化的全新发展阶段。参数化设计技术将实现制版效率的指数级提升，虚拟样衣技术将彻底革新传统产品开发模式，模块化设计将为个性化定制提供更多可能性。然而，无论技术手段如何革新，服装结构设计的核心原理始终不变。学生唯有扎实掌握基础理论知识与实践技能，方能真正驾驭日新月异的科技工具，实现传统工艺与现代技术的有机融合。本教材希望通过系统的知识传授和技能训练，培养出既懂传统工艺又掌握现代技术的新型专业人才，为推动我国服装产业高质量发展贡献力量。

第一章

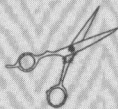

新文化式上衣原型结构制图

第一节 ▶ 新文化式上衣原型

一、新文化式上衣原型的优势与劣势分析

相较于传统的标准上衣原型，新文化式上衣原型（简称新文化原型，本书特指女装）在多个方面进行了优化和改进。

1. 新文化式上衣原型与标准上衣原型的区别

新文化式上衣原型在设计上进行了显著的改进。它增加了省道设计，将省道划分得更细致，位置分配更合理，根据不同位置设计了不同的省道量，从而更好地突出女性的体型曲线。此外，新文化式上衣原型的前后腰线处于同一水平线上，与标准女上衣原型前后衣片腰节错开的设计不同。这种设计变化使得新文化式上衣原型在处理胸凸量时更为简单方便。在围度设计上，新文化式上衣原型的胸围松量增加，胸宽和背宽变小，尤其是背宽变化幅度较大，但仍然保持背宽大于胸宽，减小了两者之间的差距。前后胸围的比例也发生了改变，新文化式上衣原型变成了前宽后窄的结构，更符合人体本身的结构比例。此外，新文化式上衣原型在肩斜的处理上采用了固定的角度，使得肩斜的变化不受其他尺寸的影响，这从人体结构角度来看是合理的。袖子原型的制法也有很大变化，新文化式上衣袖子原型是依据衣身而作出的，使得袖子与衣身更能对应吻合，造型更完美。

2. 新文化式上衣原型的优势

新文化式上衣原型的制图方法在实际生产中具有多方面的优势。首先，其更细致的省道设计能够显著突出女性的体型曲线，提高服装的造型功能。其次，前后腰线处于同一水平线的设计更符合人体结构，使得服装在腰节部分的处理更为合理，提高了服装的合体性和舒适度。此外，新文化式上衣原型的肩斜采用固定角度，适应大多数人体结构，同时袖子原型的改进使得袖子与衣身更吻合，造型更饱满。新文化式上衣原型在设计上还考虑了现代女性体型的变化，如 BP 点（胸高点）位置的下降和胸围松量的增加，这些改进有助于体现当代女性匀称的体型。此外，新文化式上衣原型的制图方法更加灵活，适应性强，能够更好地结合人的体型和款式的变化，有利于设计师在创作过程中发挥更大的灵活性和创造性。

3. 新文化式上衣原型的劣势

尽管新文化式上衣原型具有诸多优势，但也存在一些劣势。其计算较为复杂，需要一定的专业知识和经验，初学者可能需要较长时间来掌握。此外，新文化式上衣原型的制图方法虽然科学，但在实际应用中可能需要根据具体情况进行调整，以适应不同体型和款式的需求。

综上所述，新文化式上衣原型在设计上更加注重人体结构的合理性和服装造型的美观

性，使得制图方法更加科学和实用。这些变化有助于提高制衣行业的样板设计能力，并且更符合现代女性体型和时尚趋势的需求。

二、新文化式上衣原型的制图方法

1. 新文化式上衣原型的规格尺寸及计算公式

以下新文化式上衣原型采用规格尺寸为 160cm 的中间体标准尺寸，胸围为 84cm，背长为 38cm，其他部位尺寸依据胸围量进行计算，具体公式和数值如表 1-1-1 所示，具体的结构制图见图 1-1-1。

表 1-1-1　新文化式上衣原型规格尺寸和参数　　　　　　　　单位：cm

具体部位名称	公式	数值
半身宽	$B/2+6$	48
袖窿深	$B/12+13.7$	20.7
背宽	$B/8+7.4$	17.9
BL 到胸围	$B/5+8.3$	25.1
胸宽	$B/8+6.2$	16.7
前领宽	$B/24+3.4$	6.9
前领深	前领宽$+0.5$	7.4
胸省角度	$(B/4-2.5)°$	18.5°
后领宽	前领宽$+0.2$	7.1
后肩省	$B/32-0.8$	1.8

注：B 为胸围。

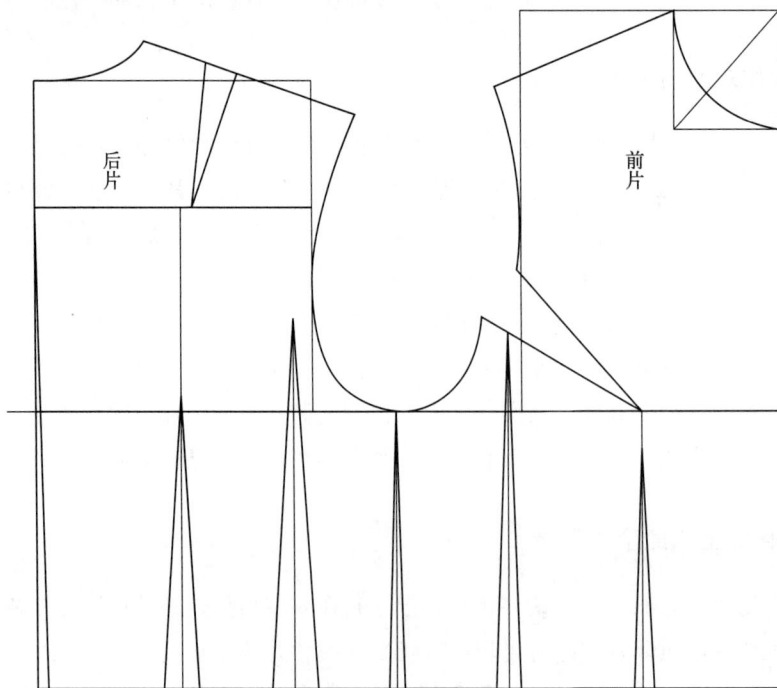

图 1-1-1　新文化式上衣原型样板制图

2. 新文化式上衣原型框架制图步骤 (图 1-1-2)

（1）绘制一条垂直线，以上水平线后颈点向下取背长作为后中心线（CB）。

（2）画 WL（腰线水平线），并确定身宽（前后中心之间的宽度），通常为胸围（B）的 1/2 加上 6cm 松量。

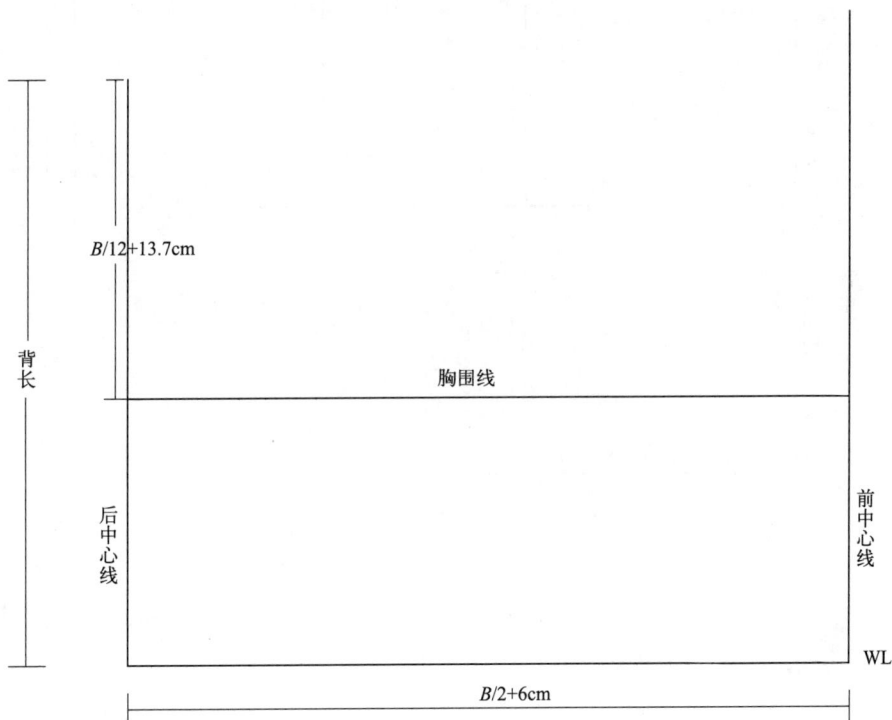

图中标注：

背长

$B/12+13.7cm$

胸围线

后中心线

前中心线

WL

$B/2+6cm$

图 1-1-2　新文化式上衣原型基础框架构建

（3）在后中心线上从上水平线向下取长度 $B/12+13.7cm$，确定胸围水平线（BL 线）。

（4）垂直于 WL 作前中心线（CF）。

（5）在 BL 上，由后中心向前中心方向取背宽线（$B/8+7.4cm$），确定背宽点。

（6）经背宽点向上作背宽垂直线。

（7）作上水平线与背宽线相交。

（8）通过胸围线（BL）由前中心线（CF）与胸围线的交点处量取 $B/8+6.2cm$，作为前胸宽线，并由该点向上作垂线 $B/5+8.3cm$，如图 1-1-3 所示。

下一步绘制轮廓线：画圆画顺曲线，包括前领口弧线、前肩线、后领口弧线、后肩线、后省、后袖窿弧线、胸省、腰省等。每个部分都有具体的尺寸和角度要求，例如前肩线取一定角度，后肩省有特定的长度和位置。

（9）绘制前领口弧线：在前上水平线处取一定长度（如：$B/24+3.4cm$）得 SNP 点，画圆顺前领口弧线。前领的深度为前领的宽度＋0.5cm，形成矩形框架，连接矩形对角线，并且三等分，在二等分处下移 0.5cm，作为领圈绘制的一个经过点，如图 1-1-4 所示。

后上水平线

前上水平线　　　　　*B*

A

8cm

后片

前片

D

B/12+13.7cm

B/5+8.3cm

背长

BL　　*B*/8+7.4cm

C

B/8+6.2cm

后中心线

前中心线

WL

身宽*B*/2+6cm

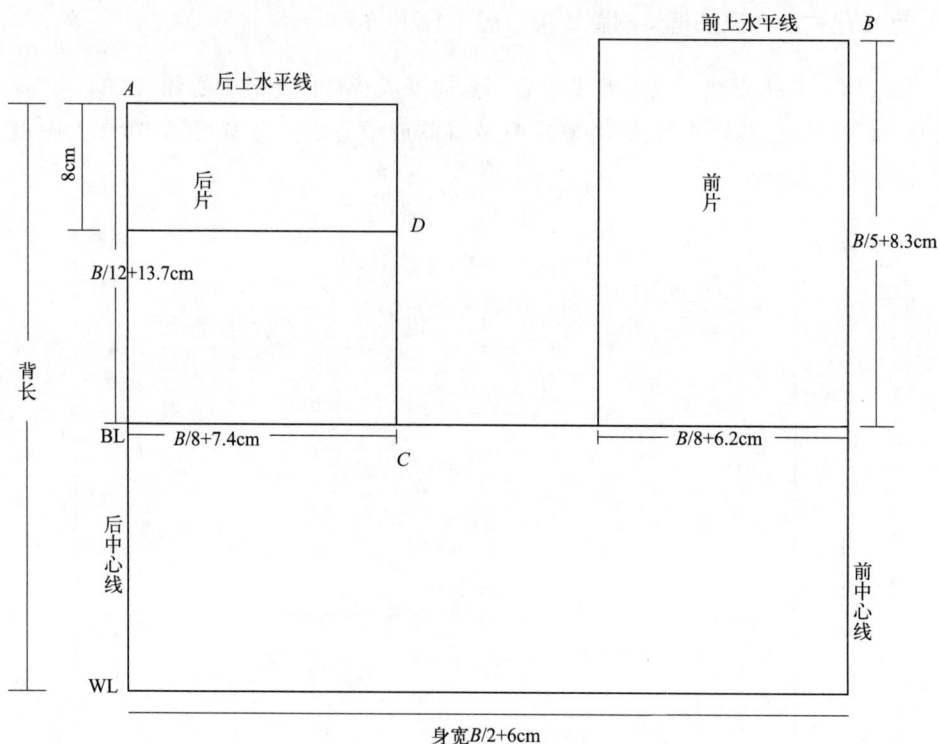

图 1-1-3　背宽和胸宽线制图

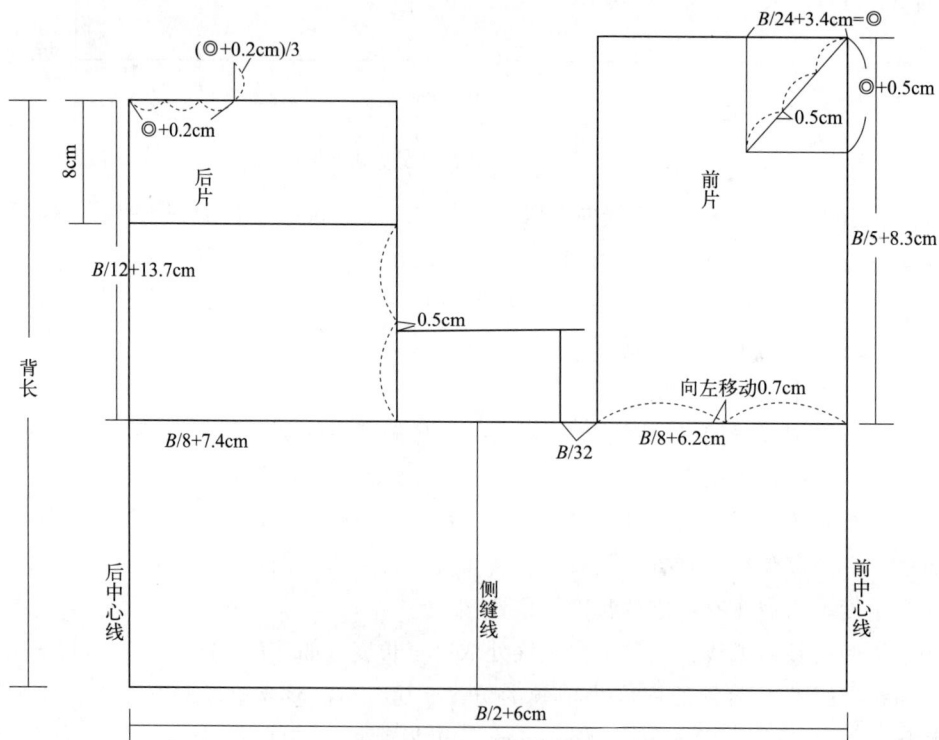

(◎+0.2cm)/3

B/24+3.4cm=◎

8cm

◎+0.2cm

后片

前片

◎+0.5cm

0.5cm

B/12+13.7cm

B/5+8.3cm

背长

0.5cm

向左移动0.7cm

B/8+7.4cm

B/32

B/8+6.2cm

后中心线

侧缝线

前中心线

B/2+6cm

图 1-1-4　新文化式上衣原型领子搭建

（10）绘制后领口弧线：首先从后上水平线量取前领宽度并加上 0.2cm，得到 SNP 点，以此作为后领口的宽度基准。接着，将后领口宽度三等分，取其中一等份作为后领口的高度。参考图 1-1-4，在保持后领口宽度的第一等分线条平滑的基础上，让第二等分线略微上翘，从而绘制出一条圆滑顺畅的后领口弧线（图 1-1-5）。

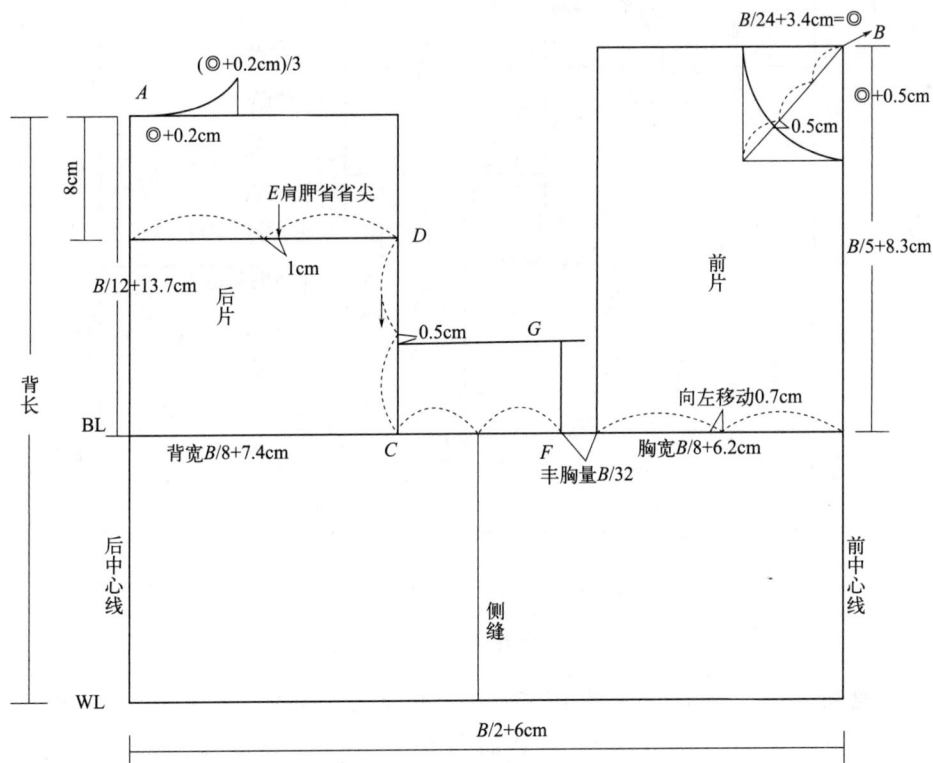

图 1-1-5　绘制前后片领子曲线

（11）在上水平线向下一定长度（如 8cm）处画一水平线与背宽线相交于 D 点。

（12）过 C、D 两点的中点向下 0.5cm 处作水平线 G。

（13）在 BL 线上距离胸宽线作丰胸量 $B/32$（F 点），如图 1-1-5 所示。

（14）平分 F 点到后背宽线的距离作侧缝线。

（15）确定肩胛省省尖：将后背背宽平分后向袖窿方向移动 1cm 来确定后肩省的省尖点 E。

（16）绘制前肩线：以 SNP 为基准点取一定角度（如 22°）的前肩倾斜角度，形成前肩宽度。或者通过比例法，以 8：3.2 来确定肩膀斜度。

（17）绘制后肩线：以 SNP 为基准点取一定角度（如 18°）的后肩倾斜角度，确定后肩宽度。或者通过比例法，以 8：2.6 来确定肩膀斜度。

（18）绘制后肩省：过肩胛省尖，向上作垂直线与肩线相交，由交点位置向肩点方向取 1.5cm 长度作为省道的起始点，连接省道线，肩膀省的宽度为 $B/32-0.8$（1.8）cm，如图 1-1-6 所示。

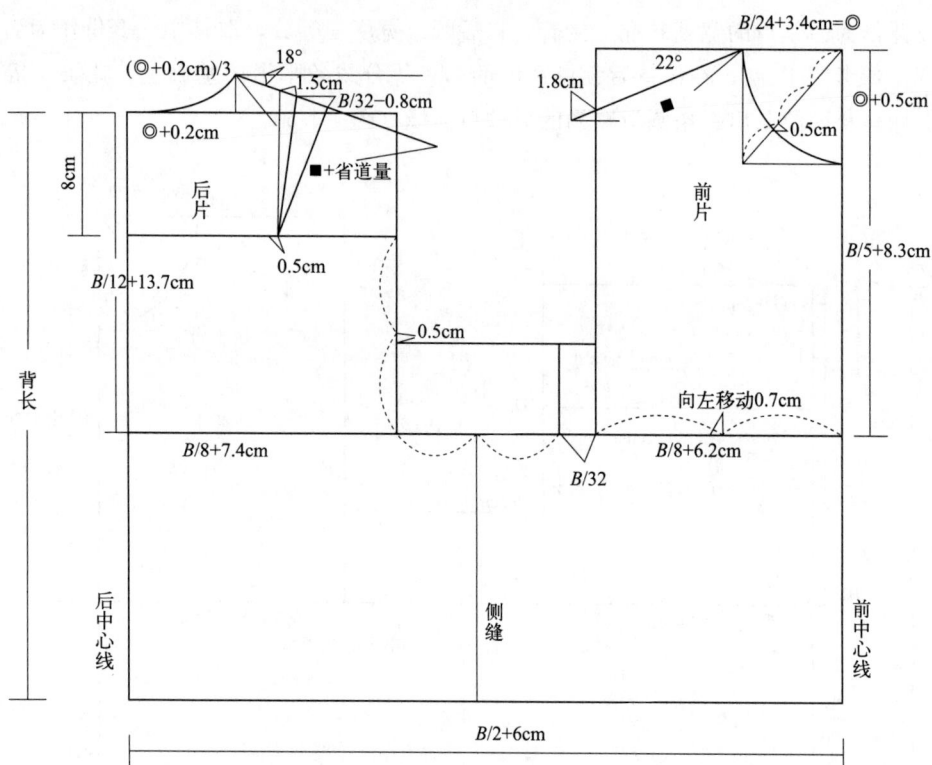

图 1-1-6　新文化式上衣原型肩膀绘制

（19）绘制后袖窿弧线：参照图 1-1-7，将背宽线至侧缝线的距离三等分（★），取其中一等份的长度＋0.8cm 作为后袖窿曲线的参考点。接着，将后肩端点、后袖窿深度的中点、该参考点以及袖窿侧缝点依次连接，形成一条平滑的曲线。最后，确保后袖窿弧线流畅自然。

（20）绘制前袖窿弧线：平分胸宽线和 BL 线所形成的直角，在其上取一定长度（★＋0.5cm）作为前袖窿参考点，经过袖窿深点、前袖窿参考点、G 线与丰胸量相交点作曲线，并画圆顺前袖窿弧线。

（21）绘制胸省：平分胸宽线，并向前袖窿水平移动 0.7cm，过该点连接 G 线与前袖窿的交点，并作 18.5°的角度倾斜线构建胸省，如图 1-1-7 所示，确保胸省省道两条边长度相等。

（22）绘制和标注腰省 f 处，见图 1-1-8。

（23）在距离肩胛省省尖 0.5cm 处作垂线作为后片腰省 e 处。

（24）在距离背宽线与 G 线交点 1cm 处作垂直线作为省道 d 处。

（25）侧缝处为省道 c 处。

（26）距离丰胸线 1.5cm 处作垂线为省道 b 处。

（27）过胸省省尖作垂线为省道 a 处。

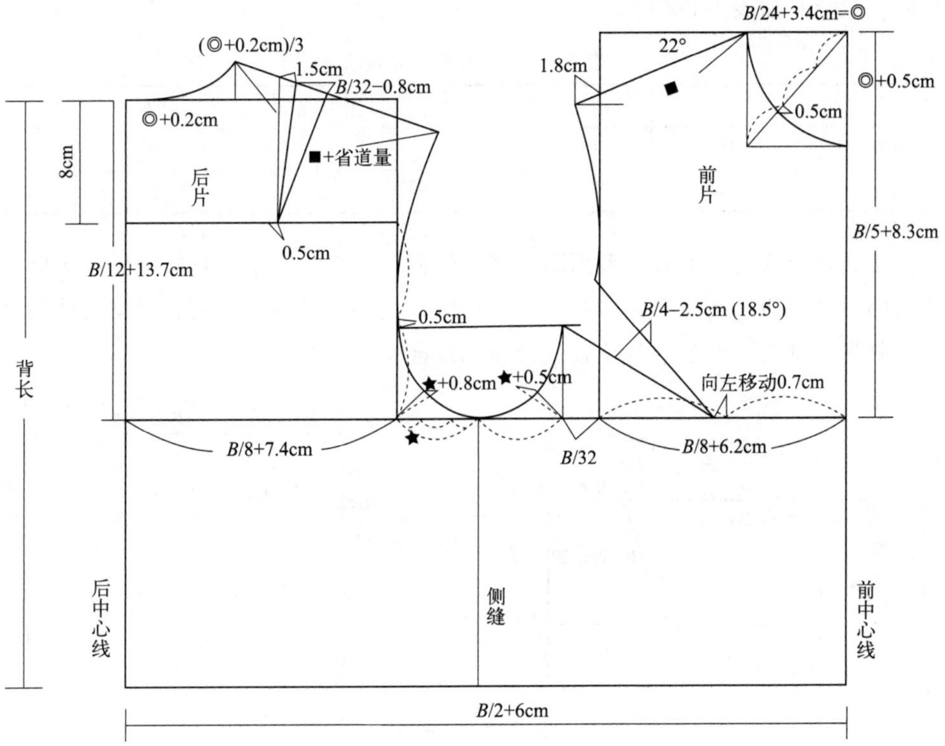

图 1-1-7 新文化式上衣原型样板袖窿绘制

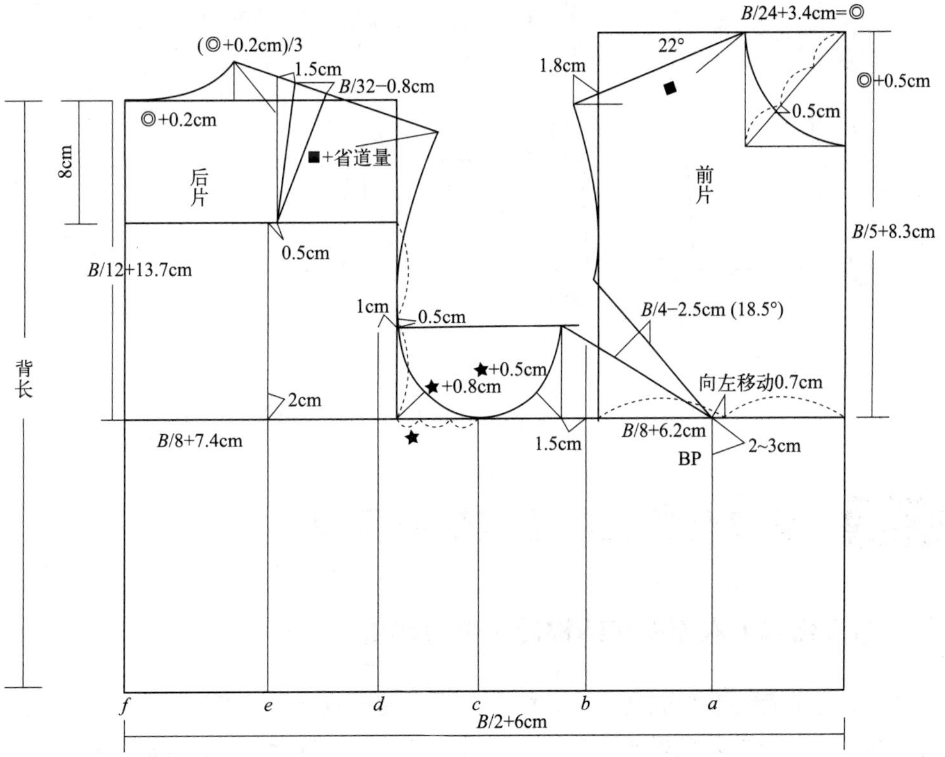

图 1-1-8 新文化式上衣原型样板腰部省道设置

具体省量分布如表 1-1-2 所示。

表 1-1-2　腰省量分布情况

单位：cm

总省量	f	e	d	c	b	a
100%	7%	18%	35%	11%	15%	14%
12	0.84	2.16	4.2	1.32	1.8	1.68

　　以上步骤是新文化式上衣原型制图的基本流程，每个步骤中的具体数值和角度可能会根据不同的教材或版本有所变化。在实际操作中，这些数值和角度需要根据具体的设计要求和人体测量数据进行调整。具体省量分布和纸样见图 1-1-9。

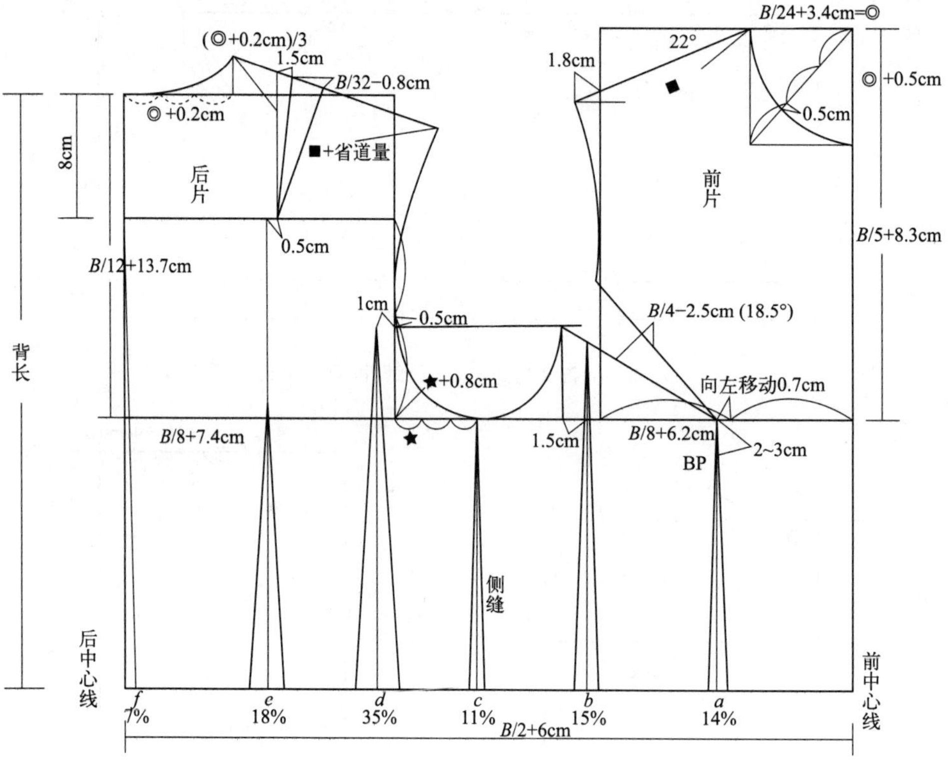

图 1-1-9　新文化式上衣原型样板

第二节 ▶ 新文化式上衣原型变形原理

一、新文化式上衣原型在结构设计中的作用

　　新文化式上衣原型是服装结构设计的基础，通常包括前片、后片、袖片等基本部分。这些部分构成了上衣的基础框架，其尺寸和形状经过精心设计，以确保服装的合身性和舒适性。在进行任何变形处理之前，必须充分理解原型的结构，包括各部位的尺寸、比例及

其相互关系。

（1）原型作为基础图形：原型通过转移、剪切、拉展、折叠等操作，可以形成构造复杂的服装结构。这种灵活性使得原型成为服装设计的重要工具。

（2）原型与结构图的关系：通过观察原型与最终结构图之间的关系，可以直观地理解人体主要部位尺寸与服装细部规格之间的联系。这种关系是服装结构设计的核心。

（3）衣身原型的调节作用：衣身原型通过消除前浮余量，能够在衣身结构平衡中起到直观的调节作用，确保服装的合体性和舒适性。

二、新文化式原型结构设计过程

服装原型的结构设计是一个系统化的过程，其核心在于根据款式需求对基础原型进行调整和优化。以下是具体的设计步骤。

（1）确定基础原型：根据服装款式和穿着需求，选择或设计合适的基础原型。基础原型通常包括上半身原型（如上衣原型）和下半身原型（如裤原型、裙原型），它们是服装结构设计的基础。

（2）分析款式需求：对目标款式进行深入分析，明确其风格、松量、合体度等要求。这些要求直接影响省道设计和省道转移的方向与程度。例如，增加肩宽、调整领口形状或改变袖型等需求，都需要在原型基础上进行相应的调整。

（3）确定省道转移方案：根据款式需求，制定省道转移的具体方案，包括选择转移的省道、转移的位置以及转移的量。省道转移是调整服装结构的重要手段，能够显著影响服装的合体度和外观。

（4）绘制新省道：在基础原型上，按照确定的省道转移方案绘制新的省道。绘制时需保持省道的角度不变，同时调整省长和省量以适应新的位置。

（5）细节处理：在完成主要部分的变形后，需对细节进行处理，例如增加褶皱、口袋、纽扣等装饰性元素。这些细节不仅影响服装的外观，还可能对整体结构产生影响，因此在调整时需考虑其对整体平衡的影响。

（6）复核与调整：完成省道转移后，对新的纸样进行复核，检查其准确性和全面性。必要时进行调整，以确保服装成品符合设计要求。

三、省道转移变化与款式特征表达

省道转移是服装结构设计中的重要手法，能够通过调整省道的位置、长度和大小来实现丰富的款式变化。以下是省道转移的具体应用及其对款式特征的影响。

1. 调整前片和后片

前片和后片是上衣的主要部分，变形处理通常从这两部分开始。例如，增加胸围尺寸可以通过增加前片和后片的宽度来实现，同时需注意保持前后片的对称性和比例协调。此外，领口和肩线的形状也可以根据设计需求进行调整，如将圆领改为 V 领或调整肩线的倾斜角度。

2. 通过省道转移变形

（1）胸省转移：将胸省转移到肩省或领省，可以使服装更加贴合肩部曲线，适用于需要强调肩部线条的款式。

（2）腰省转移：将腰省转移到侧缝或前后中心线，可以调整服装的腰部松量，适用于需要调整腰部合体度的款式。

（3）省道与分割线结合：通过省道转移与分割线的结合，可以创造出丰富的造型变化，如公主线、育克线等，使服装更具设计感和层次感。

新文化式上衣原型的样板结构变形处理是一个基于人体工学和服装结构设计原理的系统化过程。通过省道转移、细节调整和反复验证，可以实现从基础原型到多样化设计的转变。省道转移作为一种灵活而有效的设计手法，能够显著影响服装的合体度、外观和风格表达。在实际应用中，设计师需根据款式需求和穿着者特点制定合理的省道转移方案，并通过精细的纸样绘制和复核，确保服装成品的质量和效果。

四、具体案例

新文化式上衣原型省道转移案例见图 1-2-1～图 1-2-3。

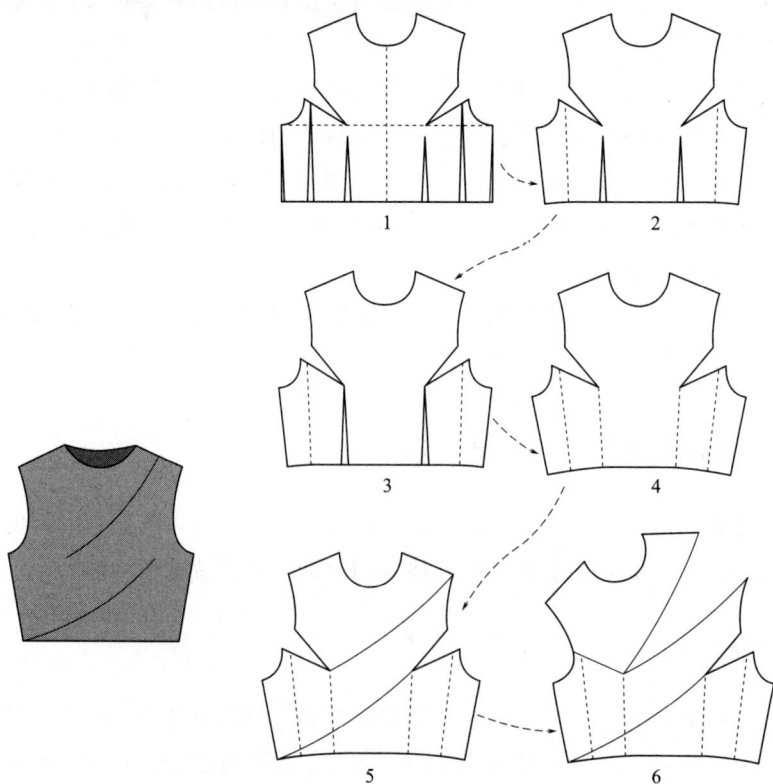

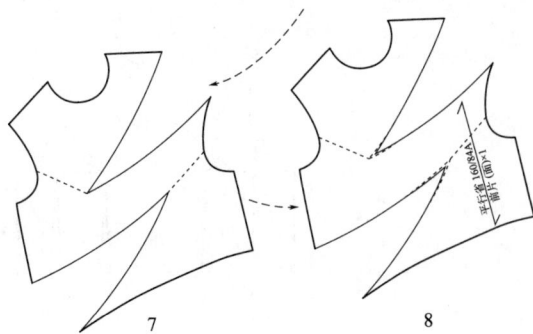

图 1-2-1　新文化式上衣原型省道转移案例（一）

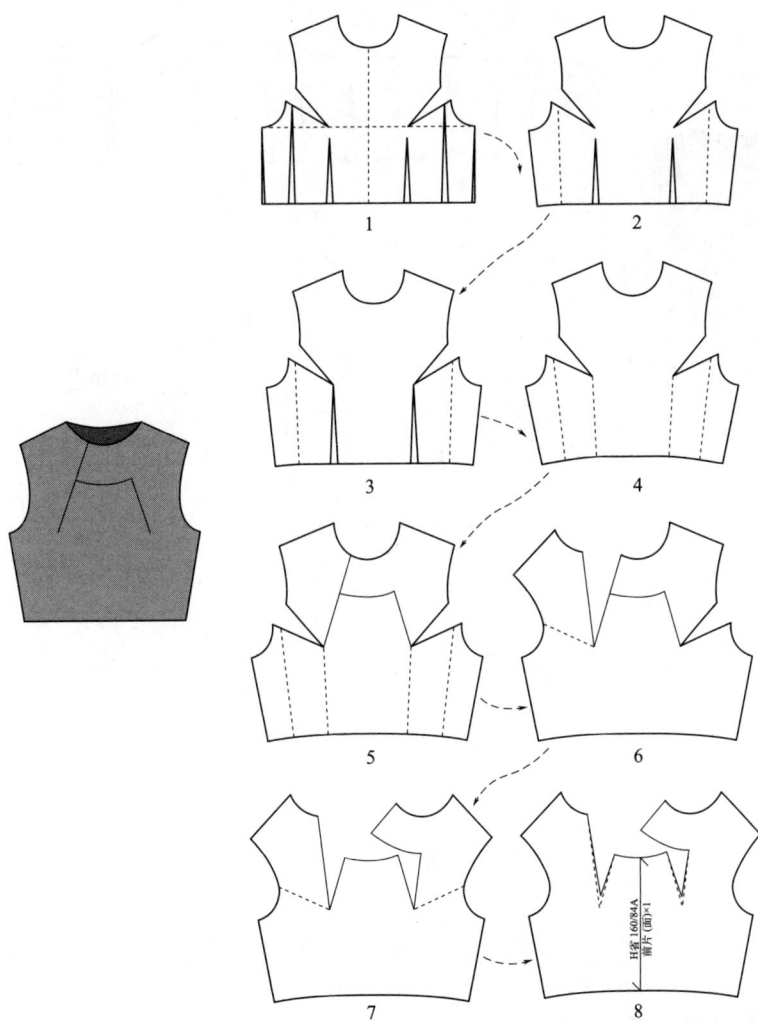

图 1-2-2　新文化式上衣原型省道转移案例（二）

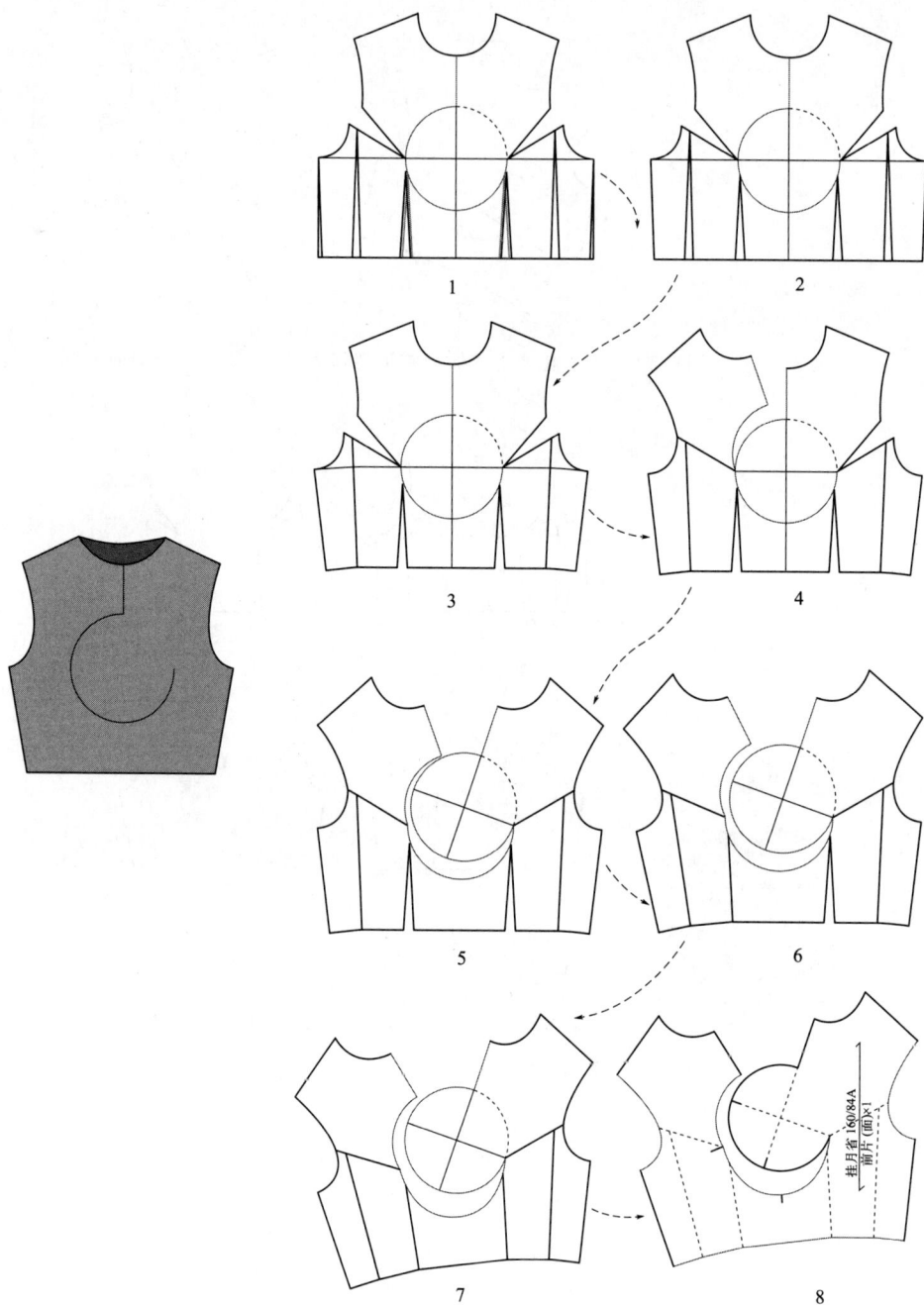

图 1-2-3　新文化式上衣原型省道转移案例（三）

五、结构设计变形参考

图 1-2-4 为上衣前片结构设计参考，图 1-2-5 为肩部褶皱结构设计。

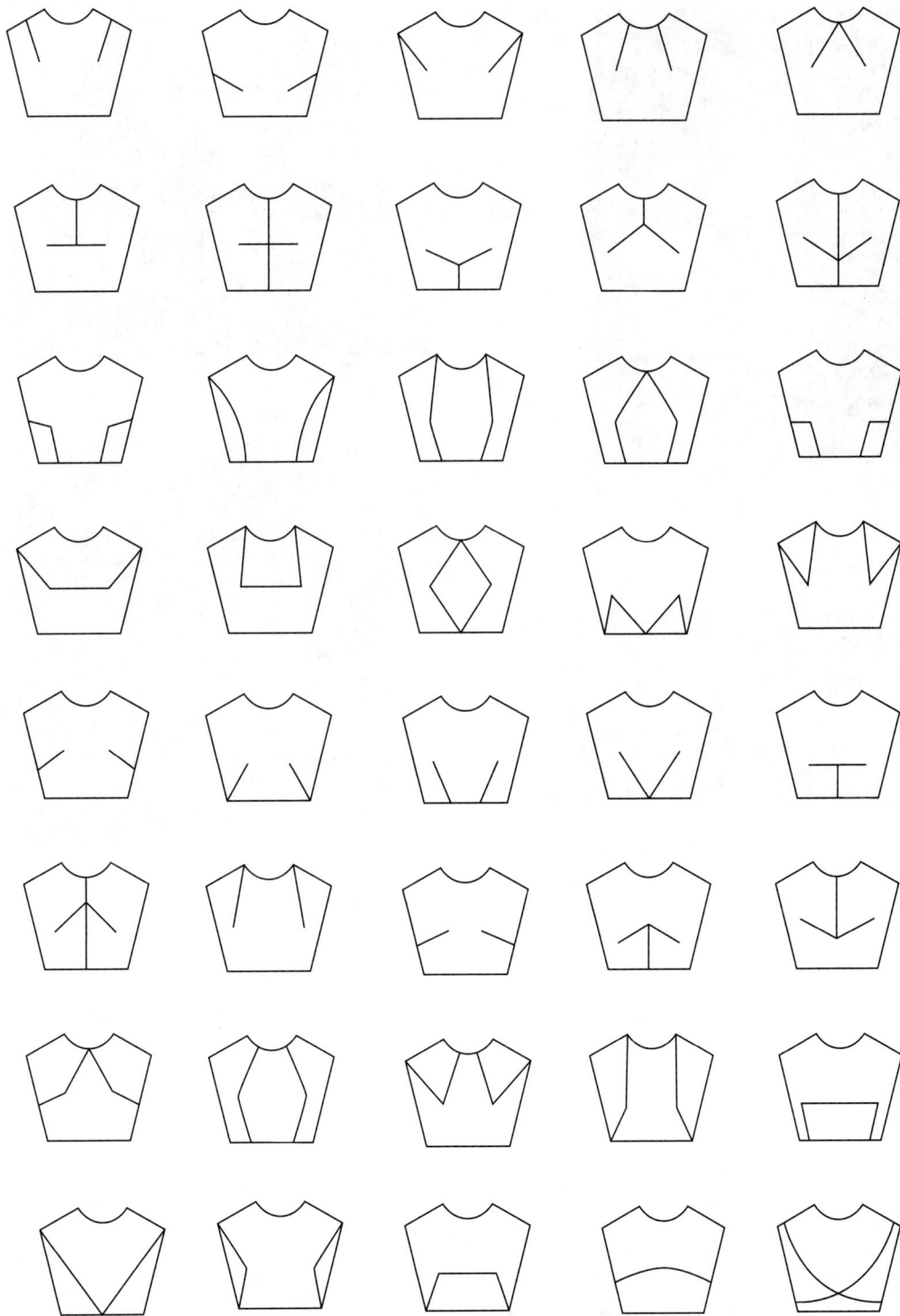

图 1-2-4　上衣前片结构设计参考

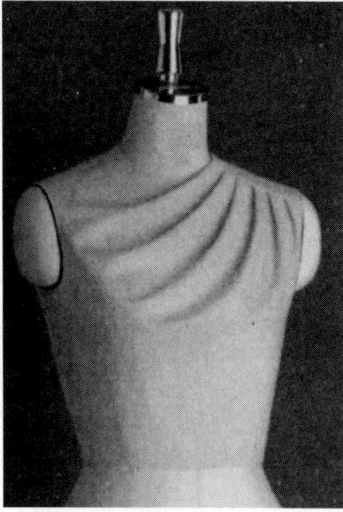

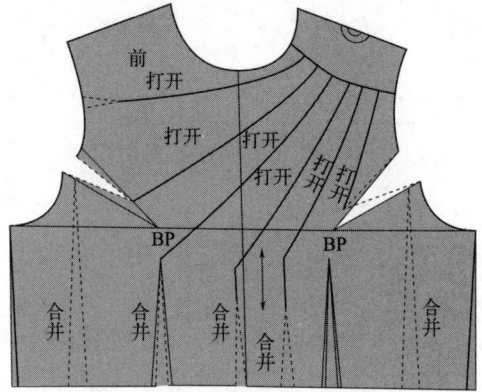

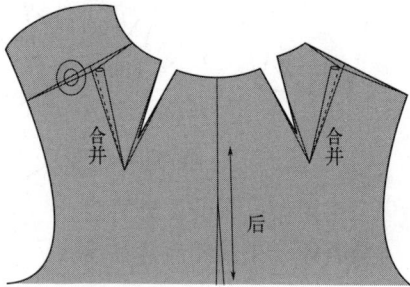

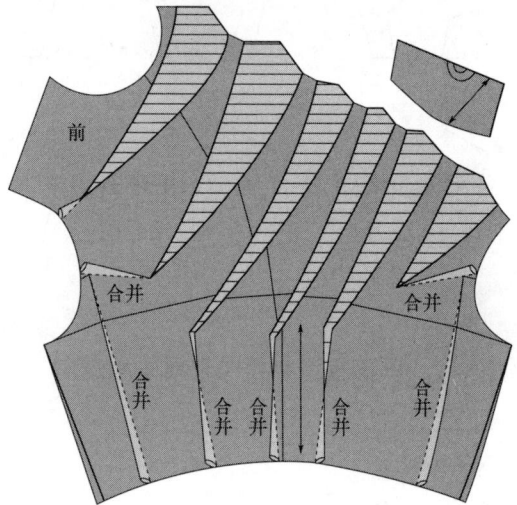

图 1-2-5　肩部褶皱结构设计

第二章

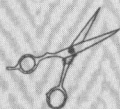

新文化式原型袖与两片袖结构设计

本章讲解标准一片袖、新文化式原型一片袖以及在此基础上的演变而来的两片袖和其他合体袖。

第一节 ▶ 新文化式原型袖设计

一、袖子名称

袖子纸样的设计涵盖了诸多关键部位，包括袖山高、袖肥、袖长、袖上弧线、袖口、袖肘以及丝缕线等，其具体位置可见图 2-1-1。在这些部位中，袖山高与袖肥尺寸呈现出反比例关系。一般来说，袖山较低的设计多用于休闲服装，能使服装展现出轻松自在的风格；而袖山较高的设计则更适用于合体服装，能够使服装贴合身形，彰显出优雅与精致的气质。

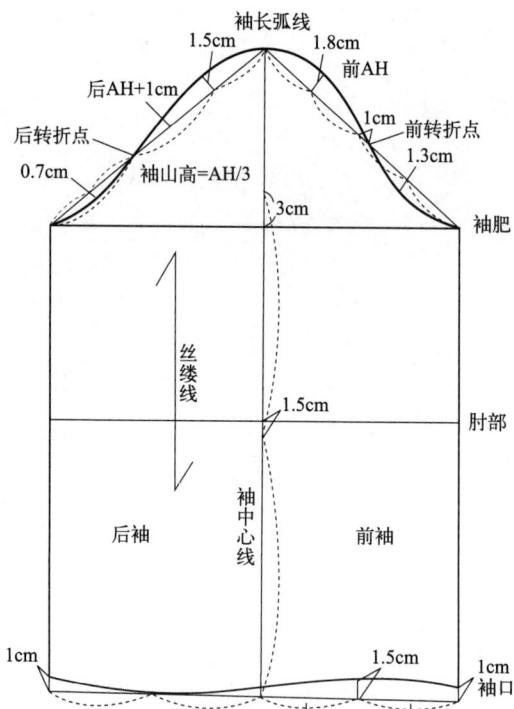

图 2-1-1　标准一片袖具体部位名称

二、新文化式女上衣原型袖制图

1. 合并省道，拷贝衣身原型的前后袖窿

由于女装原型上衣涉及袖窿省道，因此在制作袖子样板时，首先需要闭合前袖窿的

省道（图 2-1-2），并绘制出前后袖窿的弧线，确保袖窿弧线线条流畅自然。接着，将衣身的袖窿深度线及其上方的袖窿弧线精确复制到袖原型的基础框架上。这些线条将作为前、后袖山弧线的底部参考。具体操作完成后，效果应与图 2-1-3 所示相匹配。

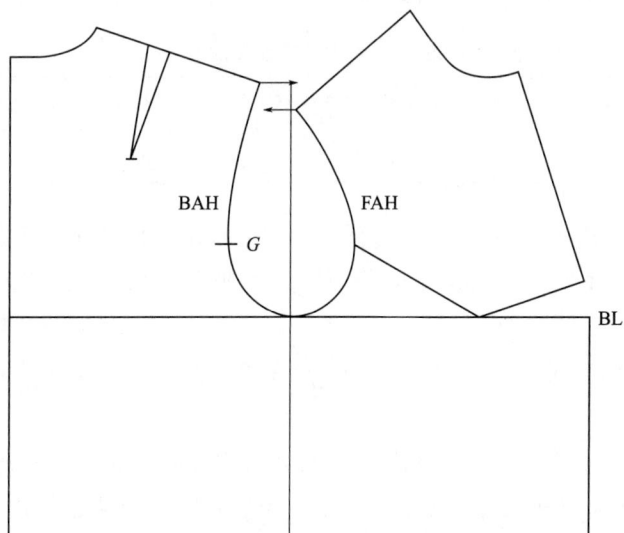

图 2-1-2　第一步合并前袖窿省

2. 袖子轮廓线的制图

（1）从前肩端点和后肩端点分别作出水平线，如图 2-1-2 箭头所示。

（2）找到前后肩线（水平线）的中点，并从该中点向袖窿深线绘制一条垂直线。

（3）将此中点至袖窿深线的路径等分为六份，从中点向下取第一份并标记为袖山顶点 A（肩端点），那么从 A 点至袖窿深线的距离即为袖山高，如图 2-1-3 所示。

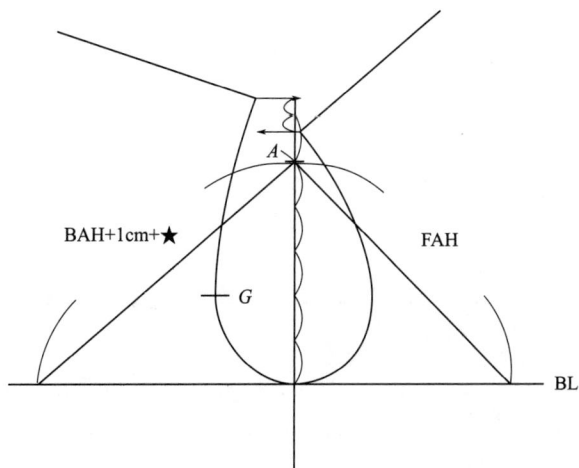

图 2-1-3　搭建袖子框架，确定袖山高

（4）从 A 点向下数三份的位置标记为 G 点，并绘制 G 点的水平线。

（5）从 A 点向前袖窿深线 BL 取斜线长度等于 FAH，作为前袖山的基准线。

（6）从 A 点向后袖窿深线 BL 取斜线长度等于 BAH 加 1cm 再加上★（★的值根据胸围 B 确定），作为后袖山的基准线。★的具体取值参考表 2-1-1。

表 2-1-1　袖山基准线★的取值　　　　　　　　　　单位：cm

胸围 B	<85	85~90	90~95	95~100	100~105	>105
★	0	0.1	0.2	0.3	0.4	0.5

（7）确定袖肥：由袖山顶点开始，向前片的 BL 线取斜线长等于 FAH，向后片的 BL 线取斜线长等于 BAH 加上一定数值（后片的 BL 线取斜线长一般为 BAH+1cm）。这样，袖肥的宽度就确定了。

（8）前袖窿斜线分成 4 等份，计算 FAH/4=●，自 A 点往前袖山取●长度，再在该点垂直向外取 1.8~1.9cm。

（9）同样，自 A 点往后袖山基线取●长度，再垂直向外取 1.9~2cm。

（10）G 线与前袖山基准线相交于为 B 点，与后袖山基准线相交于 C 点。

（11）自 B 点往上取 1cm，作为前袖山曲线转折点。

（12）自 C 点往下取 1cm，作为后袖山曲线转折点，如图 2-1-4 所示。

（13）在结构制图中，G 线与前、后袖窿弧线的交点具有关键作用。如图 2-1-5 所示，首先将这两个交点分别垂直投影至袖窿深线上，形成前腋点和后腋点的基准位置。随后，需将袖窿深线上对应的前腋下段和后腋下段各自进行三等分划分。这一精确分割过程为后续的袖窿结构设计提供了重要的比例依据，确保前后袖窿的平衡性与合体度。具体操作方法可参照图 2-1-5 中的腋下分割部分，其中每个等分点都将作为后续制图的关键参考点。

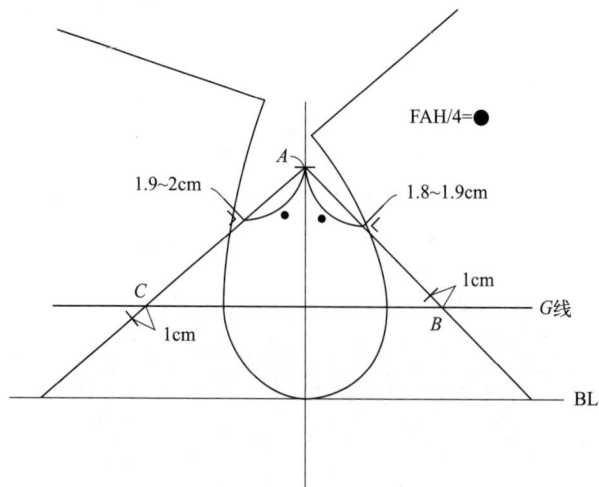

图 2-1-4　确定前后袖山曲线转折点

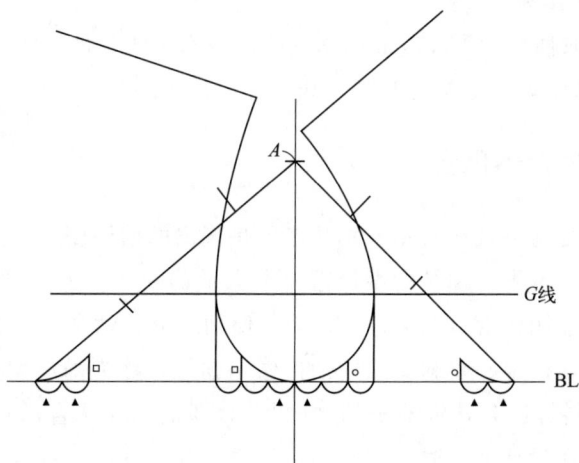

图 2-1-5　确定袖窿底部曲线

（14）画袖山曲线：将前腋下段分成三等份，取左二等份往上画垂直线，交于前袖窿，并量取长度，依照此长度对称复制到前袖山弧线处。同理，取后腋下段右二等份往上画垂直线交于后袖窿，量取长度，依照此长度对称复制到后袖山弧线处。

（15）连接袖下线和袖口：自 A 点往下取袖长，连接前后袖下线和袖口（图 2-1-6）。

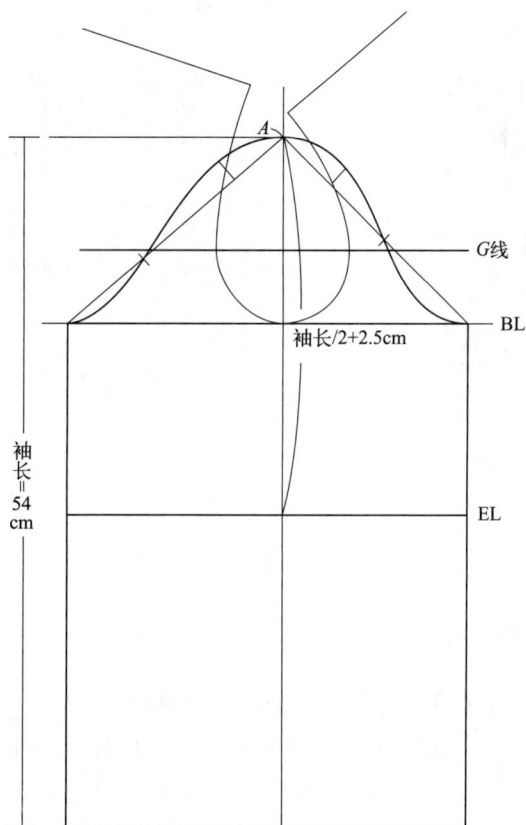

图 2-1-6　绘制和完善一片袖样板

（16）连接袖山并作标记。

（17）从 A 点量取袖长/2＋2.5cm 画水平线，该水平线为袖肘线（EL）。

（18）画顺袖山弧线，作好标记和丝缕线，完成袖子绘制。

三、一片袖原型合体化变形

人体手臂的斜势是指手臂在自然下垂状态所呈现出的前倾姿态，这种斜势对袖子结构设计有着重要的影响。首先，袖子的设计需要考虑手臂的"斜势"，即手臂向前倾斜的角度，这决定了袖子的前倾程度（图 2-1-7）。为了使袖子能够贴合手臂的自然形态，袖身需要设计成前倾的形状，袖中心线的交点向袖口做一偏量，称为袖口偏量。袖口偏量为 1～4cm。此外，手臂的斜势还会导致袖子的"扣势"，即袖子在缝合后由于面料的拉力作用而产生的自然偏斜。在设计袖子时，需要通过调整袖片的纱向和缝合方式来控制扣势，使其符合人体手臂的自然形态。

总之，人体手臂的斜势是袖子结构设计的重要依据之一，设计师需要综合考虑手臂的前倾角度、袖山高度、袖肥以及面料的特性等因素，以确保袖子既符合人体的自然形态，又能满足功能性和美观性的要求。由于手臂上大下小的特征，袖口的省道量等于袖肥宽度-袖口宽度。

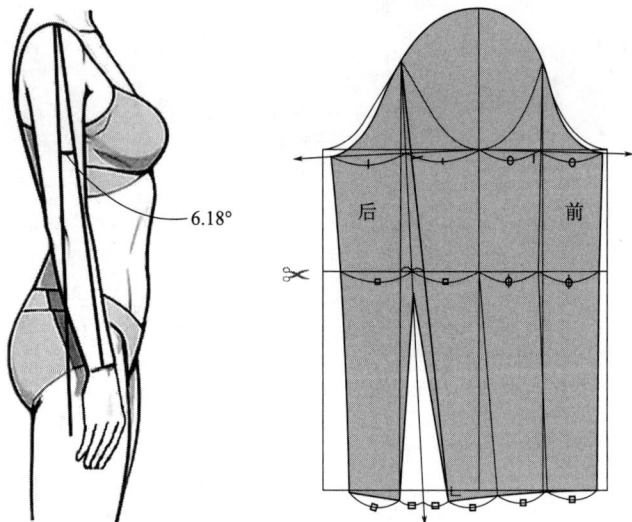

图 2-1-7　袖子斜势与纸样关系

1. 一片袖转化为半合体袖

如图 2-1-8 所示，一片袖到半合体袖的纸样变化过程如下。

在一片袖的基础上，首先对袖肘部位进行调整。在袖肘部位垂直向下开一个省道，一般来说，省道的长度为 5～8cm，宽度为 1～2cm，这样可以使袖子在肘部更好地贴合手臂的弯曲弧度，减少因手臂活动而产生的褶皱，提高穿着的舒适度和美观度。

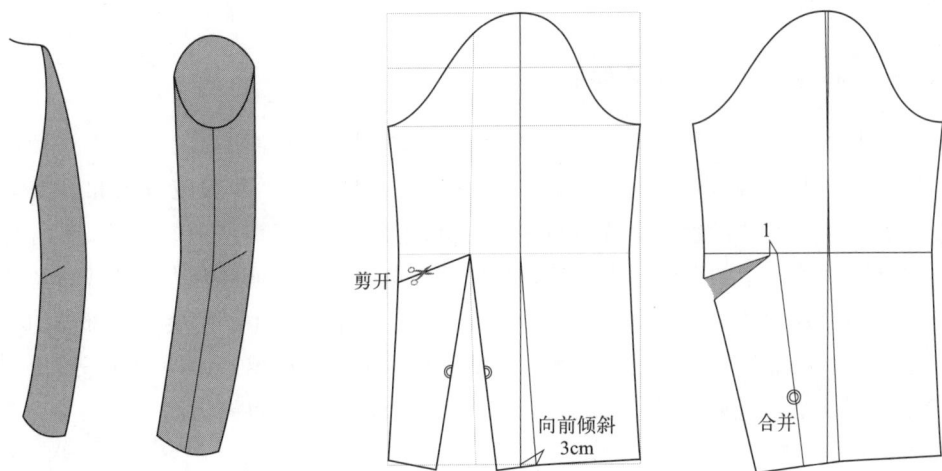

图 2-1-8 袖子结构

接着对袖口进行修改。将袖口部分向前倾斜约 3cm。这一倾斜程度的确定是基于人体手臂自然下垂时，前臂略微向前倾斜的姿态。通过这种倾斜设计，袖口能够更自然地贴合手腕部位，避免了袖口与手腕之间因角度不匹配而产生的空隙或紧绷感，使袖子在手臂活动时更加贴合自然，增强了服装的贴身性和整体的协调性。

纸样所呈现的结构设计效果如图 2-1-9 所示。

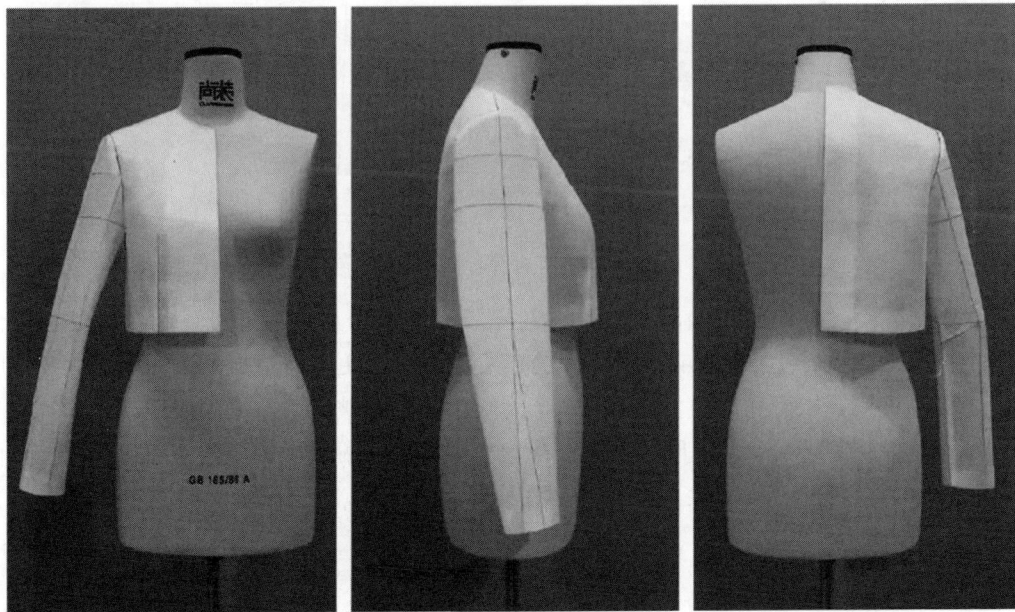

图 2-1-9 一袖肘半合体袖效果

经过上述变化后，一片袖便转变为半合体袖。这种变化使得袖子的结构更加贴合人体手臂的自然形态，不仅在视觉上更加美观，能够更好地突出服装的线条和造型，而且在穿着时也更加舒适自如，手臂的活动更加灵活，从而大大提升了服装的穿着体验，使其更加符合人体工程学的需求。

2. 一片袖转化为两个袖肘合体袖

这部分与前部分袖子的变化原理基本一致，所不同的是该部分袖子具有两个袖肘（图2-1-10）。在服装样板设计中，省道是用于调整服装合身度、增加视觉效果和改善实用性的关键元素。一个部位设置一个省道与多个省道，存在以下区别：一个省道，在合身度方面，能够将该部位多余的布料集中处理，使服装在该部位更好地贴合人体曲线，达到一定的合体效果。在视觉效果方面，形成的造型线条较为简洁、集中，可突出该部位的某个特点或造型，如在胸部设置一个明显的胸省，能强调胸部的立体感。设计与制作难度相对较低，只需确定一个合适的位置和形状来处理多余布料，制作时也较为简单，只需缝合好这一个省道即可。

但若人体曲线较为复杂或服装要求高度合体，单个省道可能难以完全贴合所有细节。

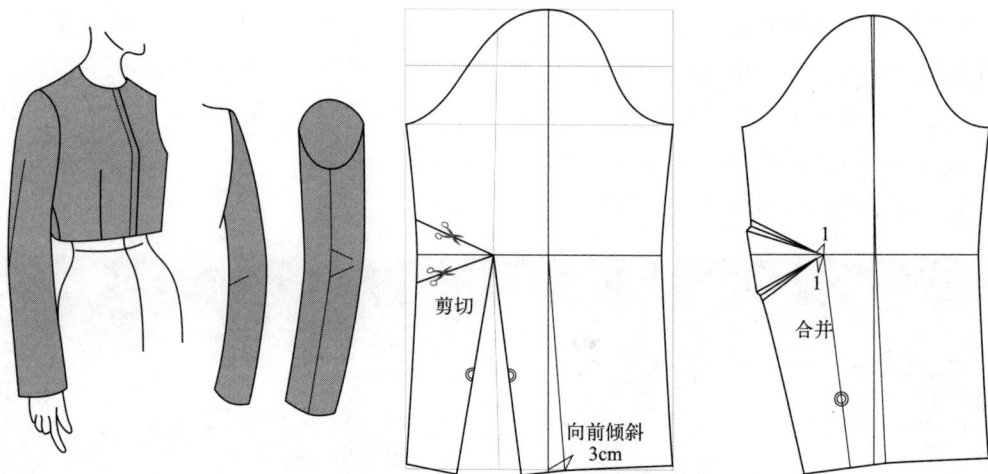

图 2-1-10　两袖肘半合体袖纸样

由图 2-1-10 可以看出，袖部多个省道的样板设计中，其合身度可更细致地处理人体手臂曲线的复杂性，使服装在该部位的贴合度更高，穿着更加舒适自然。同样原理，在腰部设置多个省道，能更好地贴合腰部的凹凸变化，减少褶皱，所形成的线条更为丰富、分散，可根据设计需求创造出不同的视觉效果，如增加服装的层次感、分割感或装饰性，使服装外观更加独特和富有变化。设计与制作难度较高，需要更精准地测量和计算人体数据，合理安排多个省道的位置、形状和大小，以确保它们之间协调统一且能有效处理多余布料。制作时也更复杂，需依次缝合多个省道，对工艺要求更高。图 2-1-11 为两袖肘半合体袖效果。

3. 肘凸与省移总结

在服装结构设计中，袖子的省道变化原理与上衣省道处理具有一致性，其核心在于通过肘点与肘线的精准定位实现手臂自然弯曲的形态塑造。如图 2-1-12 所示，贴身袖的纸

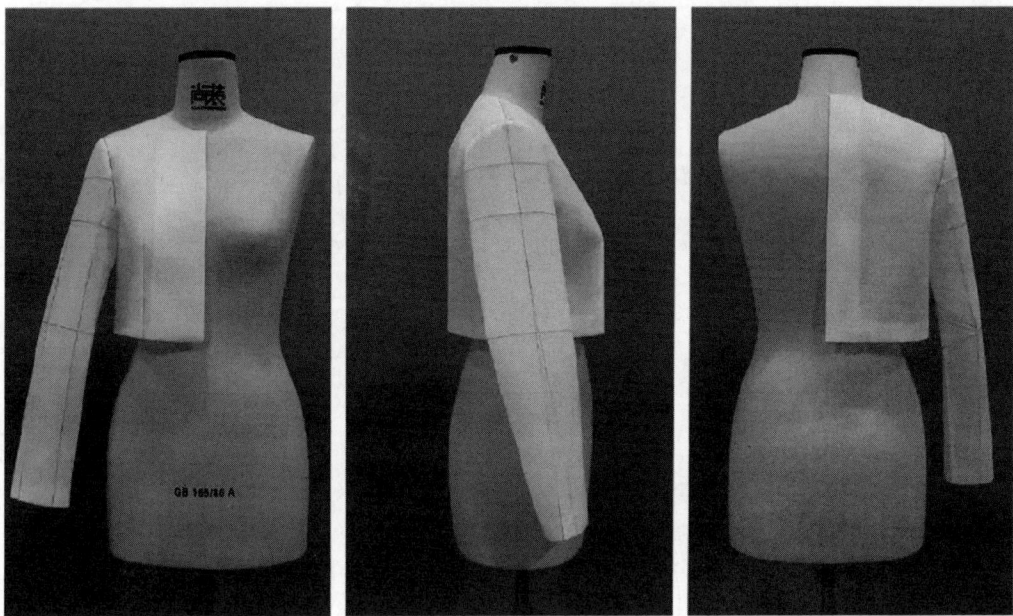

图 2-1-11　两袖肘半合体袖效果

样设计以肘线为基准，肘点作为手臂形态转折的核心基准点，既是肘线的横向延伸基础，也是省道设计的逻辑起点。基于凸点造型理论，袖肘部位的立体形态需通过省道结构实现，由此衍生出"肘省一片袖"基础纸样。以肘点为中心，通过射线原理向后袖部分延伸，可形成多种省道转移路径，但实际应用中需兼顾运动功能性与造型美观性——省道设计以隐蔽性为原则，避免外露缝线破坏视觉流畅度，同时采用短省或分散式省道转移，精准控制作用范围，确保袖型贴合且不影响活动自由度。

　　省道转移的本质是对肘部余量的再分配，其规律遵循"通过肘点的断缝结构"这一普遍原则。以肘省一片袖为基础，通过省转移原理可系统化设计贴身两片袖、三片袖等复杂结构。例如，将肘省向袖口转移可形成功能性收缩结构，或与袖山线融合以优化肩袖衔接的流畅度。尽管理论上通过肘点射线的多向延伸可产生无限省道组合，但实际设计需优先选择符合人体动态特征与视觉美感的方案，图 2-1-12 中袖口省与袖山省的设计既满足工学需求，又具有审美价值。设计师需通过参数化建模验证不同省道位置对袖型立体度、活动空间的影响，从而建立肘点与各结构线之间的动态平衡关系。

　　肘省转移技术作为贴身袖结构设计的核心基础，体现了人体工学向纸样规则的转化逻辑。其方法论价值在于通过系统化的余量调控，实现从平面裁剪到立体造型的精准转换。这种设计思维不仅为复杂袖型提供了可扩展的技术框架，更揭示了服装结构设计中功能与形式辩证统一的内在规律，是创新袖型设计不可或缺的技术支撑。

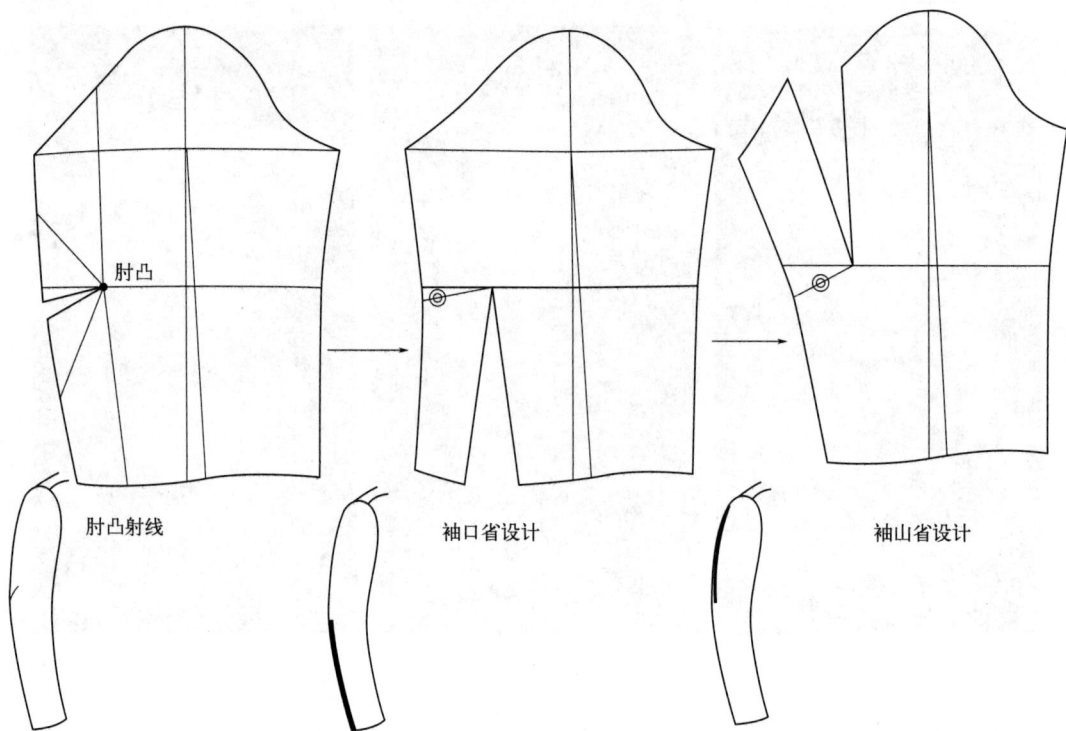

肘凸

肘凸射线　　　　　　袖口省设计　　　　　　袖山省设计

图 2-1-12　一片袖省道变化设计

第二节 ▶ 两片袖结构设计

上一节介绍了一片袖的结构设计，然而在合体的服装结构设计中采用两片袖较为常见。两片袖顾名思义就是一个袖子由两个大小袖片构成。据记载，两片袖出现已经有500 多年的历史了，因为它更容易塑造袖型且活动方便，因而被广泛地运用到女装上。由于各国文化的不同，势必形成袖型、袖山与袖窿的关系有所不同。事实上，在人类着装发展史中，女装的袖子最初是一片袖。两片袖也称为男装袖，因为是从男装袖演变过来的。男装袖最初出现在 16 世纪路易时期，产生于当时的军队，目的是便于活动。到 17 世纪，袖子变宽变窄，袖子上的纽扣总是 3 个或 5 个。拿破仑时期，袖子变得更窄一些。

一、两片袖与一片袖的区别与优势

1. 两片袖结构设计与一片袖结构设计的主要区别

一片袖整体相对宽松，其贴合度不如两片袖精准。在两片袖的设计中，通过巧妙地分割，缝合后会在肘部形成自然的凸起，同时袖摆也会略微向前倾斜，这种设计使得两片袖的造型更加贴合人体胳膊的自然形态。从结构制图的角度来看，一片袖能够更加直观地展现袖子与袖窿之间的关系，涵盖了衣身基型的构成原理、服装款式以及衣身版型的分类等诸多方面。而众多的两片袖设计，大多是基于一片袖样板进行变化和拓展的。从服装类别的角度来看，不同单品的袖型设计也有所不同，例如衬衫袖通常比西服袖更为宽松。

2. 一片袖结构设计与两片袖结构设计的各自优势

（1）一片袖结构设计优势。一片袖制作简单，适合大规模生产和快速制作，适用于较为合体或宽松的服装设计，如休闲装、夹克、衬衫等。便于实现各种袖型的变化，如宽松型直身袖、较合体直身袖等。

（2）两片袖结构设计优势。两片袖提供更好的肩部和袖部的连贯性，适用于需要流畅线条的设计。适合制作具有较高造型要求的服装，如西服和高定礼服类。可以更好地适应不同体型，因为其结构可以提供更多的调整空间。

总结来说，两片袖结构设计适用于需要较高造型和活动自由度的服装，而一片袖结构设计则因其简单性和多样化的造型变化，适用于更广泛的服装类型。每种设计都有其独特的优势，适用于不同的设计需求和场合。

二、一片袖到两片袖结构的转化

图 2-2-1 展示了直身袖到两片袖的转换过程。具体作画步骤如下。

（1）以袖中线为界，将前袖和后袖分别进行划分。将后袖均匀分割成两等份，然后在袖肥处向侧缝线方向移动 2cm，确定一个点，并在此点处绘制一条垂线。

（2）将袖子的前袖部分均匀分割成四等份，剪切并将其中的第一等份移动到后袖部分。

（3）在前后袖的肘部各向内收进 1cm，并在袖口处各向外放出 1cm，然后沿着袖子的袖缝线画顺，确保两个袖缝的长度保持一致。这样调整尺寸的目的在于使袖子呈现倾斜造型，更加符合人体的手臂斜度。

（4）测量调整后的袖底宽度，并根据图示确定袖肘省袖底 OP 的省道宽度，即袖底宽度减去袖口宽度（对于身高 160cm 的人，袖口宽度约为 26cm），所剩余的量表示需要剪切和收进的量，也是袖省的量。

（5）袖子的袖省尖端可以定位在从袖肥线到袖肘的三分之一处，也可以定位在袖肘上，确定该点后，连接 O、P 两点。

（6）合并省道后，即可呈现出大小袖的纸样形状，完成从一片袖到两片袖的转换。

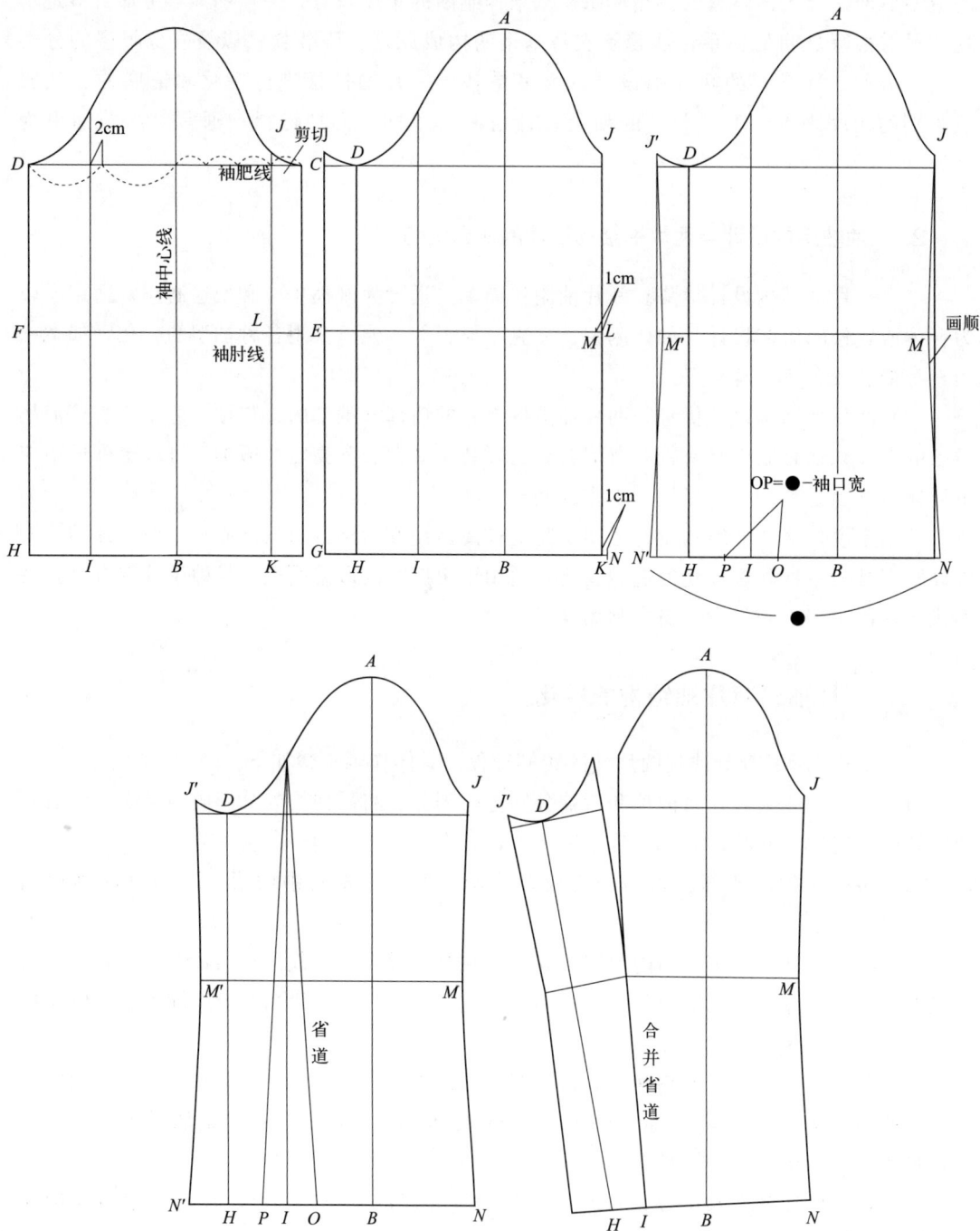

图 2-2-1　直身袖到两片袖的转换过程

三、两片袖结构的修正

随着外套尺码范围的扩大，合身问题至关重要，特别是肩部、袖身、袖窿区域是最常见的调整部位。这种调整适合大多数人，但并不适合所有人。

1. 袖省具体调整步骤

根据手臂大小和形状、肩部斜度等，可能会出现袖子太紧、太松等情况，或者没有像预期的那样垂落得自然。一般来说，袖子在肱二头肌（图 2-2-2）处应有 2.5～5cm 的松量，具体取决于服装的合身程度。一件合身的衬衫在肱二头肌处可能有 2.5cm 的松量（可以在样衣阶段通过捏起肱二头肌处的布料来测试）。为了最大程度的舒适，肱二头肌处应有 4～5cm 的松量。

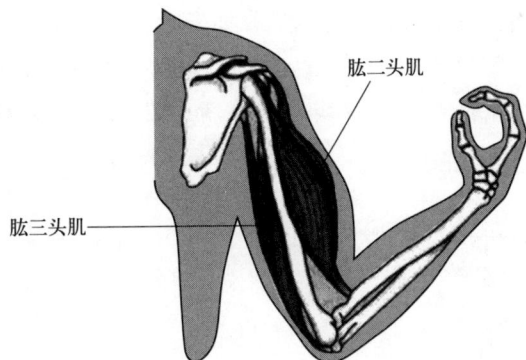

图 2-2-2　肱二头肌

袖子是最难调整的部分，因为它通常意味着还需要对服装的衣身部分进行修改。以下方法可以最快地重塑袖子，在肱二头肌处增加或减少一些松量，尽量减少对前片和后片的调整。以图 2-2-3 为例进行说明。

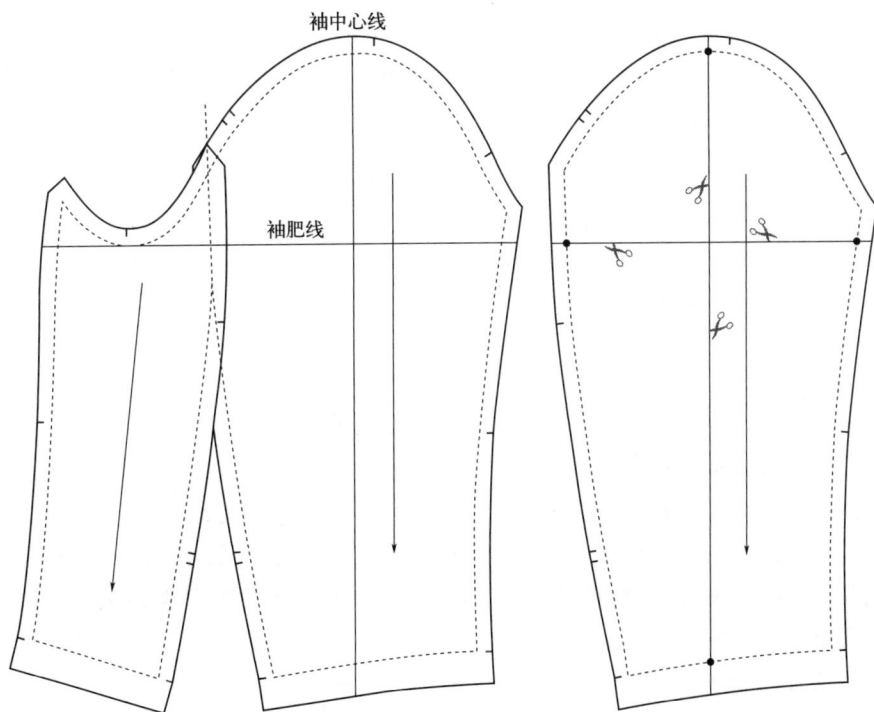

图 2-2-3　两片袖纸样

（1）两片式袖子的肱二头肌调整（添加少量松量）。如果袖子在手臂上部显得过紧，需要在肱二头肌处切开并展开袖子，以增加袖肥的丰满度。对于两片式袖子，将前袖片和后袖片重叠。画一条与前袖片经纱线垂直的肱二头肌线，从袖山顶端的中心线向下延伸至下摆。肱二头肌的调整仅在前袖片上进行。沿着缝合线剪开（剪至图 2-2-3 中的标记点），然后沿着样板内部的线条剪至缝合线。这样，缝合线保持完整，旋转部件时长度不会改变（这一点非常重要，因为需要与后袖片相匹配）。

在肱二头肌处展开袖子（在箭头之间展开），两侧展开量相等至中心线。展开量可至2.5cm，这样袖头形状不会发生太大变化（展开袖子时，袖头会变平，可能会影响整体的贴合度）。通过用胶带固定重叠部分来稳定袖子，然后将切开的袖子粘贴到一张新纸上，重新描绘并校正所有线条和缝合线。描绘新的肱二头肌线和经纱线，如图 2-2-4所示。

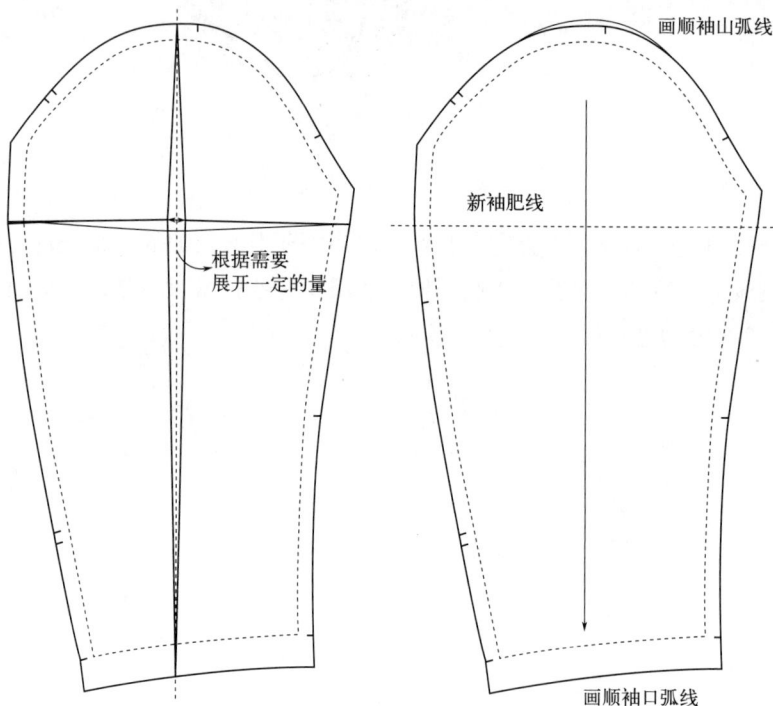

图 2-2-4　增加宽松量后的袖片示意图

（2）两片式袖子的肱二头肌调整（添加较大量松量）。如果袖子非常紧，限制了活动，那么在肱二头肌处添加的松量就需要更大。此时，袖头的形状以及衣身的袖窿也会随之改变。具体修改步骤如下：首先，将袖头原样描绘在另一张纸上。根据图 2-2-5 左图所示，切开并展开所需的量。对于两片式袖子，可以重复上一小节中的相同步骤，但如果添加的松量超过 2.5cm，袖头会被压平很多。将切开的袖子粘贴到参考袖头上，并混合线条，按照图 2-2-5 右图所示绘制新的袖头。重新描绘并校正所有线条和缝合线，然后描绘新的肱二头肌线和经纱线。

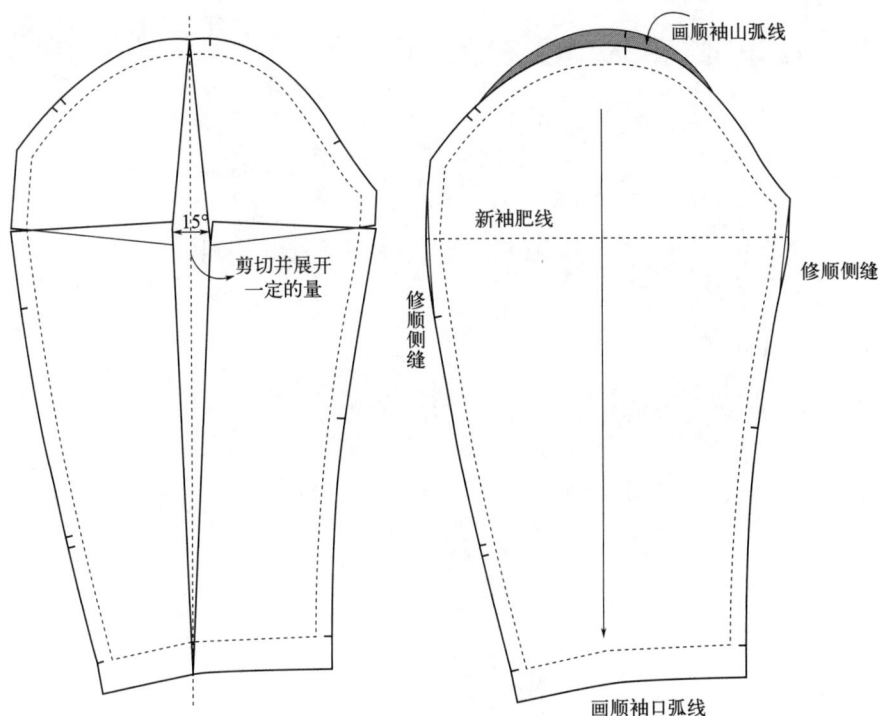

图 2-2-5 增加袖子宽松度和袖山高

2. 袖窿调整

现在袖头缝合线尺寸变大了。为了避免在袖窿处需要更多地收紧袖头长度，必须调整前片和后片的袖窿，使其与新的长度相匹配。可以根据所需的合身程度，选择延长袖窿缝合线所需的量，或者降低袖窿曲线（降低曲线会使袖口开口更深，可能会略微减少手臂的活动范围）。如图 2-2-6 所示。

四、两片袖各部位尺寸的确定

1. 袖窿弧长尺寸的确定

袖窿弧长的尺寸确定：衣袖的裁剪一般是在完成衣身的裁剪以后才开始的。衣身袖窿的裁剪除了要考虑衣袖的款式以外，还应该根据已经裁制好的衣身前袖窿弧长和后袖窿弧长进行测量，以便更好地确定袖窿弧长的尺寸。

测量的时候，可以用细绳或者软尺沿袖笼弧线进行测量，这样测量后的尺寸才会更确切合体。

2. 衣袖的袖肥和袖山高度的确定

衣袖的袖肥和袖山是影响衣袖形态的主要因素。一般情况下，袖山越高，袖肥越小；

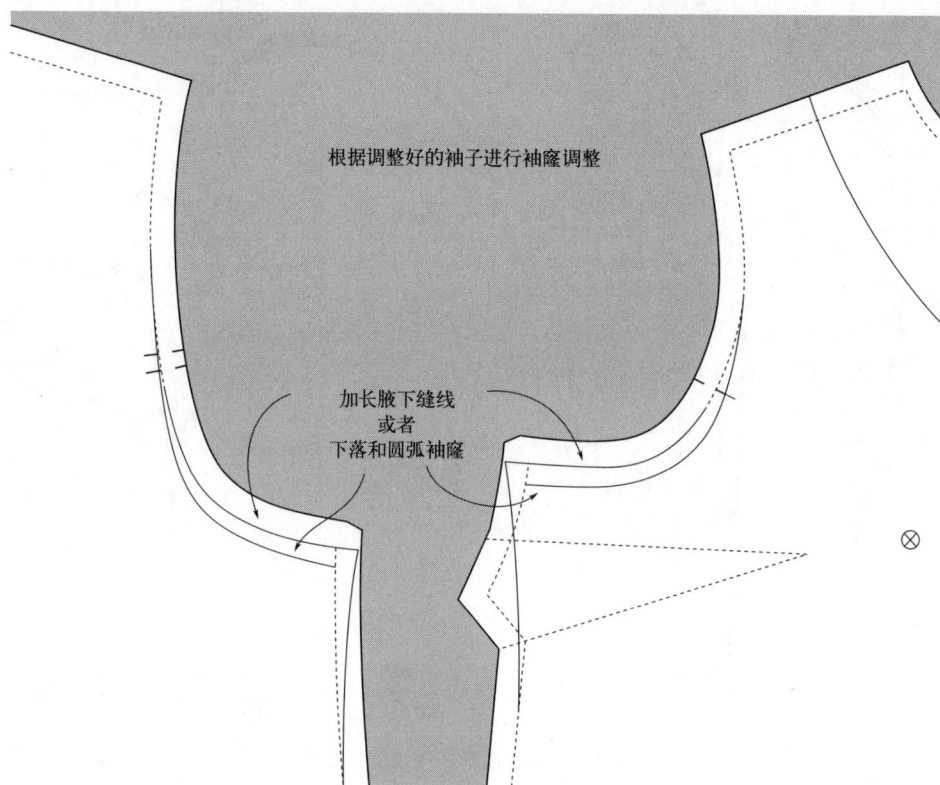

根据调整好的袖子进行袖窿调整

加长腋下缝线
或者
下落和圆弧袖窿

⊗

图 2-2-6　袖窿调整

反之，袖肥越宽，袖山也就越低。袖肥的长度计算公式为 AH×0.75。

确定袖山高度的方法：根据袖子的款式确定袖山的高度，然后根据前后袖窿的弧长绘制袖山三角，再对袖肥的宽度进行校量。这种方法是以袖山的造型为主，因为在条件一定的情况下，袖山越高，造型越好看，但是相应地，服装的活动舒适性也就越差。反之，舒适度增加了，造型的美观效果也就不明显了。

五、两片袖结构设计制作步骤

（1）基于一片袖，将前后片的袖肥各自分为二等份，并向袖口线方向画出垂直线，即前袖宽中线辅助线和后袖宽中线辅助线，确立好袖子框架，如图 2-2-7 所示。

（2）前袖宽中线。在肘线上，由前袖宽中线的辅助线和肘线的交点向袖中心线方向取 1cm，由袖口线与前袖宽中线辅助线的交点向外取 0.5cm，确定手臂的斜势，画顺，画出适应手臂的形状。

（3）由前袖宽中线的底点与袖口上的交点定为◆，由此处向后袖方向取袖口参数，参数值为袖口宽（12cm），根据手臂形态，前袖宽中线短，后袖宽中线长，由袖口辅助线向外口方向 1.5cm 作平行线，将 12cm 的袖口线交于该线。如图 2-2-7 所示。

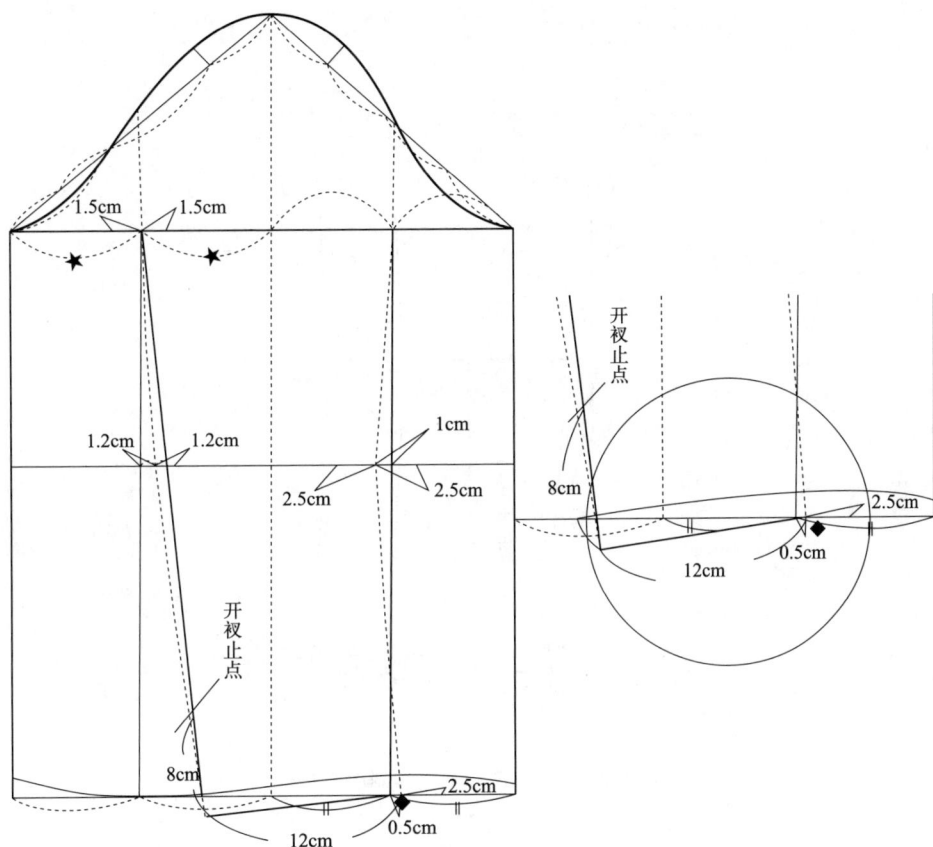

图 2-2-7 一片袖转化两片袖

（4）确定袖子大小袖内缝线。通过前袖宽中线在袖口辅助线交点、袖肘交点、袖肥线交点分别向两边各取设计量 2.5cm，连接各交点，画向内弧的大袖内缝线、小袖内缝线，延长大袖内缝线至袖窿线，由交点向袖中线方向画水平线，与小袖内缝线延长线相交。如图 2-2-8 所示。

（5）确定袖子大小袖外缝线。通过后袖宽中线以袖开衩交点作为起点，过肘线的 1.2cm 点与袖肥线交点向两边取设计量 1.5cm 点连线，画向外弧的大袖外缝线、小袖外缝线，延长大袖外缝线至袖窿线，由交点向袖中线方向画水平线，与小袖内缝线延长线相交。如图 2-2-8 所示。

（6）绘制小袖袖窿线。将小袖的袖窿线对称翻转，形成小袖袖窿线，如图 2-2-9 所示。

（7）绘制后袖宽中线。在后肘线上，将后袖肥中线斜线辅助线与后袖宽中线辅助线之间距离两等分，画后偏袖线，即后袖宽中线，保证后袖宽中线与袖口线呈直角。在后袖宽中线取开衩 8cm，袖叉宽为 1.5cm。

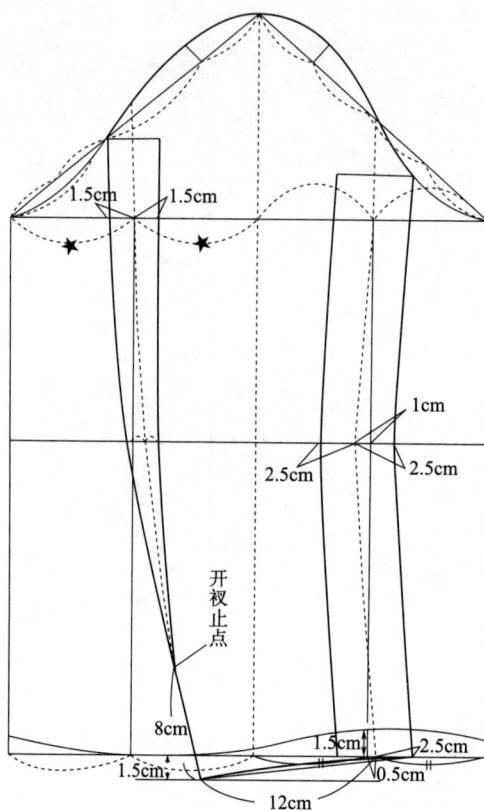

图 2-2-8 大小两片袖纸样制图方法

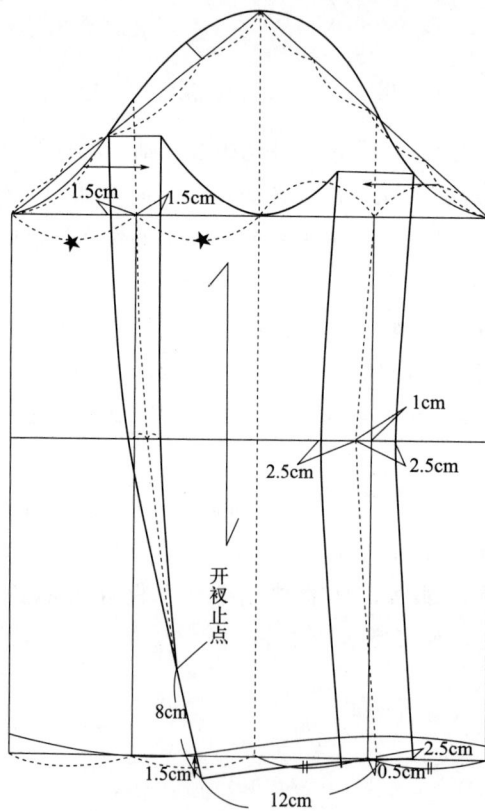

图 2-2-9 绘制大小袖的袖山弧线

（8）画袖衩。本款西服为两粒扣袖口，袖衩为设计因素，画后袖偏线的平行线1.5～1.7cm，在该线上由袖口线向内取3cm，扣距2cm，距开衩顶点1.5cm，如图2-2-10所示。

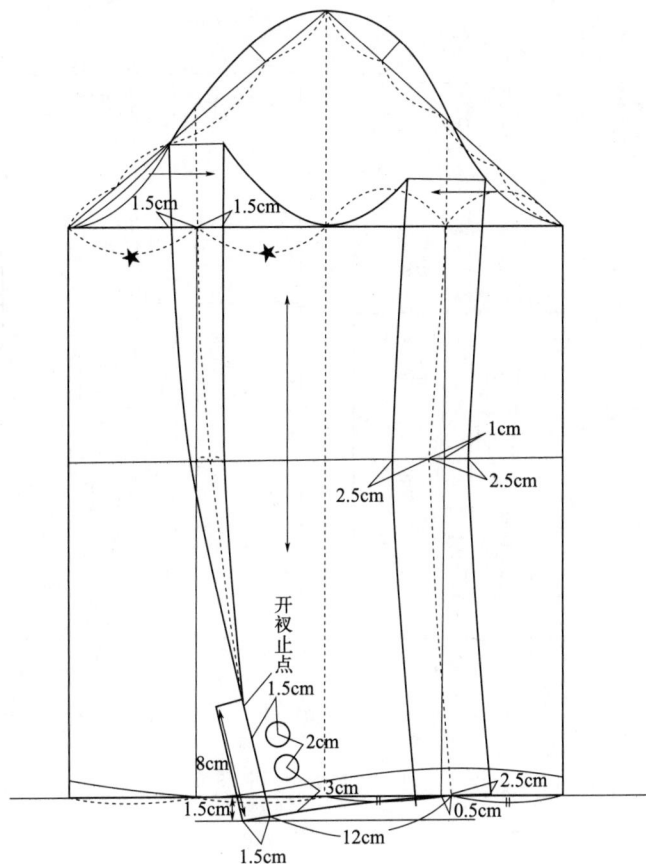

图 2-2-10　两片袖完整制图方法

六、两片袖的不同制图方法

图2-2-11展示了两片袖的不同制图方法。左边展示的是同一后外缝线的两片袖做法：该做法基本与前面做法相同。这一做法明确了袖子的割补做法。右边展示的是带有袖克夫的两片袖制图方法。

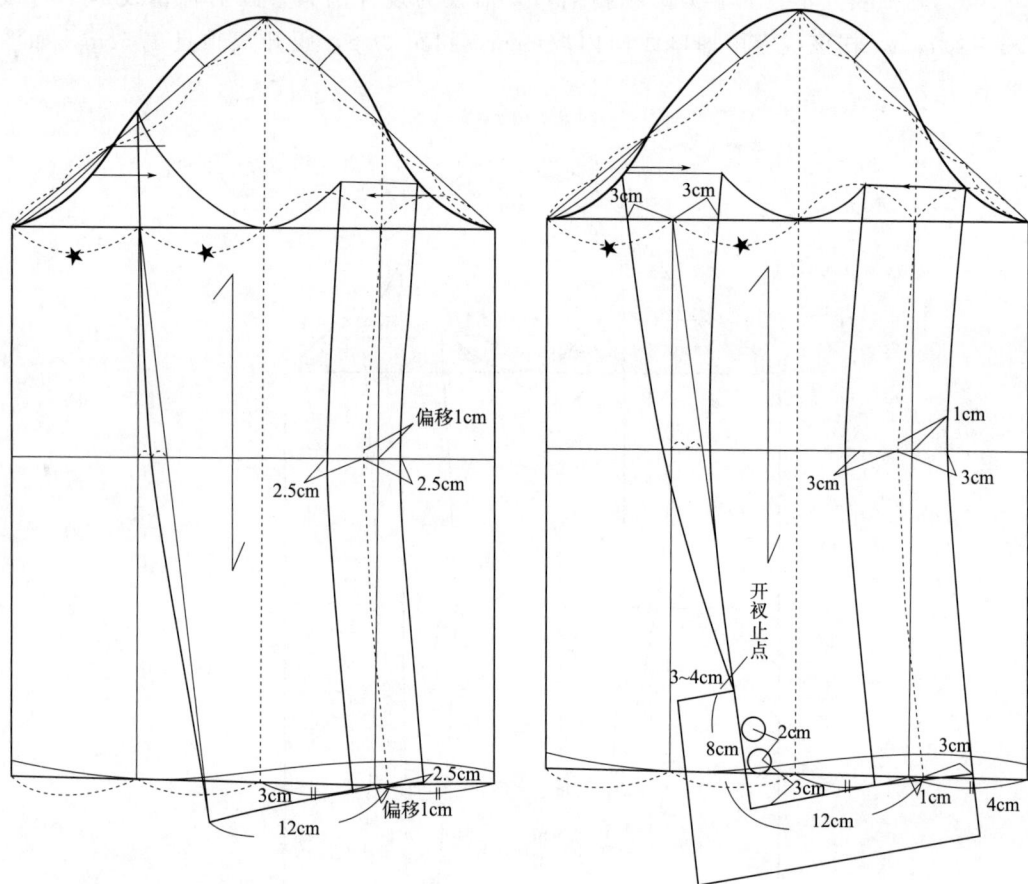

图 2-2-11　两片袖不同制图方法

第三章

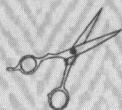

结构设计样板修正

第一节 ▶ 样板修正原理

服装结构制图是服装设计与生产中的核心环节，其目的是将二维平面样板转化为符合人体三维形态的服装。然而，由于人体形态的多样性和复杂性，初始样板往往需要进行修正以确保服装的合体性、舒适性和美观性。修正样板是一个常见的过程，它确保了产品从设计到生产的每一步都能够尽可能地接近预期效果。

一、样板修正原因

（1）尺寸误差：在制作样板时，可能会因为测量不准确或工具误差导致尺寸与设计图纸不符，需要修正以确保样板的准确性。

（2）设计变更：在设计过程中，可能会根据实际需求或反馈对设计进行调整，因此样板也需要相应地进行修正。

（3）材料特性：不同的材料可能有不同的弹性、收缩率等特性，这可能会影响样板的最终形态，需要根据材料特性进行调整。

（4）工艺限制：在实际生产过程中，可能会因为工艺的限制或机器的精度问题，导致样板需要进行调整以适应生产流程。

（5）质量控制：样板是生产过程中的重要参考，任何小的误差都可能影响最终产品的质量，因此需要通过修正样板来确保产品质量。

（6）试穿或试用反馈：服装或产品原型制作完成后，在试穿或试用过程中可能会发现一些问题，需要根据反馈进行样板的修正。

（7）审美调整：有时候，样板的初次制作可能在视觉上不够完美，需要根据审美标准进行微调。

二、样板修正的理论基础

样板修正主要基于人体工学、几何学以及服装结构设计原理。人体工学强调服装与人体形态的契合，几何学则为样板的精确调整提供了数学支持，而服装结构设计原理则说明如何通过省道、分割线等手段实现样板的优化。

1. 人体工学

人体工学在服装样板修正中的应用主要体现在对人体各部位尺寸和形态的精确测量与分析。通过测量肩宽、胸围、腰围、臀围等关键尺寸，可以确定样板的调整方向和幅度。例如，斜肩体型需要将肩点下移，而平肩体型则需将肩点上移，以保持服装的平衡与舒适。

2. 几何学

几何学在样板修正中的应用主要体现在对样板线条的精确绘制与调整。通过几何学原理，可以确保省道、分割线等结构元素的对称性和比例协调。例如，在调整袖窿时，需使用曲线尺重新绘制袖窿线，确保其平滑自然，符合人体曲线。

3. 服装结构设计原理

服装结构设计原理说明如何通过省道、分割线等手段实现样板的优化。省道是服装结构设计中的重要元素，通过调整省道的长度、宽度和位置，可以实现对服装局部形态的精确控制。

三、样板修正方法

服装样板修正是一个复杂的过程，需要根据样板的具体情况和穿着者的身体特征来决定修正方法。样板修正的具体方法主要包括侧缝调整、省道调整、分割线调整以及袖窿和肩线的调整。具体的一些问题修正如下。

（1）特殊体型修正：针对不同体型的样板修正，如挺胸体需要增加前片袖窿深，而平胸体则需要减小前片袖窿深。

（2）平行皱纹修正：平行皱纹的修正理论是增加皱纹平行方向的长度，减少垂直方向的长度。例如，裙子臀围不够大时，可以通过放出皱纹平行方向的长度来修正。

（3）辐射皱纹修正：辐射皱纹通常出现在人体的球面部位和双曲面部位，如胸高部位或腰部。修正方法可能包括增加省量、采用归拔工艺或增加重叠量。

（4）裤子样板修正：针对裤子样板的常见问题，如全髋、大腿内侧褶皱、瘦腿、扁平臀等，可以通过调整前后片的尺寸、增加或减少特定部位的量来修正。

（5）上衣样板修正：上衣样板修正包括调整肩宽、袖窿深、胸省量等，以适应穿着者的体型或解决样板的弊病。

在修正样板之前，确定设计主题和风格、整理灵感素材、准备绘画工具和材料、绘制服装款式以及描绘细节都是重要的步骤。

对原型样板进行检验修正时，可以按照西装上衣的形式进行，观察静态和动态的合体性，并针对不合适的部位进行分析和修正。

四、样板修正的具体方法

1. 侧缝调整

侧缝调整是修正样板宽度的重要手段。通过增加或减少侧缝的宽度，可以调整服装的胸宽、背宽等关键尺寸。例如，增加侧缝的宽度可以扩大胸宽，而减少侧缝的宽度则可以缩小胸宽。

2. 省道调整

省道调整是修正样板局部形态的重要手段。通过增加或减少省道的量,可以实现对服装局部形态的精确控制。例如,增加胸省的量可以减少胸宽,而减少背省的量可以增加背宽。

3. 分割线调整

分割线调整是修正样板整体形态的重要手段。通过调整公主线等分割线的位置,可以实现对服装整体形态的优化。例如,调整公主线的位置可以增加或减少胸宽和背宽。

4. 袖窿和肩线的调整

袖窿和肩线的调整是确保服装合体性和舒适度的重要手段。通过调整袖窿的深度和形状,可以确保袖子的合体性;通过调整肩线的位置和形状,可以确保肩部的舒适性。例如,调整袖窿的深度可以增加或减少袖窿的宽度,而调整肩线的位置可以修正斜肩或平肩体型。

服装结构制图中的样板修正是确保服装合体性、舒适性和美观性的重要环节。通过基于人体工学、几何学和服装结构设计原理的修正方法,可以实现对样板的精确调整。在实际应用中,试穿与修正、记录与标准化是确保样板修正效果的关键步骤。通过系统的样板修正,可以显著提升服装的质量和穿着体验。

第二节 ▶ 上衣原型常见错误修正

在服装制板过程中,修正上衣原型的错误是确保服装合身性和舒适度的关键步骤。由于每个人的体型各不相同,通常需要对样板进行一些细微的调整。如果需要调整的部位是侧缝或中心后缝,那么修改样板是很容易的。本节提到的几种方法可以纠正不合身的上身部分,主要集中在肩部、袖窿和领口,在调整过程中,建议先在没有袖子的情况下试穿前后片,以便更直观地观察肩部、袖窿和领口的合体性。完成初步调整后,再安装袖子进行二次试穿,确保整体服装的合身性。最后,将调整后的尺寸和修改方法详细记录,并对样板进行标准化处理,以确保批量生产时的一致性。通过这些步骤,可以有效修正上衣原型中的错误,使服装更加贴合穿着者的体型,提升整体美观度和舒适性。一旦完成了这些调整,加上袖子然后再试穿一次,再次检查调整是否到位。

一、肩膀样板问题

若肩膀并非"标准"形态,可能需要对肩线进行调整。上衣肩部的合身情况取决于肩膀的形状——它们可能更宽或更窄，也可能更斜、更直或更方。

1. 肩膀高度问题

（1）肩膀高度太高问题。

问题描述：肩部顶部出现宽松的波纹。

解决方法：将多余的部分缝入肩部接缝处的"省道"中。在前后上身样板上，将肩部向下倾斜，宽度与"省道"的宽度相同。例如，如果省道宽 1.25cm，则意味着总共取出了 2.5cm 的面料。因此，在前片和后片各取出 1.25cm，并按照图 3-2-1 所示修改袖子样板。

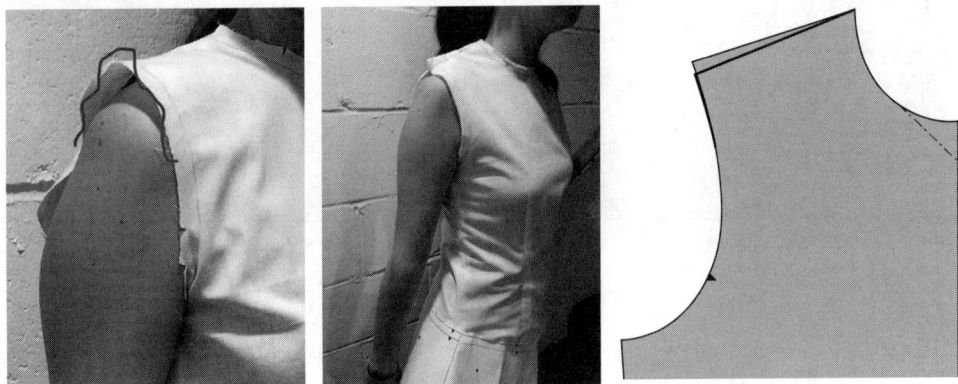

图 3-2-1　肩膀高度太高问题解决图示

（2）肩膀高度太低问题。

问题描述：肩部顶部有紧绷感，领口处有褶皱。

解决方法：从袖窿开始一直延伸到接近领口边缘释放肩部接缝，测量袖窿边缘的缝隙宽度。在前后上身样板上，将肩部向上倾斜，倾斜的角度是缝隙宽度的一半（比如缝隙宽度为 2.5cm，那么在前片和后片各增加 1.25cm），然后平滑袖窿弧线。具体按照图 3-2-2 所示修改袖子样板。

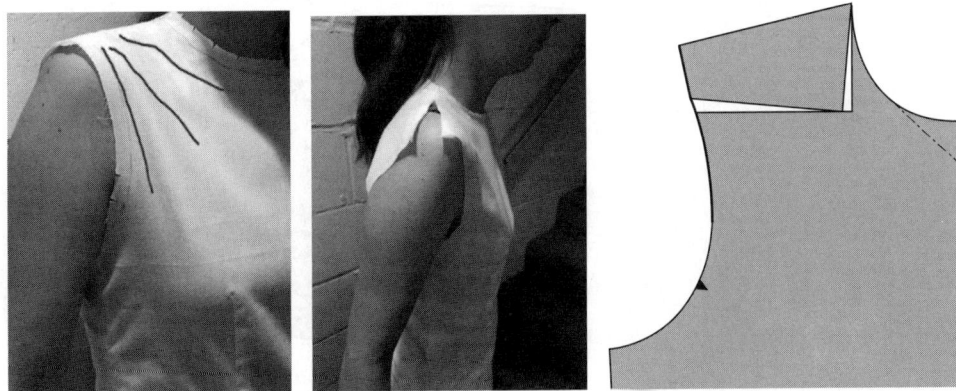

图 3-2-2　肩膀高度太低问题解决图示

2. 肩膀宽度问题

问题描述：肩膀部分起皱，表明袖子可能被拉伸得太紧（图 3-2-3 中 A），或者看起来松弛下垂（图 3-2-3 中 B）。

解决方法：重新绘制袖窿，贴合肩关节。如果袖窿曲线的长度增加或减少超过 0.5cm，按照图 3-2-3 和图 3-2-4 所示修改袖子样板。

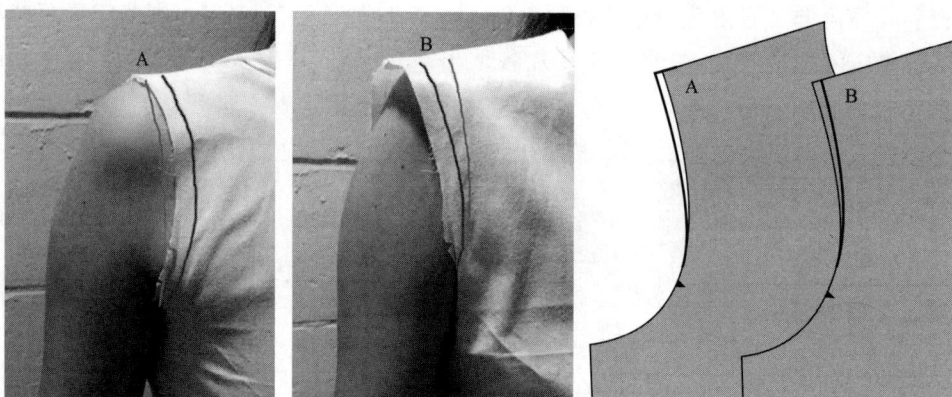

图 3-2-3　肩膀宽度问题解决图示

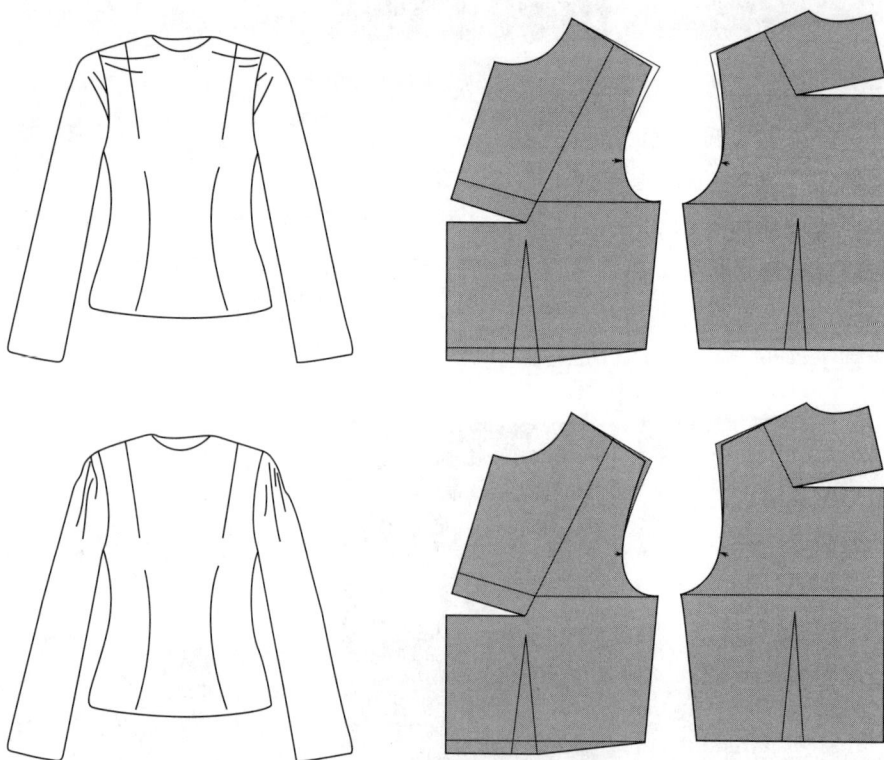

图 3-2-4　肩膀省道转移后进行修正

具体修改方法如下。在修改样板前，最好先将胸部和肩部的省道转移到其他地方，如图 3-2-4 所示，以便它们不会碍事。

（1）确定肩线长度：使用软尺测量从颈侧点到肩端点的实际肩宽，与样板上的肩线长度进行比较。

（2）调整肩线：如果需要加长或缩短肩线，可以在肩线的后端或前端进行调整。如果肩膀较宽，可能需要在后端加长肩线；如果肩膀较窄，则可能需要缩短肩线。

（3）处理肩端点：如果肩线太长，可能需要将肩端点向内移动以减少空隙；如果肩线太短或太紧，可能需要将肩端点向外移动以提供更多空间。

（4）平滑肩部线条：调整肩线后，确保肩部线条平滑，并且与袖窿的曲线相匹配。

（5）试穿检查：调整后，进行试穿，检查肩部是否合适，袖子是否在肩部正确位置。

（6）进一步调整：如果试穿后发现肩部仍然不合适，可能需要进一步调整肩线或袖窿的形状。

每个人的体型都是独特的，因此可能需要一些细微的调整来确保服装的完美贴合。

3. 斜肩与方肩问题

问题描述：斜肩体型会导致衣物在肩部出现下垂现象，而平肩（方肩）体型则容易造成面料在肩部区域产生紧绷感。

解决方法：针对不同肩型特征，可通过调整肩点位置来实现合体效果。具体操作方法：保持袖窿线总长度不变，根据肩型进行整体位移调整。对于斜肩体型，需将肩点连同袖窿线和肩线整体下移；而对于平肩（方肩）体型，则应将肩点连同袖窿线和肩线整体上移。这种调整方法既能确保服装的合体性，又可维持袖窿结构的完整性。

调整步骤如下。

（1）评估肩型：确定是斜肩还是平肩，以及是否需要调整。

（2）标记肩端点：在样板上标记出肩端点的位置。

（3）调整肩端点的位置：对于斜肩，将肩端点向下移动，以减少下垂；对于平肩，将肩尖向上移动，以减少面料的拉紧。

（4）保持袖窿长度：在调整肩端点位置时，确保袖窿的长度不变。

（5）调整袖窿曲线：根据肩端点的新位置，调整袖窿曲线，确保线条平滑。

（6）试穿检查：进行试穿，检查肩部的贴合度和舒适度。

（7）进一步调整：如果试穿后发现仍有问题，可能需要进一步调整样板，直到找到合适的贴合度。

（8）平滑肩部线条：在最终调整后，确保肩部线条平滑，没有褶皱或紧绷。

这些步骤有助于确保服装的肩部设计适合穿着者的肩型，提供更好的外观和舒适度。具体调整如图 3-2-5 所示。

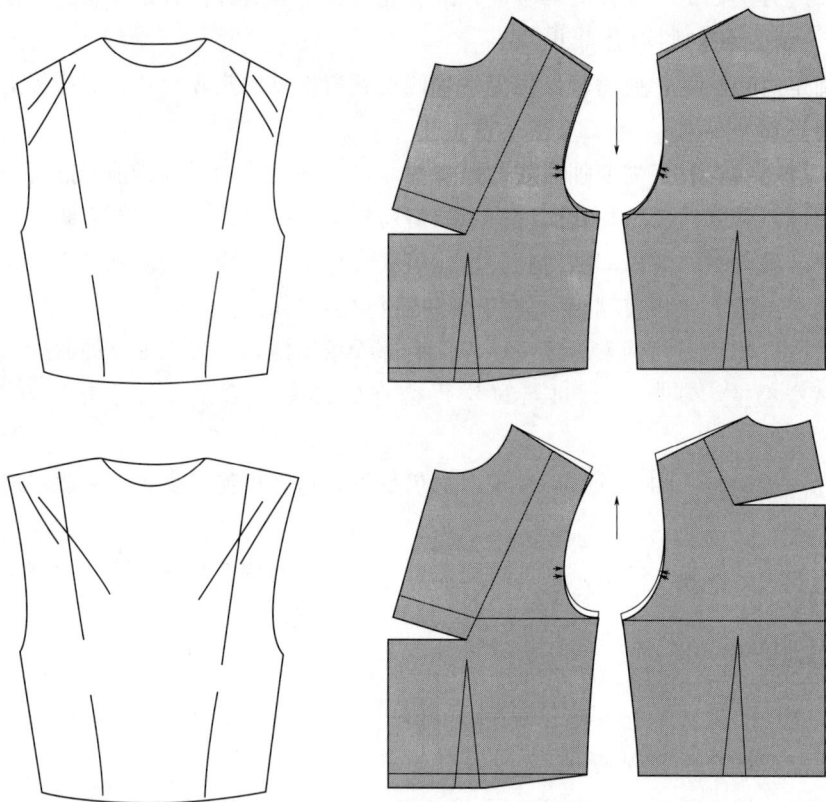

图 3-2-5　肩膀问题修正

二、袖窿问题

1. 胸部袖窿隆起问题

问题描述：前袖窿在胸部侧面出现波纹。

（1）解决方法一：从胸部向袖窿处别出一个省道，测量省道的宽度，去除多余的量。

在样板制作过程中，首先，在上身前片样板上精确绘制新设计的侧省道。随后，沿主胸省道的侧面垂直线进行切割，切口需延伸至新侧省道的底部。接着，将侧片以胸点为中心进行旋转，从而消除袖窿多余量，修正袖窿曲线，使之更加流畅自然。对于包含侧胸省道的款式，需将多余的面料量巧妙地转移至腰省道中，以确保版型的合体性与美观度，具体方法如图 3-2-6 所示。

（2）解决方法二：袖窿量转移到肩膀。

这是无袖上身的常见问题。袖窿在前片和后片都可能张开。前片比较容易修复，因为可以将多余的体积旋转到现有的省道中。如果这个省道不是结束在胸点，首先要将其延长，以便它能够到达，然后在旋转了多余的体积之后，再次缩短省道。之后，需要纠正袖窿的形状。如果后片没有合适的省道，可以进行较小的调整。根据袖窿张开的位置，可以从肩尖或者腋下的侧缝（或者两者都做）移除一些体积，如图 3-2-7 所示。

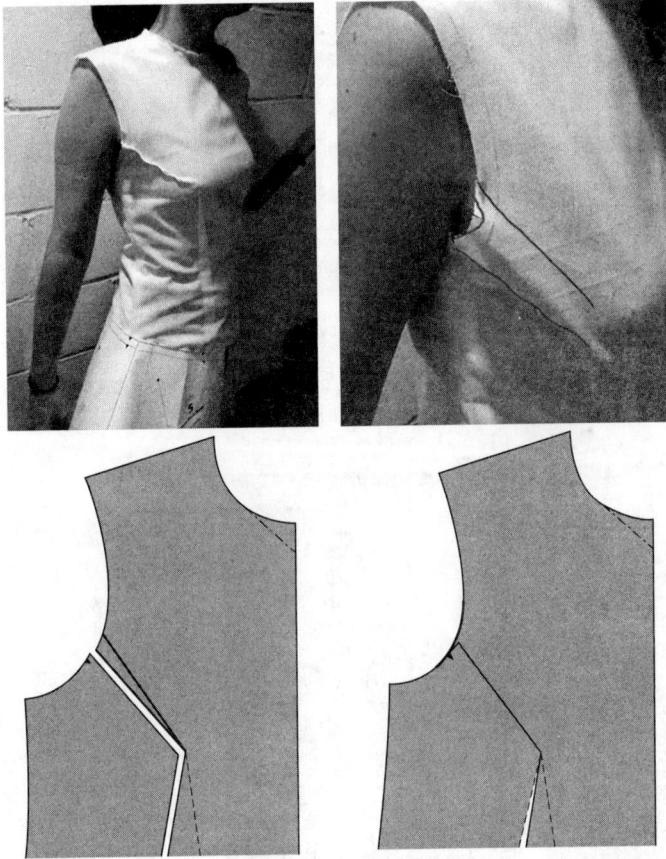

图 3-2-6　袖窿修正

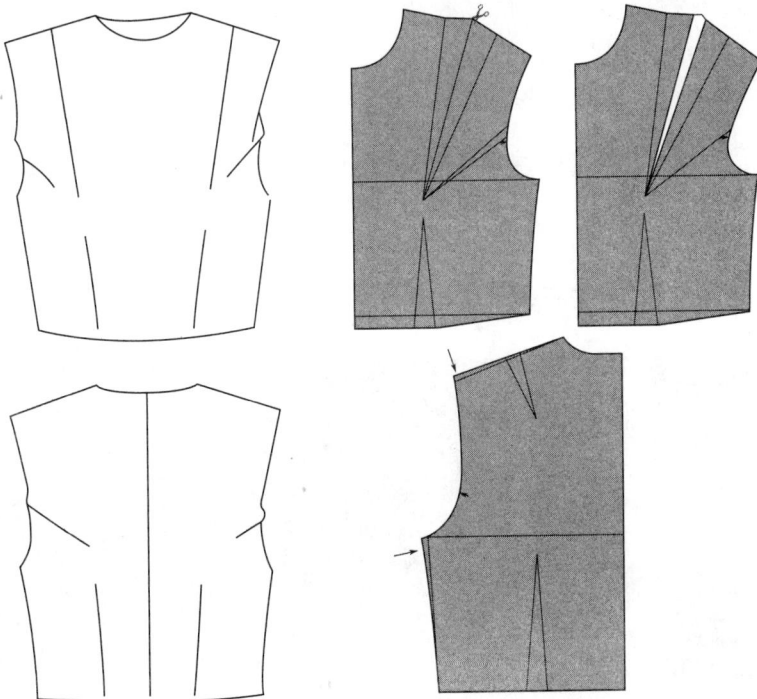

图 3-2-7　前后片袖窿鼓起修正示意图

2. 背部袖窿肩胛骨出现隆起波纹

问题描述：肩胛骨侧面的后袖窿出现波纹。

解决方法：将袖窿处多余的面料别入一个省道中，测量省道的宽度。

在样板调整过程中，请按照以下步骤进行操作。首先，将新设计的侧省道精确转移至上身的前片样板上，确保省道尖点延伸至后腰省道的正上方。接着，从新省道的尖点向肩部中心绘制一条参考线。随后，沿着肩线和新省道的顶部轮廓进行剪裁。以省道尖点为中心旋转侧片，使省道的两条边缘线完全重合，从而实现省道消失的效果。此时，肩部会自然形成一个省道，同时袖窿曲线也会变得更加平滑。具体的样板修改步骤请参照图 3-2-8。这一系列调整将确保版型更加贴合人体曲线，提升服装的整体美观度和舒适性。

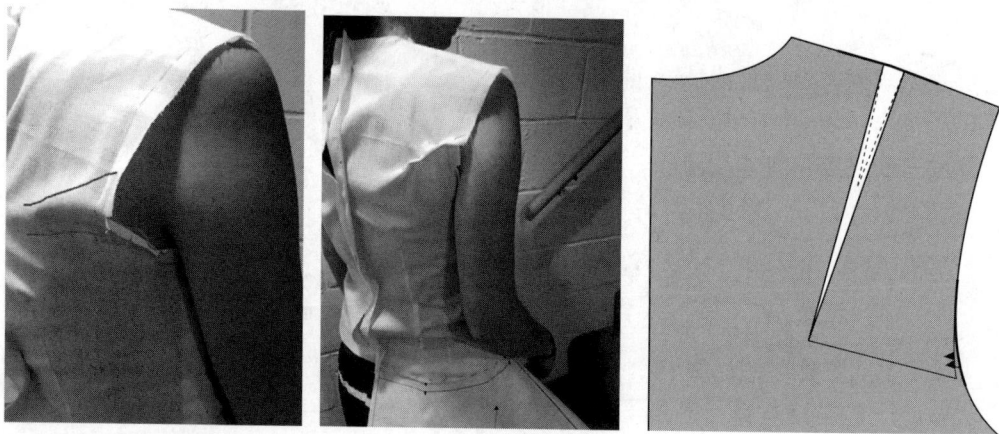

图 3-2-8　肩胛骨鼓起问题

三、领圈颈部问题

问题描述：领口线太低（图 3-2-9 中 A）或太高（图 3-2-9 中 B），可能导致领口张开或起皱。

解决方法：重新绘制领口线，使其恰好位于颈部底部。如果使用领子，沿着新的领口线绘制一条与旧领口线平行的新领子线，具体如图 3-2-9 所示。

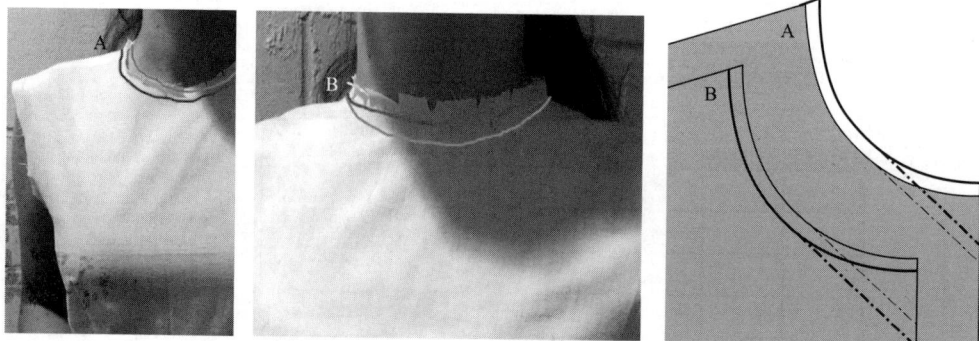

图 3-2-9　领圈修整

四、腰部问题：加长和缩短

问题描述：上身的腰围位置太高或太低。

解决方法：可以像图 3-2-10 和图 3-2-11 展示的那样切割前片和后片，然后增加额外的长度或重叠样板片来加长或缩短腰部。完成后，调整线条和省道。

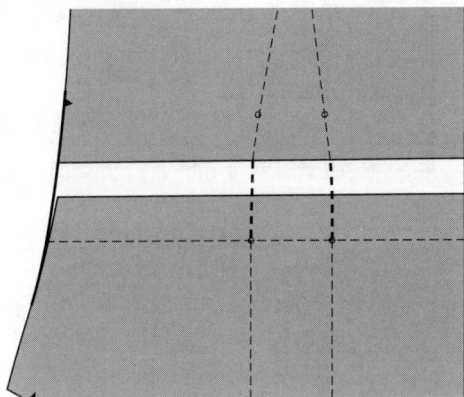

图 3-2-10　腰部加长方法

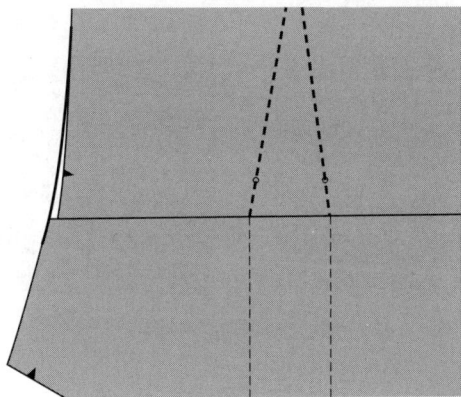

图 3-2-11　腰部缩短方法

具体步骤如下。

加长上身：将上身前片和后片样板在标记范围内水平切割；将各片分开至所需的长度，并平滑侧缝和省道。

缩短上身：将上身前片和后片样板沿着标记范围的底部水平切割；将各片重叠所需的长度，并平滑侧缝和省道。

裙子也可以在下摆处加长或缩短，但不建议全部在那里做，因为这会影响裙子的宽度以及裙子与上身的比例。对于较大的长度调整，建议在上身做 2/3，然后在裙子下摆做 1/3，如图 3-2-12 所示。

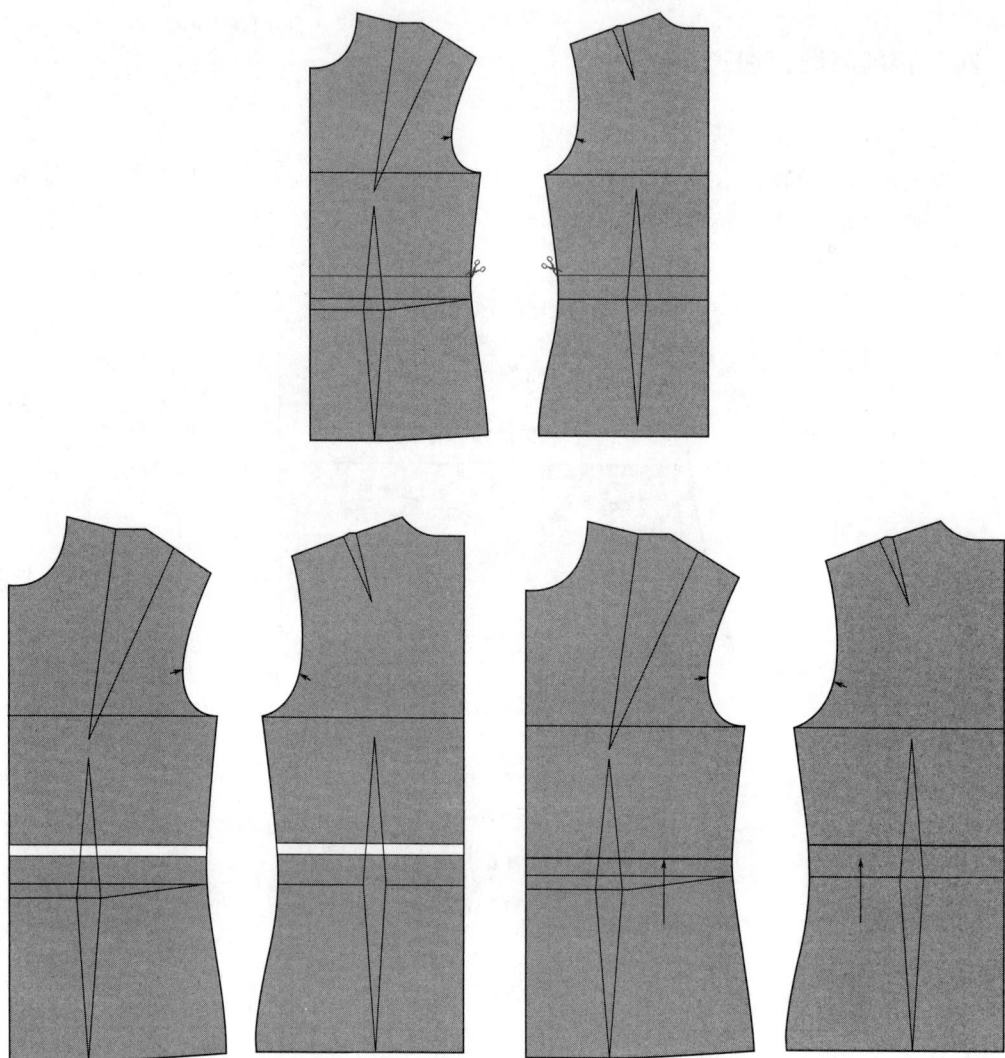

图 3-2-12　腰部修正

五、后背问题：圆背修复

问题描述：有些纸样的上背部是鼓起来的，需要进行合身调整。这表示上身基本缺少一些长度，同时也需要一个更大的肩省道来适应背部的形状。

解决方法如图 3-2-13 所示。

（1）评估背部长度：评估确定上身背部缺少的长度值。

（2）标记肩省道：在肩省道的顶部和底部标记，以便增加其大小。

（3）增加肩省道：通过在肩省道的顶部和底部切割并展开来增加肩省道的大小，以适应背部的圆形。

（4）增加背部长度：在背部中央切割上身样板，增加所需的长度。

（5）保持后中线直线：在进行调整时，确保后中心线保持直线，以维持服装的整体平衡。

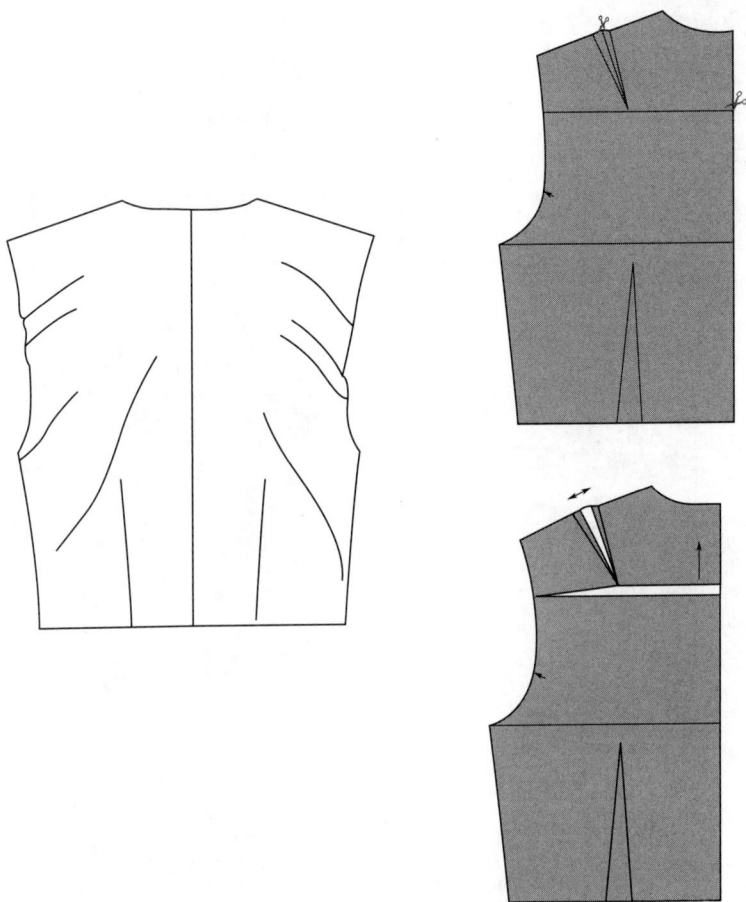

图 3-2-13　后背修正

（6）平滑线条：调整后，平滑肩部和背部的线条，确保省道和线条流畅。

（7）试穿检查：进行试穿，检查背部和肩部的贴合度，确保服装舒适合身。

（8）进一步调整：如果试穿后发现仍有问题，可能需要进一步调整样板，直到找到合适的贴合度。

六、修正胸点

问题描述：调整上身样板也意味着检查胸点是否放置正确，如果上身的胸点位置不对，省道也会不正确，它们可能指向太高或太低的位置。为了检查位置，需要胸围水平测量值和胸点之间的距离。如果这些测量值中的一个或两个不正确，可以按照以下步骤调整样板。在这个例子中，胸点位置较低，距离前中心线较远。

解决方法：如图 3-2-14 所示。

（1）确定胸点位置：用胸围水平测量值来确定胸点位置。

（2）测量胸点间距离：确保两个胸点之间的距离与实际测量值相匹配。一般情况下，两胸点距离为 18cm。

（3）调整样板：如果胸点位置不正确，可以在样板上重新定位胸点。这可能涉及移动省道的顶点或重新绘制整个省道。

（4）平滑省道：在调整胸点后，确保省道平滑地从肩部流向新的胸点位置。

（5）试穿检查：在调整后，最好进行试穿，以确保胸点位置正确，并且上身样板在胸部区域贴合良好。

（6）进一步调整：如果试穿后发现仍有问题，可能需要进一步调整样板，直到找到合适的贴合度。

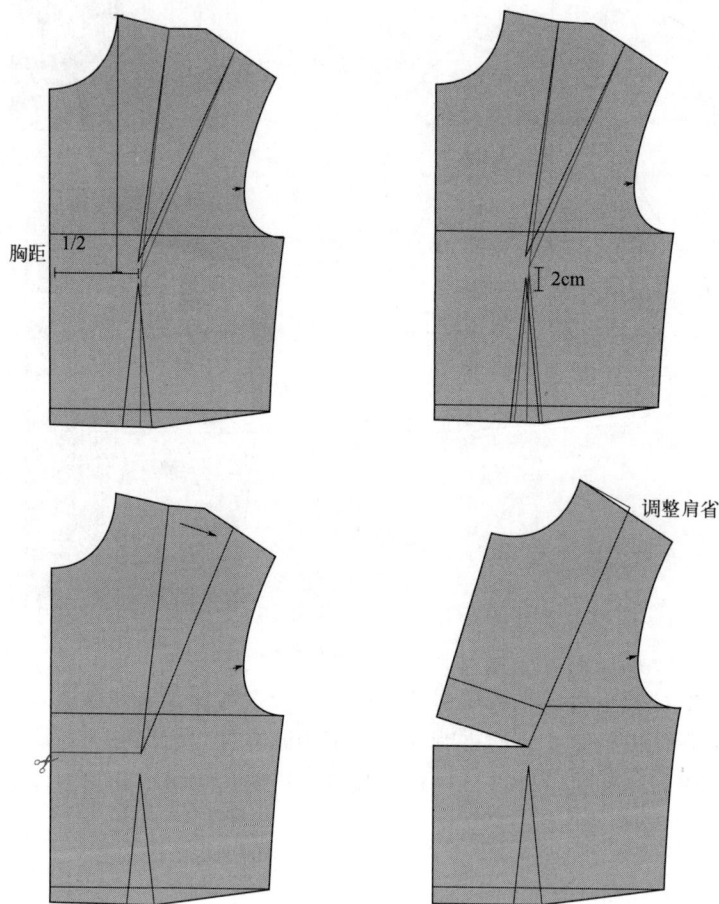

图 3-2-14　胸点修正

在画好新的胸省道后，也要修正腰省道。可以从胸点下方 2cm 处开始，关闭省道，同时调整肩线和省道形状。如果修正另一种没有标记胸点的样板，可以通过经验来找到大约的位置，通常省道点位于实际胸点下 2～3cm 处。

七、围度大小调整

问题描述：上身前后片胸宽和背宽问题。

这里有两个关于上身前后片的问题。通常，背宽需要比胸部区域更宽，尤其是有袖子的情况下，因为需要能够活动手臂。在这些区域增加或减少宽度意味着最终会在侧缝处增加或移除一些面料，以保持袖窿长度不变。当然，如果没有袖子，并且对腋下的长度感到满意，也可以选择不改变侧缝。

解决方法如下。

1. 胸宽大小调整（图 3-2-15）

（1）测量与评估。

准确测量：准确测量穿着者的胸围和胸宽尺寸。胸宽通常指两腋窝之间的水平距离。

评估样板：将测量数据与样板上的胸宽尺寸进行比较，确定需要增加或减少的尺寸。

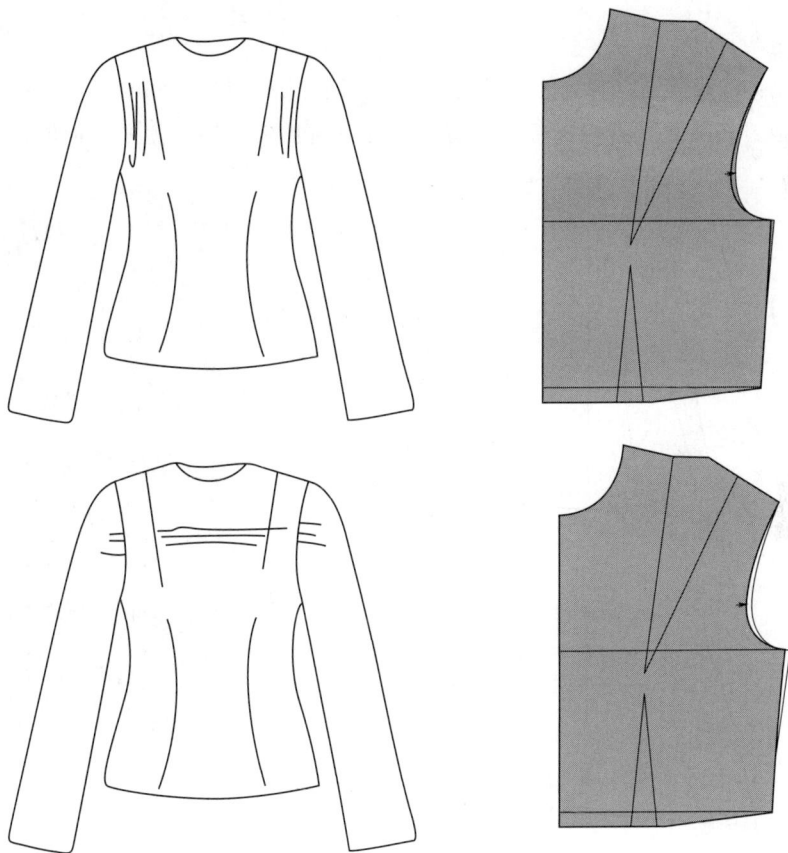

图 3-2-15　调整胸宽

（2）增加胸宽。

侧缝调整：如果胸宽不足，可以通过增加侧缝的宽度来扩大胸宽。具体操作是将前片和后片的侧缝分别向外平移相同的量，确保两侧对称。

省道调整：适当减少胸省的量，将多余的面料转移到侧缝，从而增加胸宽。

分割线调整：如果样板有公主线或其他分割线，可以通过调整这些分割线的位置来增加胸宽。

（3）减少胸宽。

侧缝调整：如果胸宽过大，可以通过减少侧缝的宽度来缩小胸宽。将前片和后片的侧缝分别向内平移相同的量，确保两侧对称。

省道调整：增加胸省的量，将多余的面料转移到省道中，从而减少胸宽。

分割线调整：通过调整公主线或其他分割线的位置来减少胸宽。

（4）袖窿调整。

同步调整：在调整胸宽的同时，袖窿的形状和大小也需要相应调整，以确保袖子的合体性和舒适度。

平滑曲线：使用曲线尺重新绘制袖窿线，确保其平滑自然，符合人体曲线。

2. 背宽大小调整（图 3-2-16）

（1）测量与评估。

准确测量：准确测量穿着者的背宽尺寸。背宽通常指两腋窝之间的水平距离，位于背部。

评估样板：将测量数据与样板上的背宽尺寸进行比较，确定需要增加或减少的尺寸。

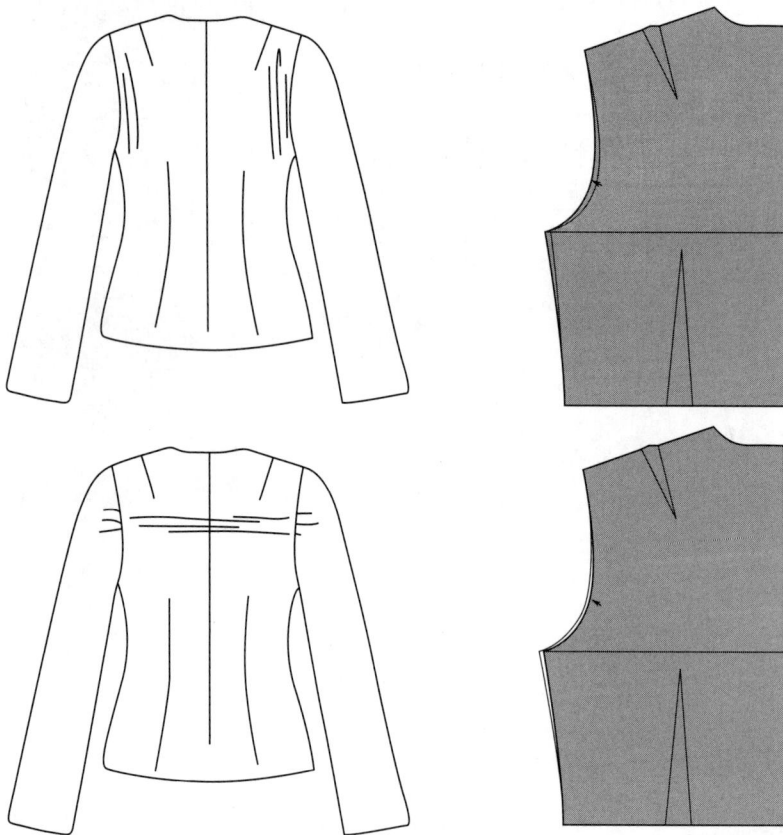

图 3-2-16　调整背宽

（2）增加背宽。

侧缝调整：如果背宽不足，可以通过增加侧缝的宽度来扩大背宽。具体操作是将后片的侧缝向外平移，同时确保前片的侧缝也相应调整，以保持整体平衡。

省道调整：适当减少背省的量，将多余的面料转移到侧缝，从而增加背宽。

分割线调整：如果样板有公主线或其他分割线，可以通过调整这些分割线的位置来增加背宽。

（3）减少背宽。

侧缝调整：如果背宽过大，可以通过减少侧缝的宽度来缩小背宽。将后片的侧缝向内平移，同时确保前片的侧缝也相应调整，以保持整体平衡。

省道调整：增加背省的量，将多余的面料转移到省道中，从而减少背宽。

分割线调整：通过调整公主线或其他分割线的位置来减少背宽。

（4）袖窿调整。

同步调整：在调整背宽的同时，袖窿的形状和大小也需要相应调整，以确保袖子的合体性和舒适度。

平滑曲线：使用曲线尺重新绘制袖窿线，确保其平滑自然，符合人体曲线。

3. 腰围大小调整（图 3-2-17）

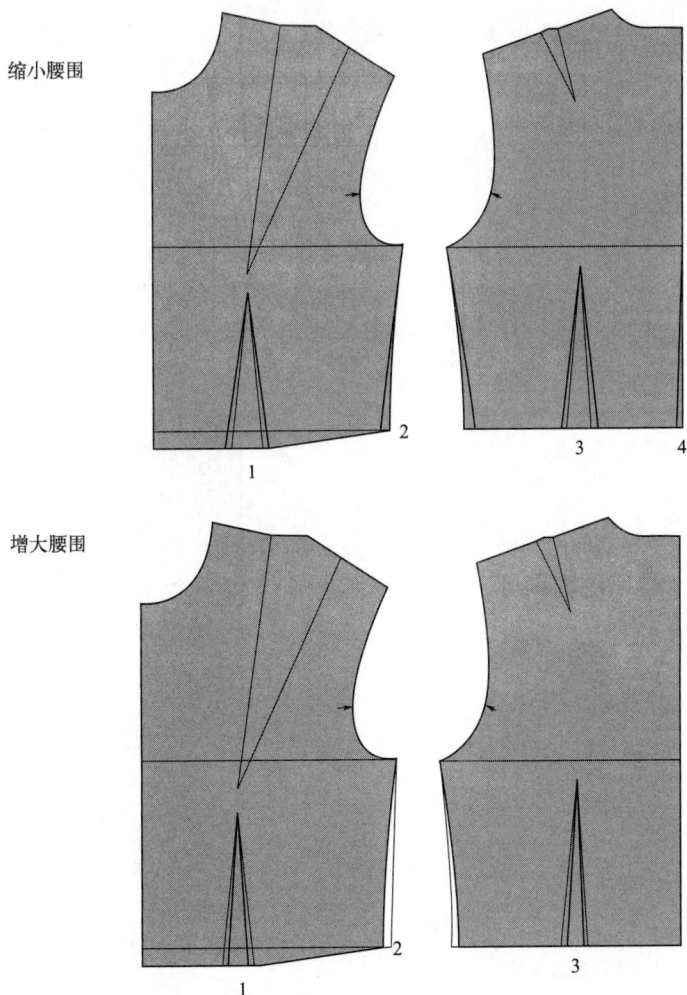

图 3-2-17　缩小或增大腰围修正示意图

调整步骤如下。

（1）评估宽度。首先需评估服装的合体度，重点确认背部是否需要加宽或前片腰部是否需要收窄。这一步骤直接影响后续调整方向，需结合人体实际尺寸与设计需求进行判断。

（2）标记调整点。在样板的前片腰省、腰省处和后片腰省、侧缝省、后中线做好对应标记1-4，并明确标出需调整的宽度范围，确保修改位置精准对应人体结构需求。

（3）调整宽度。首先需评估服装的合体度，重点确认前后片腰部、侧缝是否需要加宽或是否需要收窄。这一步骤直接影响后续调整方向，需结合人体实际尺寸与设计需求进行判断。

（4）调整侧缝。根据样板的调整，相应地调整侧缝，以保持袖窿的原始长度。

（5）试穿检查。在进行调整后，进行试穿，检查背部和胸部的合身度，确保手臂活动自如。

进一步调整：如果试穿后发现仍有问题，可能需要进一步调整样板，直到找到合适的贴合度。这些调整有助于确保上身的舒适度和活动自由度，特别是在有袖子的设计中。

八、胸部围度调整

上身胸部围度可能是最常见的调整之一，缩小和扩大胸部围度的方法如下。

1. 缩小胸部围度

解决方法：这是相对简单的一种。通过分离上身的一小部分并重叠如图 3-2-18 所示的省道体积来减少一些宽度和省道体积。

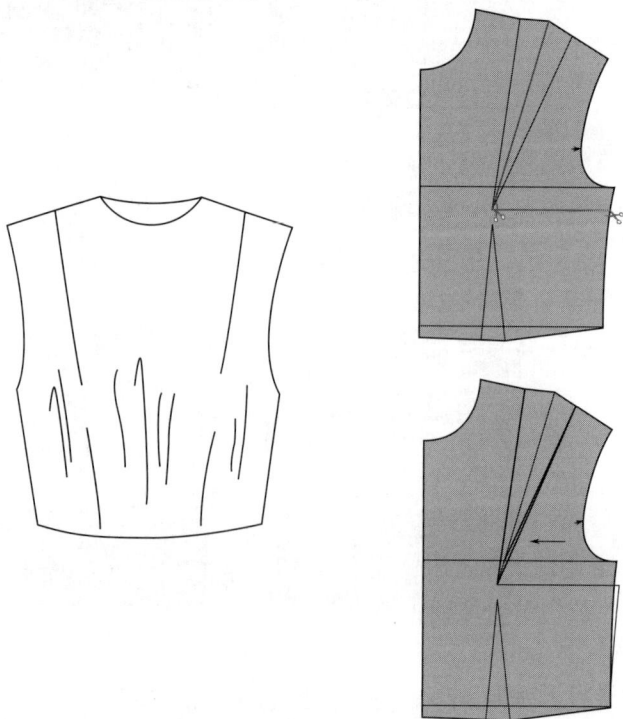

图 3-2-18　大胸部调整

调整步骤具体如下。

（1）确定调整量。测量并确定需要减少的胸部宽度和省道体积。

（2）标记调整区域。在胸部区域标记出需要分离的样板部分。

（3）切割和重叠。在标记的线上切割样板，然后将省道体积向内折叠并重叠。

（4）调整侧缝。根据胸部的调整，相应地调整侧缝，确保整体线条流畅。

（5）绘制新省道。如果需要，绘制新的省道，确保它们的位置和大小适合调整后的胸部尺寸。

（6）试穿检查。进行试穿，检查胸部区域是否贴合，省道是否指向正确的方向。

（7）进一步调整。如果试穿后发现仍有问题，可能需要进一步调整样板，直到找到合适的贴合度。

2. 扩大胸部围度

这是标准的 FBA（全胸围调整）过程，通常应用于罩杯尺寸超过标准 B 杯的情况。进行这种调整后，上身前片的宽度和长度会增加，同时省道的尺寸也会相应扩大。调整的起始步骤是将胸省道从肩线旋转至侧缝。详细修改步骤如下。

（1）旋转省道。将胸省道从肩线旋转到侧缝，以适应更丰满的胸部。

（2）使用测量值。利用胸围水平和胸点距离的测量值来精确标记胸点的位置。

（3）绘制发射线。从胸点开始，绘制放射状的指导线，这些线条将作为调整省道的参考。

（4）绘制新省道。最后，围绕这些指导线中心，绘制新的省道，确保它们与胸点的放射线相匹配，如图 3-2-19 所示。

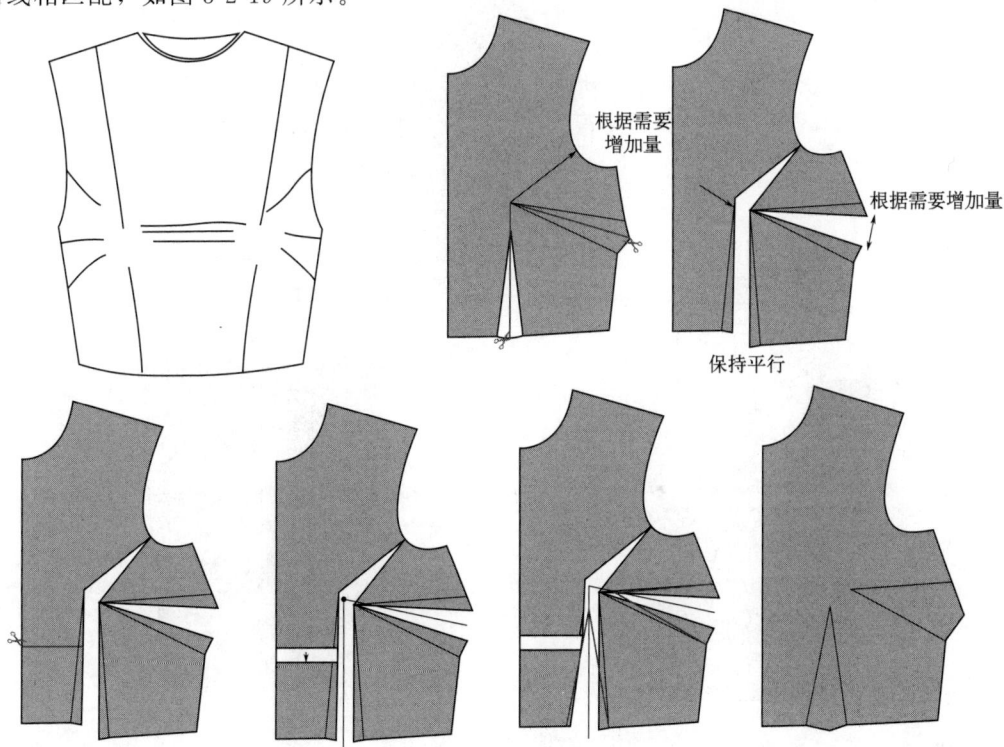

图 3-2-19　小胸部纸样调整

通过这些步骤，可以确保上身前片的省道调整得当，以适应不同胸围尺寸的需求，从而提升服装的合身度和舒适度。

九、袖子纸样调整

1. 袖子长度

调整袖子长度是一项相对简单的任务。可以直接在袖口处进行长度的增加或减少，但为了维持袖口线的原始设计，建议在袖子的中间部位，比如肘线附近进行切割，然后根据需要增加或减少长度。

2. 调整步骤（图 3-2-20）

（1）确定长度调整。需要增加或减少的袖子长度。

（2）选择切割点。选择一个合适的切割点，如肘线，这样可以保持袖口线的形状不变。

（3）切割和调整。在选定的切割点处切割袖子样板，然后根据需要增加或减少长度。

（4）调整侧面。调整袖子的侧面，确保新的袖子长度在两侧保持一致。

（5）标记新的肘部位置。调整完成后，找到并标记新的肘部水平位置。

（6）试穿检查。进行试穿，检查袖子长度是否合适，确保手臂活动自如。

通过这些步骤，可以轻松地调整袖子长度，同时保持服装的整体美观和功能性。

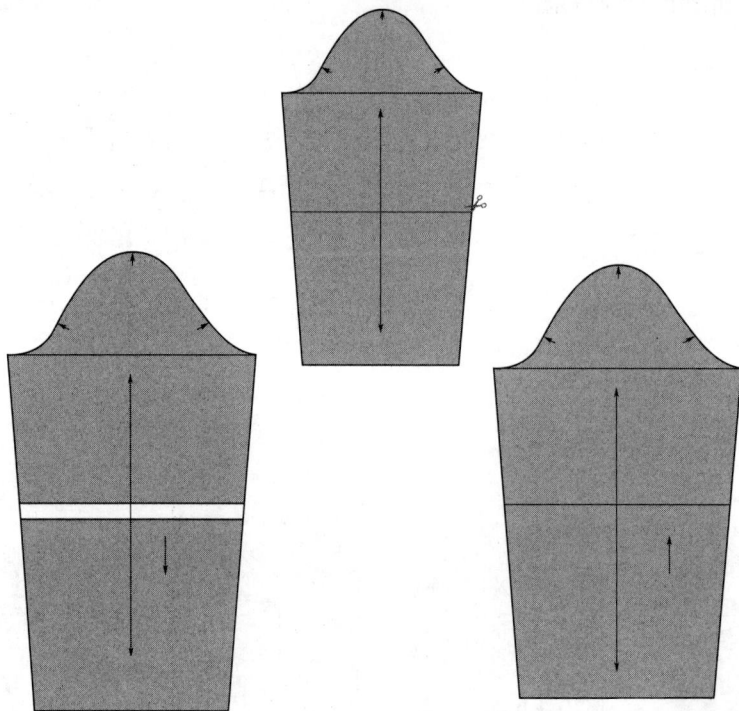

图 3-2-20　袖子长度调整

3. 袖山高低调整（图 3-2-21）

（1）评估上臂宽度。确定袖山在上臂部分需要增加还是减少高度。

（2）标记调整点。在肱二头肌线的两侧标记出需要调整的宽度。

（3）切割和调整。在标记的线上切割袖子样板，然后根据需要增加或减少宽度。

（4）调整上身。为了保持尺寸匹配，相应地调整上身的袖窿部分。

（5）考虑袖山调整。如果选择缩小袖山，需要调整袖山的高度和/或上身袖窿长度，以保持整体比例。

（6）试穿检查。进行试穿，检查袖子在上臂部分的贴合度，确保手臂活动自如。

需要注意的是，如果修改衣身使袖窿的周长增加超过 0.5cm 或者减少超过 0.5cm，可能需要修改袖子以确保其合适性。

解决方法：在样板上袖山头高于记号大约 2.5cm 处水平切割。根据需要将上面的部分向上或向下移动，并平滑袖山的线条。一个经验法则是：对于袖窿每增加或减少 1.25cm，将袖山的上部分向上或向下移动 1.25cm。

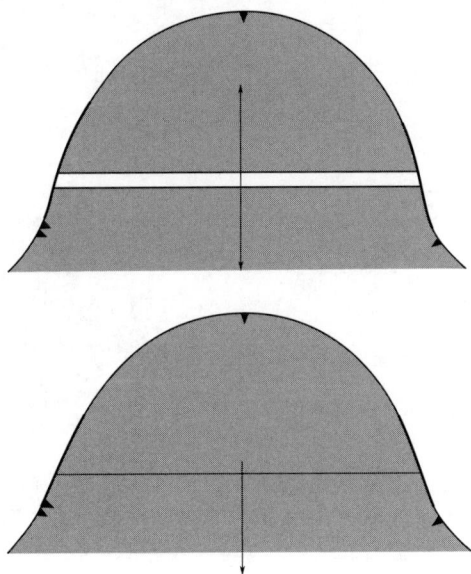

图 3-2-21　袖山修正示意图

4. 上臂宽度大小问题

袖子上部的褶皱暗示着袖子在上臂区域的尺寸不合适，可能过于紧绷或过于宽松。为了纠正这个问题，可以根据需要在肱二头肌线两侧适当增加或减少宽度。在调整袖子的同时，也必须对衣片上的袖窿部分进行相应的修改，以确保在缝纫时尺寸能够匹配。此外，可以考虑稍微增加袖山的宽度，但这会改变袖山的尺寸，因此可能需要进一步调整袖山的高度或上身袖窿的长度，如图 3-2-22 和图 3-2-23 所示。

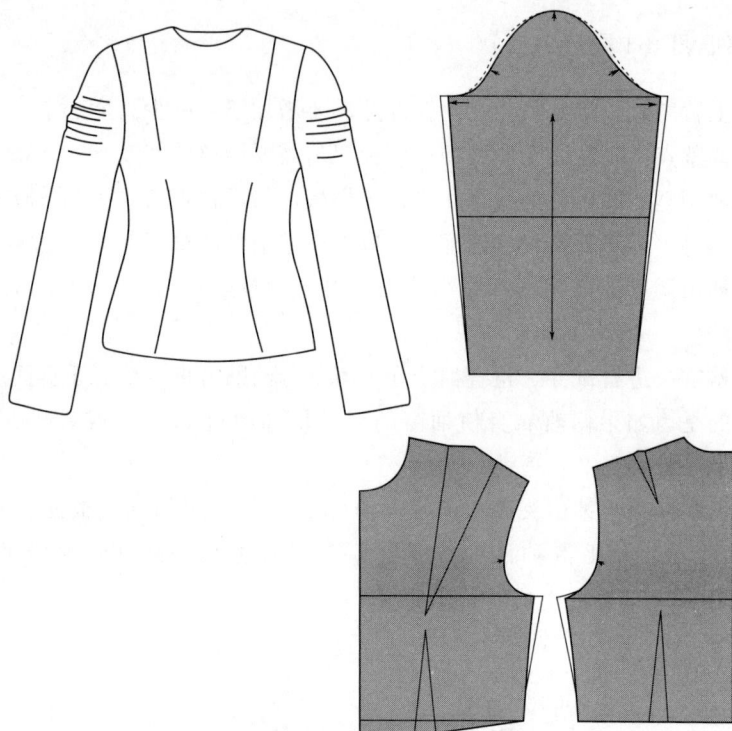

图 3-2-22　修正袖子上臂宽度太窄问题

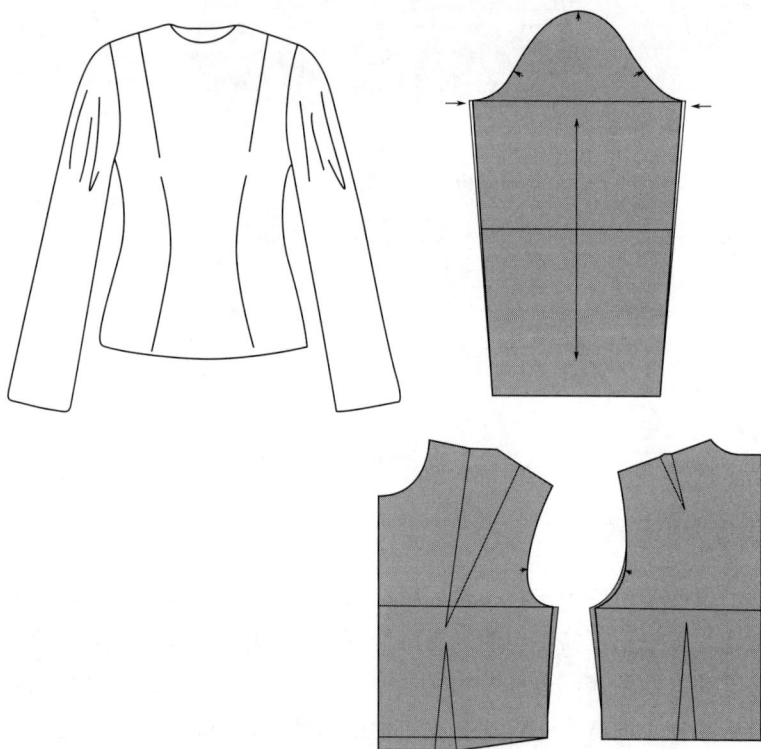

图 3-2-23　修正袖子上臂宽度太宽问题

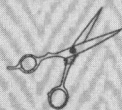

第四章
连衣裙与旗袍结构设计

第一节 ▶ 连衣裙结构设计制图概述

连衣裙结构设计与纸样制作在某种程度上可以理解为女上衣原型与半身裙的叠加。本章可以理解为对以往结构知识的回顾和总结，同时也是知识技术的延伸和拓展，是服装设计和制作过程中的一个重要环节，它涉及将设计师的创意转化为具体可实施的纸样，以便后续的裁剪和缝制。

一、连衣裙纸样制作概述

1. 设计构思

在制作纸样之前，首先需要明确连衣裙的风格、款式、面料以及目标穿着群体，包括确定连衣裙的长度、领型、袖型、腰部设计、裙摆样式等设计要素，绘制连衣裙设计图。

2. 纸样绘制

使用专业的制图工具，如尺、铅笔、绘图纸等，根据设计构思和基础纸样绘制出连衣裙的详细纸样。在纸样上设计省道、褶裥、开衩等结构细节，以塑造连衣裙的立体造型。根据模特或目标顾客群体的具体尺寸，对基础纸样进行调整，确保纸样的合体性，包括对胸围、腰围、臀围等部位的放量调整。

3. 纸样复核

完成初稿后，需要对纸样进行复核，检查各部分尺寸是否准确、标识是否完整（包括丝缕线），确保纸样的对称性和平衡性。这一步骤对于确保成品的质量和美观至关重要。然后，将纸样复制到布料上，制作出样板。样板可以用来试穿和进一步调整，以确保最终成品的合体性和舒适度。

二、腰线破缝式中长裙结构制图

图 4-1-1 展示的是一款前后身合体、腰线破缝、裙子下摆呈喇叭形的标准紧身喇叭形中长连衣裙，其在纸样上所呈现的特点是上衣下裙，更加便于结构设计理解和制作。该款式的胸省处理采用袖窿收省和腰部收省来塑造形体，领口为圆形，袖子为小短袖。裙子是将基本的腰省合并后转至下摆展开，成为四片接缝在一起的喇叭形。

1. 款式特征分析

省道设计：上衣设有胸省和腰省，且两者各自分开。通过胸省和腰省的巧妙处理，上衣能够完美贴合人体上半身的起伏，穿着舒适且美观。

　　裙子形状：下身裙子为 A 字裙，没有腰省。A 字裙的特点在于从腰部开始自然向下展开，裙摆较大，形似字母"A"。这种裙型不仅能够修饰腿部线条，遮盖住腿部的不完美之处，同时也为穿着者增添了一份灵动与俏皮感。裙摆随着走动而摇曳生姿，尽显优雅与活力。

　　破腰缝线：上下身通过破腰缝线进行分割，这条缝线不仅是上下身的分界线，更在一定程度上起到了装饰作用，打破了整体的单调感，为连衣裙增添了一份独特的设计感。破腰缝线的位置通常处于人体自然腰线附近，它强调了腰线的位置，进一步突出了穿着者的身材比例，使上半身与下半身的比例更加协调，视觉上达到显高显瘦的效果。

　　此外，中长裙是一种多功能的服装，长度在膝盖左右。这种长度非常适合正式场合、办公环境或休闲外出穿着。中长裙适合打造平衡的外观，因为它们在提供遮盖的同时，还能突出身材。

2. 作图步骤

　　（1）前后身制图。针对这款连衣裙的设计特点，可以采用原型进行造型设计，巧妙地利用原型中的腰省来实现款式要求，并将靠近袖窿的腰省进行合并和转移。如果连衣裙选用的是横条纹面料，按照原型的两个省道进行收省可能会破坏面料的条纹图案。因此，在纸样处理过程中，上衣后片可以将肩省的一半转移到袖隆处，而剩余的部分则作为缝量保留在肩缝处。对于前袖窿省，可以将胸省的三分之一留在袖窿内作为放松量，而剩下的三分之二则作为袖窿省直接收掉。此外，由于需要装入垫肩，前后肩斜需要相应地上抬（此处上抬0.7cm），以确保肩部线条的流畅和穿着的舒适性，如图4-1-2所示。

图 4-1-1　腰线破缝式中长裙

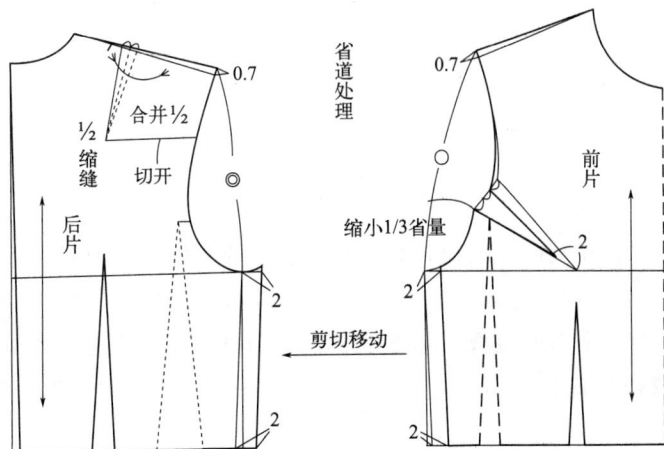
图 4-1-2　借用新文化式原型上衣进行制图（单位：cm）

这款连衣裙有其独特的腰部分割线，上衣部分前后腰部各设有一个分割线。在处理上衣时，需要巧妙地合并其他不必要的省道，以简化结构。合并后的裁片效果可参考图 4-1-3。至于下身裙部，并未设计腰部省道，因此在样板制作时，可以通过省道转移合并的方法进行调整，实现省量的去除。

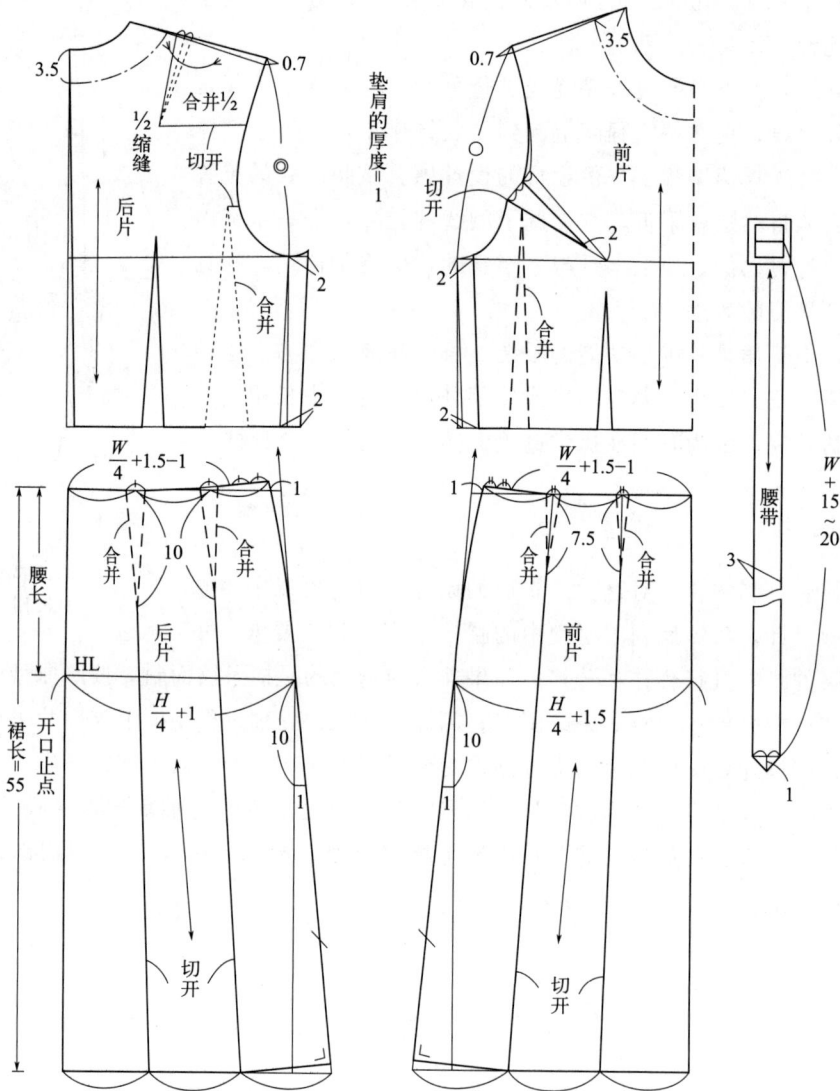

图 4-1-3　腰线破缝式中长裙作图（单位：cm）

具体操作步骤：首先复制原型裙，然后在原型裙的基础上，沿着省道尖端，从省道尖端至裙底边画垂直线，将裙子分割成三个部分。接着，根据这一结构，将省道融入设计中，展开下摆，并绘制平滑的腰线、裙摆和侧缝，具体效果可见图 4-1-4。在标记臀围线时，前片的臀围放松量应为 1.5cm，而后片则为 1cm，以确保穿着的舒适度和外观的美观。

（2）袖子。袖山高度降至 8cm，量取前后的袖窿长度后，进行袖肥和袖山线的作图。

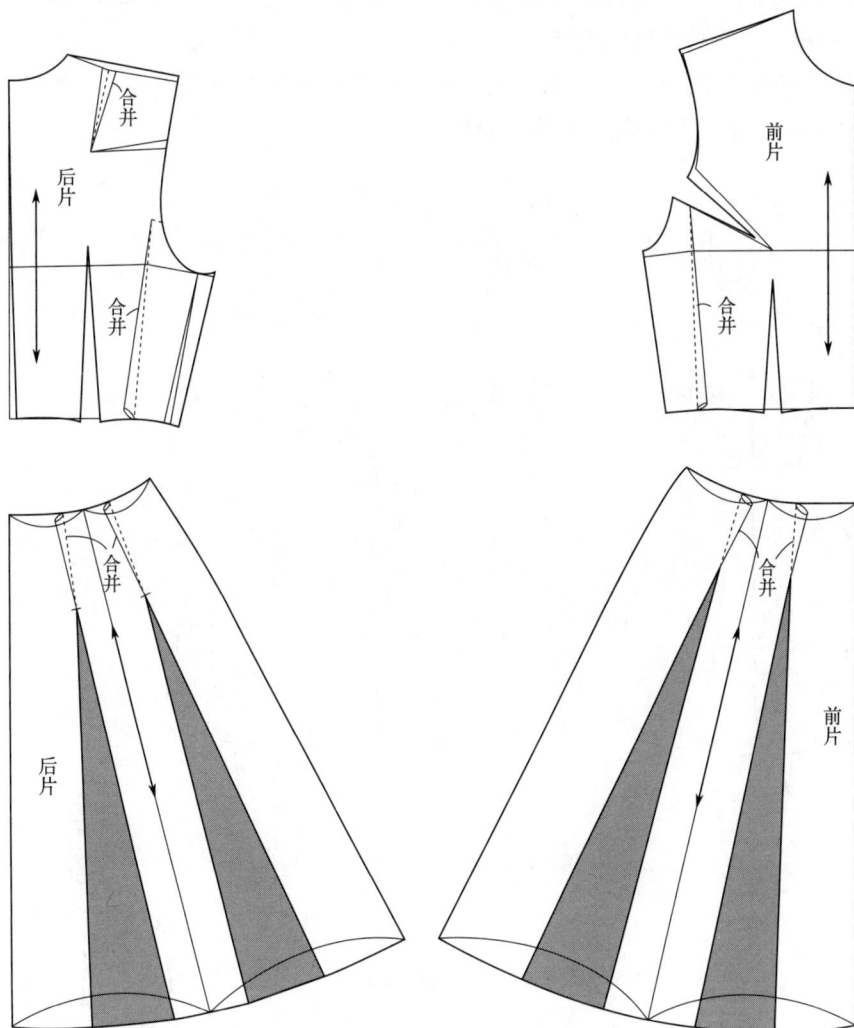

图 4-1-4　腰线破缝式中长裙上下衣基本型省道合并过程

袖长做成袖下缝 1.5cm 的衬衫袖，如图 4-1-5 所示。

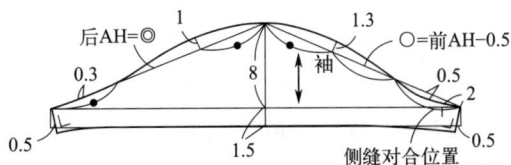

图 4-1-5　腰线破缝式中长裙袖子制图（单位：cm）

（3）试穿修正。在合理穿着内衣的状态下，穿好连衣裙进行校正修改。从整体效果入手，看整体的均衡情况是十分重要的。需要注意的事项如下。

① 保证前中缝、后中缝对准身体的中心线。

② 在胸围线、腰围线、臀围线下摆线水平的前提下观察前后的均衡程度。

③ 做一些弯曲手臂、上台阶等动作来观察服装的放松量和下摆的宽松程度。

④ 观察领口、袖长等处的设计。

针对体型进行修正，图 4-1-6 从正面、侧面和背面三个不同的角度对腰线破缝式连衣裙进行展示，从而审视和核对各个角度的样板。

图 4-1-6　腰线破缝式中长裙效果图

三、直筒连衣裙

1. 直筒连衣裙款式特征

直筒连衣裙（图 4-1-7）以其简约大方的廓形为特点，采用肩部育克分割设计，通过碎褶或叠褶处理增添细节美感。其宽松的版型确保了穿着的舒适性，而立领与前门襟开衩的巧妙设计则成为整体造型的亮点。设计师可通过调节明线宽度、纽扣样式等细节赋予连衣裙多样的风格变化，亦可搭配腰带呈现不同的穿搭效果。在面料选择方面，该款式具有广泛的适用性，从轻盈的棉质面料到精致的薄毛料均可完美呈现。

图 4-1-7　直筒连衣裙效果图

2. 直筒连衣裙样板制作

（1）衣身制图。直筒型连衣裙的纸样制作需注意以下要点。

背长需缩减 0.7～1cm，后片育克破缝线处可适当减短背长量。后肩省经合并后转移至育克破缝线处，其中省量的 1/2 保留作为袖窿松量。后片叠褶量通常设定为 4cm，具体可根据设计需求与面料特性灵活调整。前肩育克宽度建议控制在 4～5cm 之间，过宽的育克设计可能导致斜绺问题，影响穿着效果。由于是直筒廓形，下摆两侧斜度应保持适度。门襟的宽度与长度需综合考虑整体设计比例，开衩尺寸以确保穿脱便利为原则，通常开衩位置设置在腰线以下约 15cm 处，如图 4-1-8 所示。

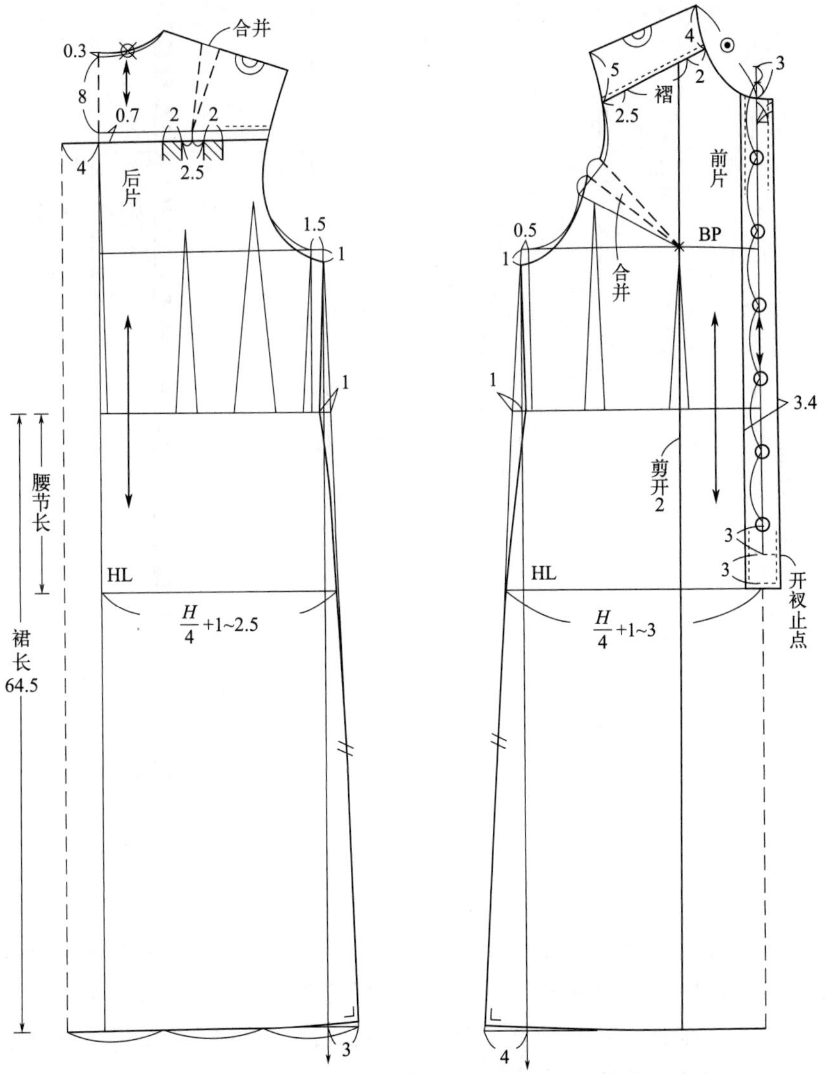

图 4-1-8　直筒连衣裙的纸样制图（单位：cm）

在样板制图过程中，若将胸省量集中于一处完全收掉，可能会导致省量过于集中，影响服装的整体平衡感和美观度。因此，建议对胸省进行分散处理：将部分胸省量转化为袖窿省，并以碎褶的形式呈现，同时将剩余部分作为松量保留在袖窿处。如图 4-1-9 所示，胸省量可平均分配，其中一半用于省道合并，另一半则用于增加袖窿的松量。这种处理方式不仅能够优化服装的立体效果，还能提升穿着的舒适度，使版型更加自然流畅。

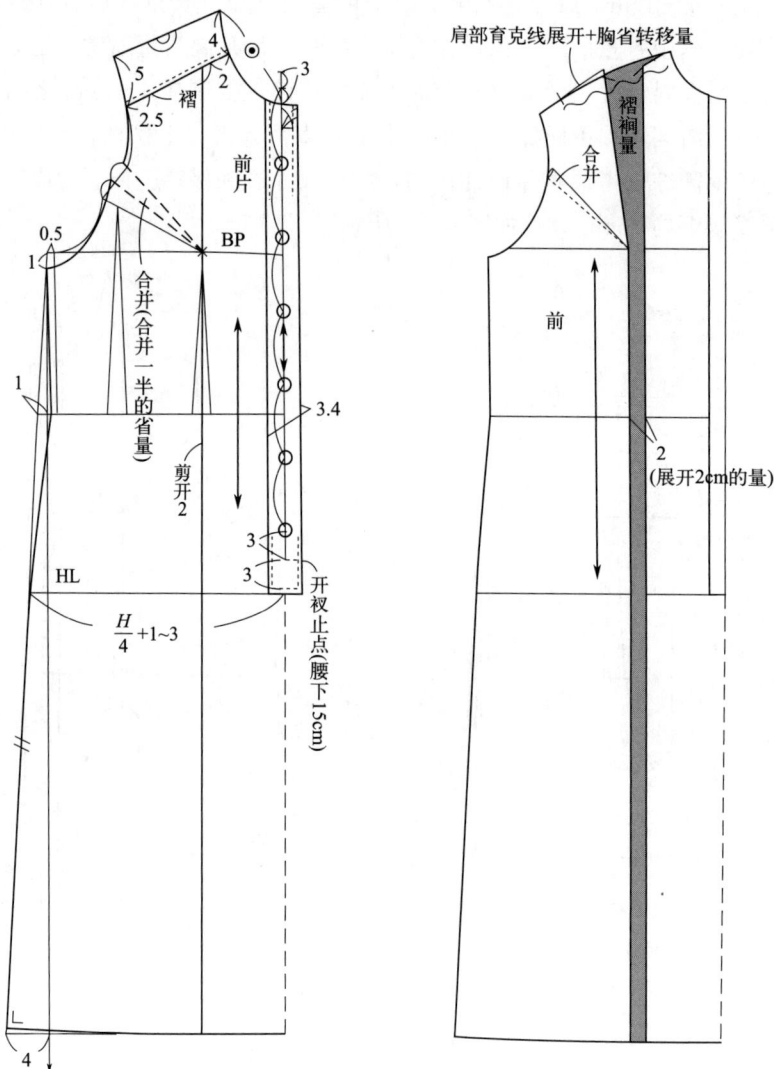

图 4-1-9　前片过 BP 点直线剪切增加育克线褶量（单位：cm）

（2）领子制图。为了达到最佳的造型效果，立领设计通常需要在前端与后中心宽度之间形成细微的宽度差异。一般情况下，领子前端的宽度应比后中心宽度窄约 0.5cm。如图 4-1-10 所示，领子后中心宽度为 3.5cm，而前端宽度则为 3cm。此外，为了使领子前端与门襟上端呈现自然的垂直状态，需要在领角的上边缘修剪掉约 0.3cm。这种细节处理不仅能够提升领部的贴合度，还能确保整体造型的协调与美观。

（3）袖子制图。为了绘制袖子，首先合并连衣裙后片的肩育克纸样，再合并前胸省的 1/2，并且前后片的侧缝线要对上，这样便可画出完整的袖窿弧线。接下来分别量取前、后袖窿的尺寸，用画袖原型的方法制图。袖子的悬垂追加量为 2cm。在制图中，后袖比前袖要多1cm。为了加强袖口的蓬松效果，袖下缝的弯势最好位于肘位线的上面。如图 4-1-11 所示。

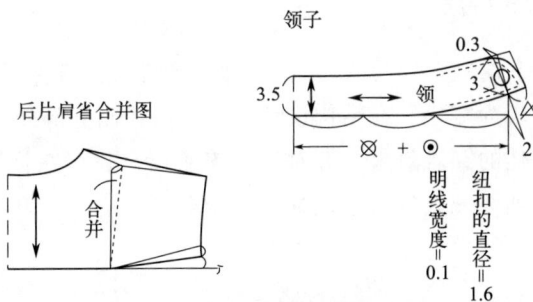

图 4-1-10　后片育克合并及领子制图（单位：cm）

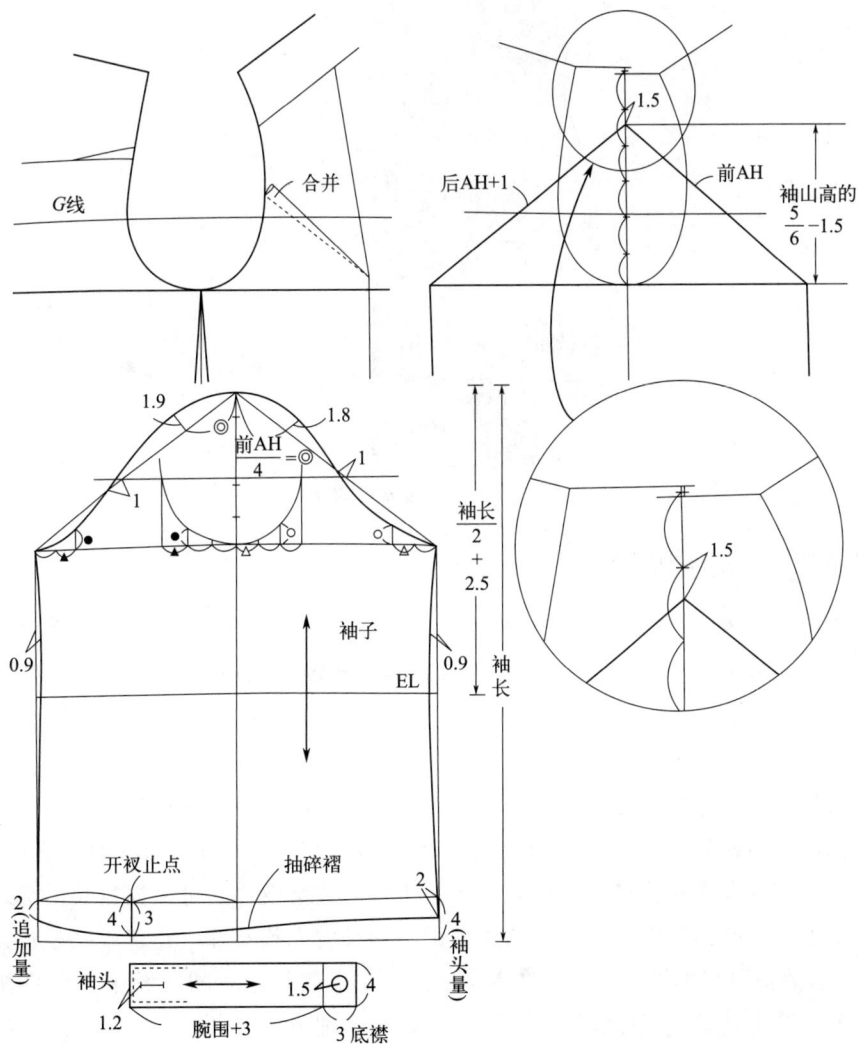

图 4-1-11　直筒连衣裙袖子制图（单位：cm）

四、无腰省连衣裙

1. 无腰省连衣裙款式特征

这款连衣裙（图 4-1-12）设计简约，属于经典基础款式。其特色在于仅设有胸省，而无腰省，使得裙子整体较为宽松。在结构设计上，可以在侧缝部分适当去除部分省量，同时取消腰省，以达到更佳的穿着效果。针对这款连衣裙，建议在标准原型上衣的基础上，将前后领口的尺寸各增加 2cm，以适应该款式的需求。

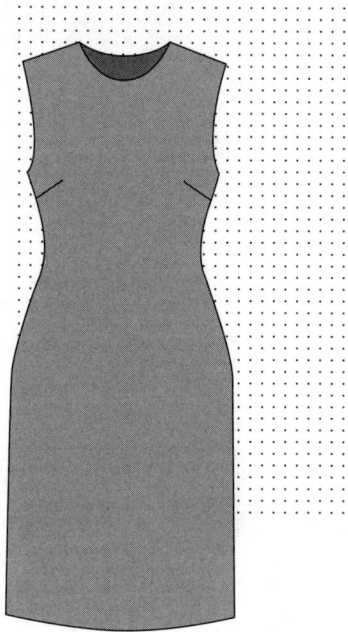

图 4-1-12　无腰省连衣裙

2. 无腰省连衣裙样板制作

制作技巧：如图 4-1-13 所示，将标准原型上衣样板腰线水平线对齐，这样可以在制作过程中更便捷地核对样板，确保制作精确无误。臀围线的位置离腰线的距离为标准腰长，上衣下裙合并后，去除原先的省道具体样板如图 4-1-14 所示。该款式的腰围较为宽松，臀围量的松量为 6cm。

在这款裙子的设计中，对胸省的位置进行了优化调整。由于新设计的胸省位置与原型胸省较为接近，因此只需将原有胸省进行适当的移动与合并，随后沿新的省道设计线剪开，即可轻松实现省道的转移与款式的更新。裙摆的放量设计则可根据裙长灵活调整，为设计师提供了广阔的创意空间。考虑到这款裙子的长度大致及膝，建议裙摆放量设置为约 2.5cm（具体数值可根据设计需求进一步调整）。在裙摆起翘量的制图中，可将裙摆三等分，并在第三等份处垂直于侧缝进行起翘处理，具体细节可参考图 4-1-15。这样的设计既赋予裙子新颖的造型感，又确保了穿着的舒适性与美观度。最后，需画顺侧缝曲线，并对整个样板进行检查，同时绘制丝缕线以完善制图。

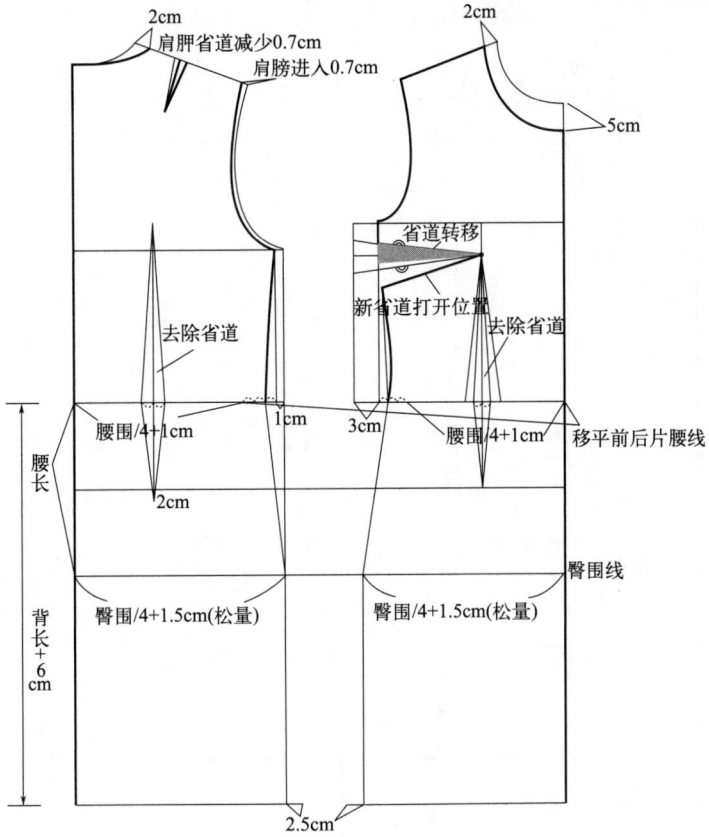

图 4-1-13 无腰省连衣裙结构制图（1）

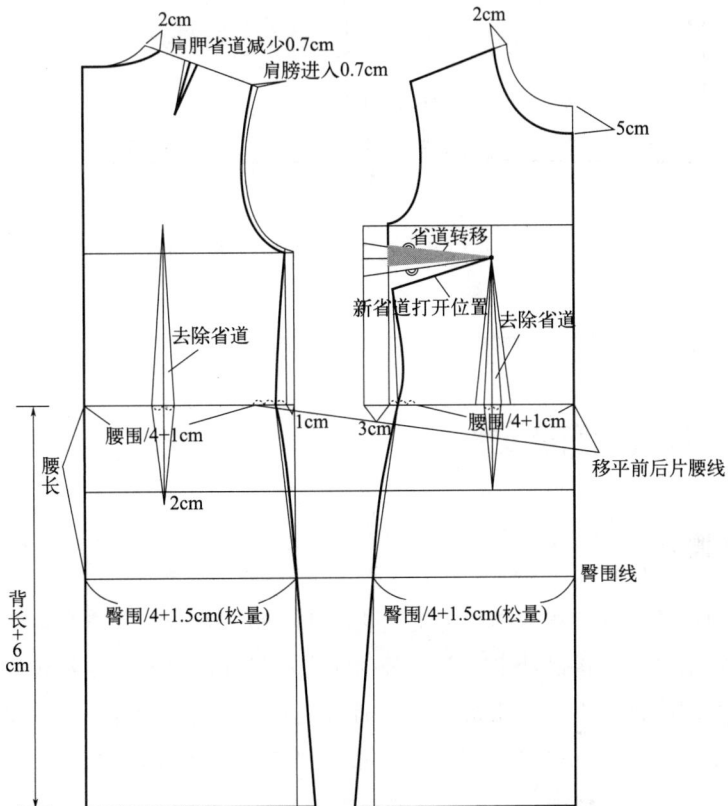

图 4-1-14 无腰省连衣裙结构制图（2）

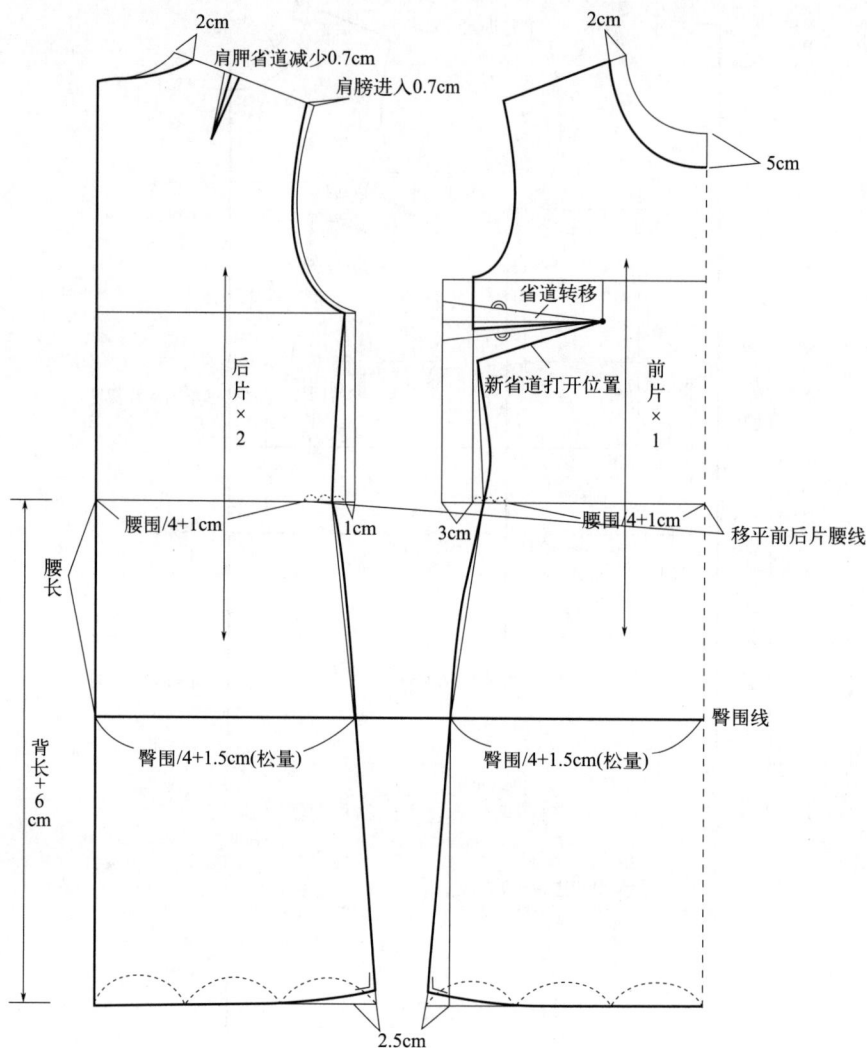

图 4-1-15　无腰省连衣裙结构制图（3）

第二节 ▶ 旗袍结构设计

一、旗袍概述

旗袍属于国粹的一种，作为中国传统文化的重要组成部分，其产生与发展经历了丰富的历史变迁，特别是在结构设计上有着显著的演变。目前的旗袍从结构设计和裁剪体系上看，属于改良版的旗袍，中西文化相融合，例如胸省、腰省和装袖等属于西方文化独有。尽管如此，旗袍的松量控制相对比欧系的晚礼服要宽松得多，一般在 4cm 左右。在结构处理上，除了用封闭性的立领外，还采用不破缝，能用省必不用断的非破坏性设计原则，其中还有一个重要原因，就是旗袍多采用织锦缎面料，不适合过多的破缝，这些朴素的保持原生态的节约意识是非常值得继承的技术遗产。根据这个原则，旗袍的纸样设计严格地按照 4cm 松量，运用上衣基本纸样根据收缩量设计的方法，在上衣标准基本纸样的基础上（松量为 12cm）按前侧缝比后侧缝等于 3∶1 的比例收缩。根据无袖设计，袖窿要有所提升。前胸省、后背省和肩胛省按"完全省"进行处理，重要的是前、后腰省量的分配要对应臀凸和腹凸取得平衡。后领适当开大（0.5cm）是因为前偏襟无法撇胸的权宜之计，使立领成型后前胸平伏。

1. 旗袍的产生

旗袍的起源可以追溯到清代，最初是满族女性的长袍，因满族被称为旗人，故得名旗袍。清朝后期，旗女所穿的长袍衣身宽博，造型线条平直硬朗，衣长至脚踝，领高盖住腮碰到耳，袍身上多绣以各色花纹，领、袖、襟、裾都有多重宽阔的滚边。

2. 旗袍的发展

20 世纪 20 年代，旗袍开始发生显著变化，满汉女子的服饰不断融合，并吸收了西洋服装式样。最初的旗袍变得袖口收紧，滚边减窄，纹样刺绣稍作简略，衣身略短。到了 20 年代末，受西方裙装影响，旗袍变为收腰合体曲线式，展现了女性的凹凸特征，具备了现代女装的基本特征和流行基础。

3. 旗袍结构的演变

旗袍结构的演变经历了从传统中式平面结构向西方立体结构的转变，可以分为三个阶段。

（1）传统旗袍阶段：保持传统中式结构平肩连袖，衣身有中缝，这是区别于后两个阶段的标志。

（2）改良旗袍阶段：在中式结构基础上大胆创新，取消了中缝，具有十分重要的意义。

（3）现代旗袍阶段：裁开肩缝，进入西式裁剪阶段，在服装结构上脱离了中式传统。现代旗袍在形式上保留了一些识别性符号，如右衽大襟、两侧开衩、立领、绳边、盘扣等，但基础结构已全盘西化，运用分割和省道等工艺手段，塑造三维效果，追求衣身合体。

旗袍的产生与发展是一个融合了传统与现代、东方与西方文化的过程，旗袍结构设计的关键点包括立领、开衩、收腰、盘扣等最具中国传统符号化的视觉特征。这些设计不仅体现了旗袍的美学特点，也适应了女性身材的曲线美，使得旗袍成为展现中国女性之美的经典服装，成为中国女性服饰文化中的一个重要标志。

二、旗袍主要分类方式

旗袍作为中国传统服饰的经典代表，其分类方式丰富多样。

从领型来看，旗袍的领型丰富多变，有常见的标准领、企鹅领、凤仙领、无领、水滴领、竹叶领和马蹄领等，不同领型赋予旗袍各异的风格与气质。

在袖口设计上，旗袍同样多种多样，有无袖、削肩、短袖、七分袖、八分袖、长袖以及窄袖小、喇叭袖、大喇叭袖、马蹄袖和反褶袖等，袖口设计既关乎外观美感，又影响穿着的舒适度。

在开襟方面，旗袍的开襟方式有单襟、双襟、直襟、斜襟、琵琶襟、曲襟和无襟等，不同开襟方式不仅决定穿着方法，还对旗袍整体造型产生影响。

在摆型设计上，旗袍有宽摆、直摆、A 字摆、礼服摆、鱼尾摆、前短后长和锯齿摆等，不同摆型适配不同场合和身材。

开衩高度也是分类方式之一，分为高开衩和低开衩，这对旗袍穿着效果和风格有着显著影响。

滚边作为装饰特点，可分为双滚和单滚，在视觉上对旗袍整体气质起到重要作用。

旗袍的扣子颇具特色，包括一字扣、凤尾扣、琵琶扣、蝴蝶扣、单色扣和双色扣等，这些扣子增添了旗袍的装饰性和传统美感。

此外，按照衣长来分，旗袍有长旗袍和短旗袍，不同长度适合不同身高的人群和不同场合。

三、旗袍结构制图

1. 确定旗袍规格尺寸

旗袍成衣规格：160/84 A。依据我国女装号型标准 GB/T 1335.2-2008《服装号型 女子》，以下是基准测量部位及参考规格设计。

衣长：可根据设计需求自定义。

胸围：84cm。

腰围：68cm。

臀围：90cm。

这些规格可以提供设计和制作成衣时的精确尺寸参考，确保成衣既符合国家标准，又能满足不同消费者的身材需求。

2. 结构设计分析

旗袍的松量通常控制在大约 4cm，这种设计不仅与中华传统文化和用料习惯息息相关，还体现了偏襟、立领以及全面施省等特色。下面以三片结构旗袍（图 4-2-1）为例，按照图例分步骤进行制图说明。

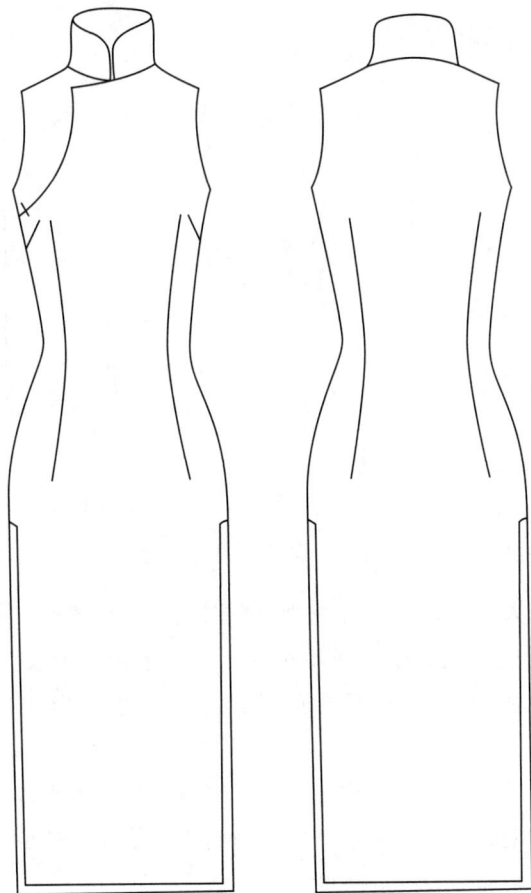

图 4-2-1　旗袍款式平面图

　　建立成衣的框架结构，关键在于确定胸凸量。由于旗袍属于紧身款式，为了确保穿着者能够正常呼吸和活动，胸围、腰围和臀围三处的尺寸均在净尺寸基础上适当增加少量的松量。

　　在结构制图的第一步中，要根据款式的具体要求分析结构需求，这是至关重要的。这不仅涉及到旗袍的外形美观，还关系到穿着的舒适度和功能性。通过精确的结构设计，可以确保旗袍既传承中华服饰的经典魅力，又适应现代穿着的需求。

3. 制图具体步骤

第一步：确立基础原型并构建基本框架

　　（1）复制标准女上衣原型（图 4-2-2），并将其与腰线对齐。从原型的后腰线出发，画出一条水平线，确保前腰线与后腰线在同一直线上，如图 4-2-3 所示。

　　（2）绘制胸围线。根据款式图分析，这款旗袍为紧身型，因此胸围的松量设定为4cm。原型的整个胸围放量为 12cm。为了更好地展现女性的体型特点，前片收窄 3cm，后片收窄 1cm，这样的设计能更好地贴合人体曲线，展现女性的优雅身姿。

　　（3）绘制臀围线。从腰线向下量取腰长（标准 160cm 身高，腰长为 18cm），画出水

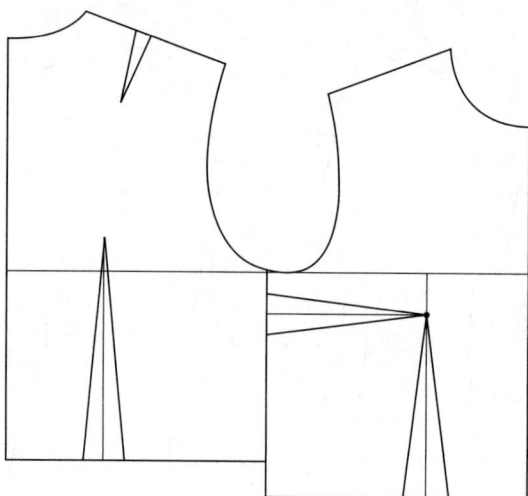

图 4-2-2　标准女上衣原型

平线。臀围设定的松量为 6cm，因此每一片的臀围尺寸为总臀围/4＋1.5cm。

（4）构建底边线框架。从后中心线经过后颈点向下量取衣长 130cm（衣长可根据设计自由设定），从臀围线点垂直向下延长至设定的长度，形成底边框架。如图 4-2-3 所示。

第二步：细化省道设计并完善肩线、领口等细节，具体操作步骤见图 4-2-4。

（1）领口设计。旗袍的立领紧贴颈部，考虑到内着装通常较少，保持前领口不变，后领口则加宽 0.5cm，以增加穿着的舒适度。

（2）后肩斜线调整。后肩斜线从后肩端点下落 0.7cm，然后连接后侧颈点绘制后肩斜线，同时将肩胛省省道缩小 0.5cm，这样，在制作完成后仍能保持后肩胛部分的自然凸起造型。

（3）后袖窿弧线塑造。由于该款式属于无袖造型，从后肩端点向内收进 4cm，形成新的后袖窿弧线。在无袖服装中，为避免暴露，通常建议将袖窿开深提高 1cm。

（4）前肩斜线调整。前肩斜线从原型肩端点同样下落 0.7cm，然后连接前侧颈点绘制，前肩长度同样向内收进 4cm。

（5）前袖窿弧线绘制。通过新形成的前肩点到侧缝收进 3cm 的点，绘制新的袖窿曲线。

（6）腰围绘制。

①后腰围的制图方法：首先，从后中心线与新腰围线的交点向侧缝方向量取腰围量。例如，若腰围为 68cm，则后腰围量为腰围/4＋1cm，即 18cm。接着，对比原有的原型胸围辅助线（24cm），计算出多余量为 24－1－18＝5cm。将这 5cm 平均分为三等份，其中一份直接在腰部侧缝处去除，剩余的两份则通过后腰省道去除。

② 从前中心线与新腰围线的交点向侧缝方向量取腰围/4＋1cm，即 18cm（以腰围 68cm 为例）。根据原型，原有的胸围辅助线为 24cm，计算多余量为 24－3－18＝3cm。将

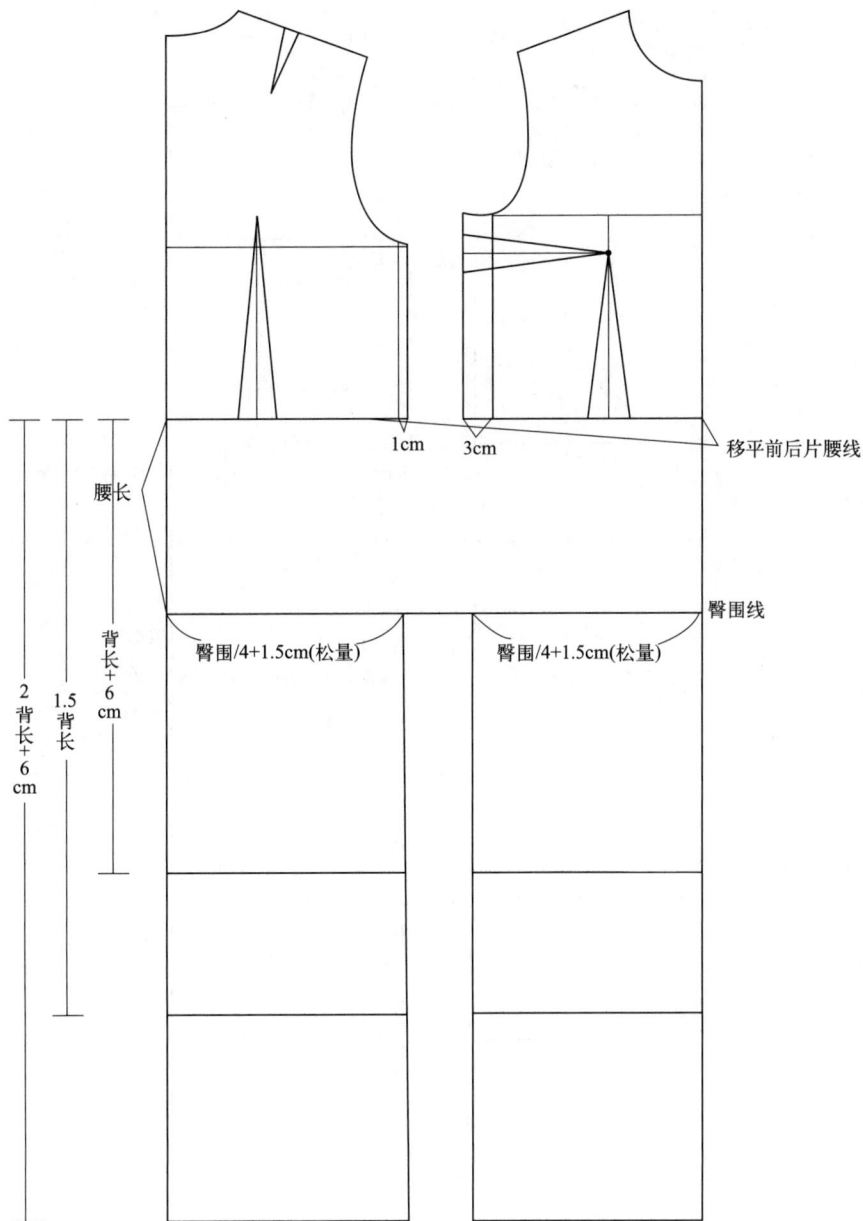

图 4-2-3　旗袍样板框架搭建

　　这 3cm 平均分为三等份，其中一份直接在腰部侧缝处去除，剩余的两份则通过前腰省道去除。

　　这样的处理方式既保证了腰围尺寸的精准性，又通过省道设计提升了服装的贴合度与整体美感。

　　（7）后片侧缝线。按腰臀的成衣尺寸和胸腰差的比例分配方法，前后侧缝线的状态要根据人体曲线设置，并保证前后侧缝的长度一致。

　　① 腰线以上部分：通过后腋下点连接至后腰大点，其长度用加粗部分显示。如

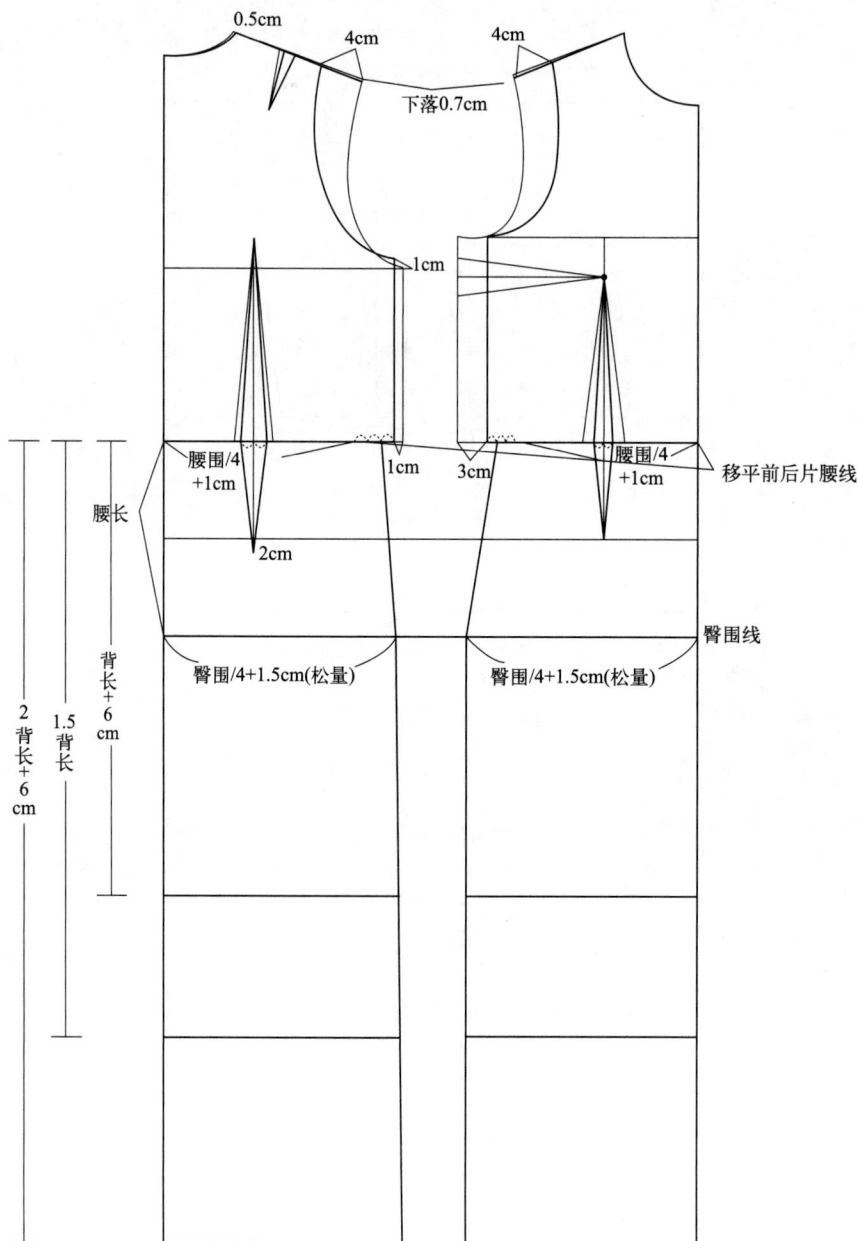

图 4-2-4　旗袍省道设计

图 4-2-5 所示。

②腰线以下部分：由后腰大点连接至臀围大点再连线至底边线处 2cm 点（由后侧缝辅助线与底边线的交点处向后中心线方向量取设计量 2cm），并用弧线连接画顺。

（8）完成后片底边线。

（9）后腰省。后腰省位置作为一个设计量，根据款式而定，距后中心线较近，显得体型瘦长。后腰省按腰围的成衣尺寸和胸腰差的比例分配方法，在腰省收进约 3.3cm，省的上端尖点应在胸围线向上 2～3cm（设计量），下端尖点在腰线的 1/2 处向下 2cm（设计量），再与省尖点处连线并用弧线画顺，使之呈菱形。

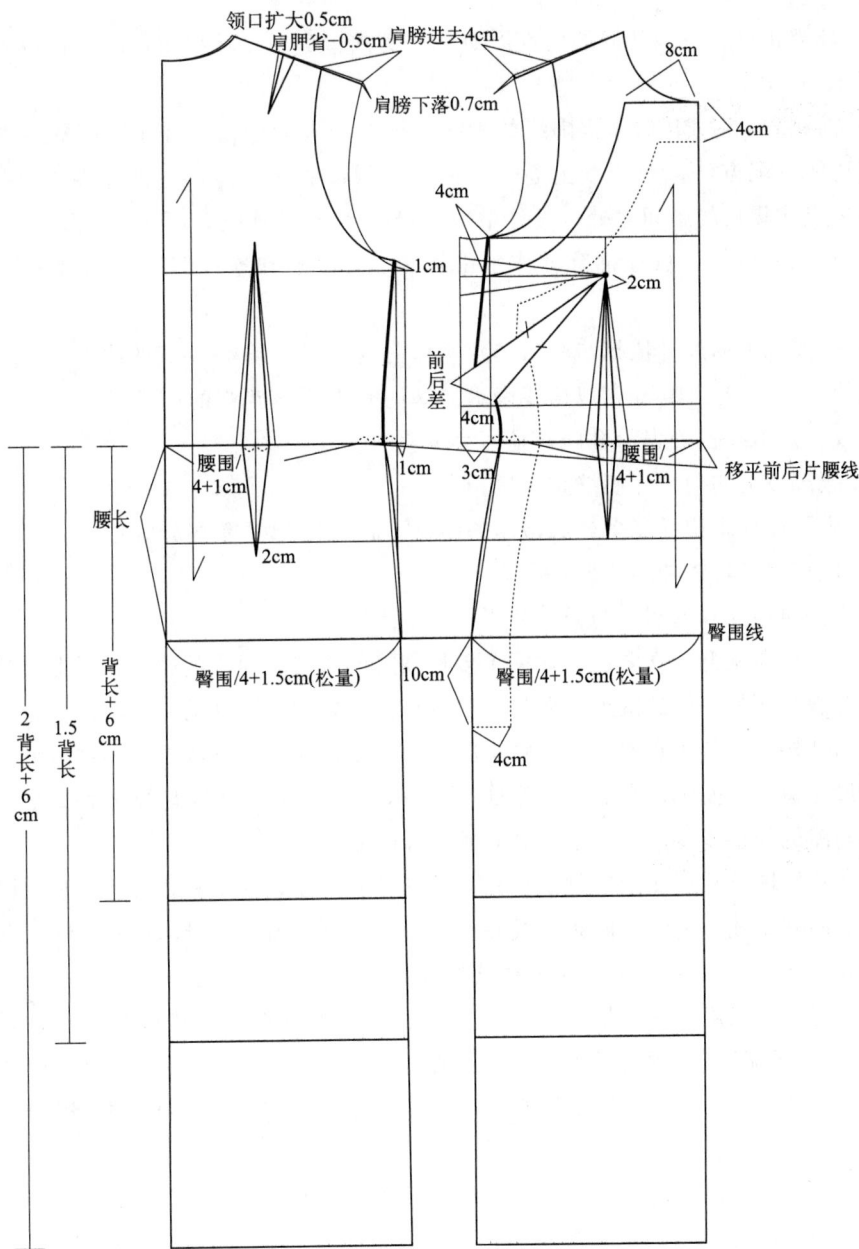

图 4-2-5　旗袍细节绘制

（10）前片侧缝线。

① 腰线以上部分：通过前腋下点连接至前腰大点，其前后差约为 2.5cm（前后侧缝差值可以通过测量所得）。

② 腰线以下部分：由前腰大点连接至臀围大点，再连线至底边线处 2cm 点（辅助线与底边线的交点处向前中心线方向量取设计量 2cm），并用弧线连接画顺。

（11）修正画顺前片侧缝线。

（12）完成前片底边线。在底边线上往外延伸 2cm，为保证成衣底边垂直，底边需要起翘与其垂直。

（13）开衩止点。旗袍开衩的位置可随衣长变化、个人要求决定，高开衩位置可达到臀围线下 10cm 处。

（14）前腰省。过 BP 点作腰围线的垂线，该线为省的中线，并按腰围的成衣尺寸和胸腰差的比例分配方法，在腰线上通过省的中心线取省大 2cm，省的上端尖点在 BP 点上，下端尖点在腰长的中间之处（设计量），再与省尖点处连线并用弧线画顺。

（15）从前领口中心点往袖窿处作水平线 8cm，画顺和连接侧缝线上离腋下 4cm 处的点。

（16）距离以上曲线［依据步骤（15）所作曲线］作一条 4cm 宽的曲线，并沿着侧缝线一直延伸到臀围线下 10cm，以虚线表示。这同时表明该旗袍的前面是由一大片和一小片裁片组成。该虚线位置表示叠门，是两片重叠的量。

（17）腰部以上的前后片侧缝腰相等。

（18）为了体现旗袍摇曳多姿和贴体的感觉，在旗袍的下摆部分收进 2cm（也可以根据需要进行设计），具体如图 4-2-6 所示。

第三步：旗袍立领的制图与设计分析

作为一种经典领型，立领广泛适用于多种款式的服装。通常的旗袍领子造型是两片立领，由于要满足领外口线的围度，要将领里进行拼合处理，这样的结构不仅符合人体颈部下大上小的结构，还产生自然弯曲、贴服脖颈。所以，要想旗袍领符合颈部造型，就需要使领里的尺寸减小，使领面自然产生弯曲和抱脖，图 4-2-7 为立领与脖子的关系。以下是立领结构制图的详细步骤，适用于基础立领纸样的制作。

（1）确定领围尺寸。测量前领围△和后领围○的尺寸，并将其相加得到总领围。

（2）绘制基础线。先绘制两条垂线并相交，从相交点向横向量出后领弧线长和前领弧线长之和并且标示 SNP 点（前后领弧线长的分界点），其长度等于总领围。

（3）确定领座高度。在领围线的一侧，向上画一条垂直线，其长度代表立领的高度（可根据设计需求调整），领面后中线向上取值 4～5cm 作为立领高较为常见，以此构建一个矩形作为框架，确保该领面后中线要垂直于领底弧线和领外口弧线，并且标出 BNP 点（后中心点）。如图 4-2-8 所示。

（4）确定起翘量。起翘量通常根据设计需求而定，1.5～2 厘米较为常见，确定起翘量后标记 FNP 点（前领 D 点）。领子在前中心抬高的尺寸越大，就越贴近脖颈，抬高的尺寸越小，就越离开脖颈。

（5）绘制领底弧线。将领围线三等分，第一等份保持平整，从第二等份处开始逐渐起翘，并与起翘点相连，同时确保曲线平滑。

（6）绘制立领领面。首先在起翘点处绘制一条垂直于领底弧线的线段，其长度应略小于领座的高度，具体差距需根据设计要求而定。接着，在原有的矩形框架基础上进行调整，确保其能够与设计中的领角完美对接，从而塑造出领面的外部轮廓，如图 4-2-9 所示。

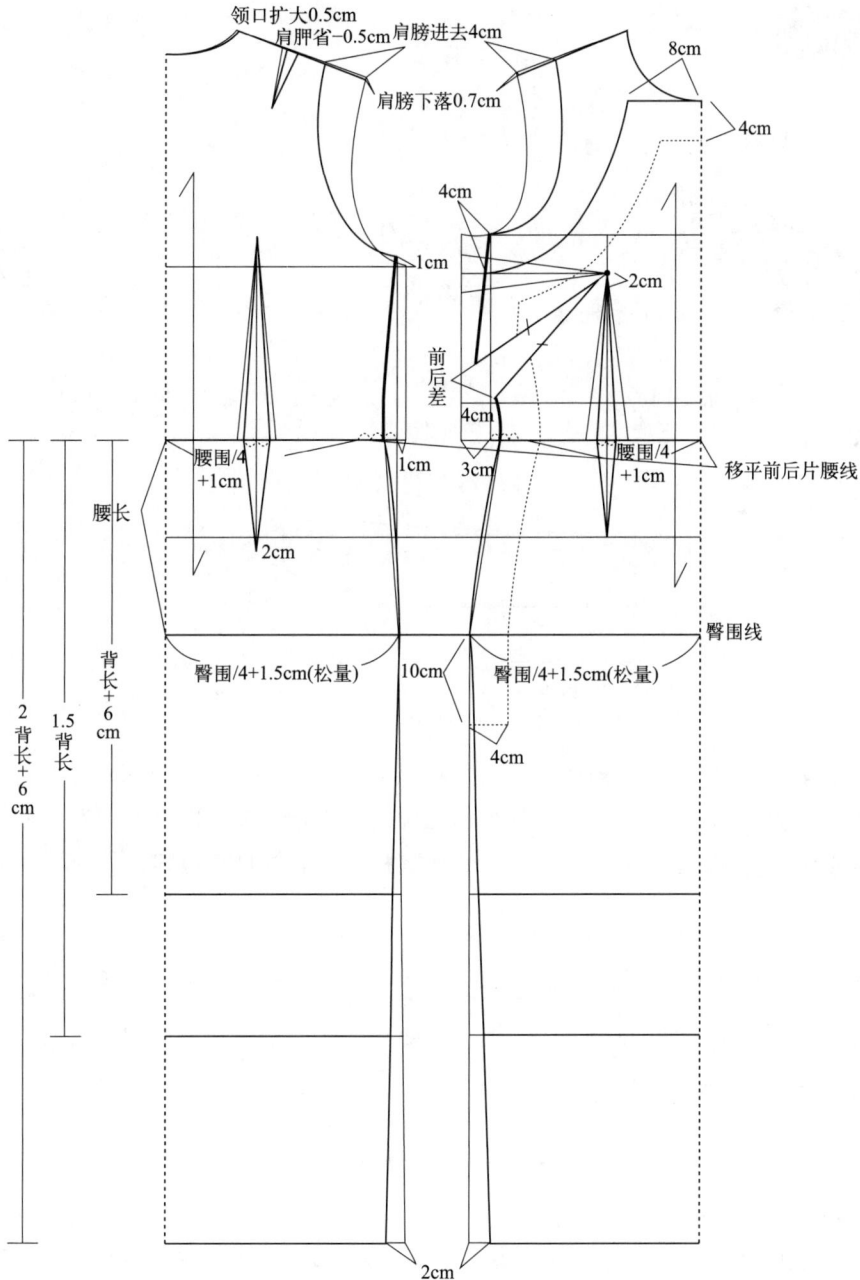

领口扩大0.5cm
肩胛省-0.5cm
肩膀进去4cm
8cm
肩膀下落0.7cm
4cm
4cm
4cm
1cm
2cm
前后差
腰长
腰围/4+1cm
4cm
腰围/4+1cm
移平前后片腰线
1cm
3cm
背长+6cm
臀围线
2背长+6cm
1.5背长
臀围/4+1.5cm(松量)
10cm
臀围/4+1.5cm(松量)
4cm
2cm
2cm

图 4-2-6　旗袍样板完善制图

（7）修整领面。根据款式需求，可能需要对领面的曲线进行调整，使其更加平滑或符合设计要求。

（8）绘制领口弧线。经过领面后中心点作曲线，垂直于领高，并相交于领头两侧垂线上，形成长方形，在领角处画弧，要保持圆顺。领角的圆滑程度根据设计的要求而定，外领口弧线与领底弧线的交点处要保持垂直。

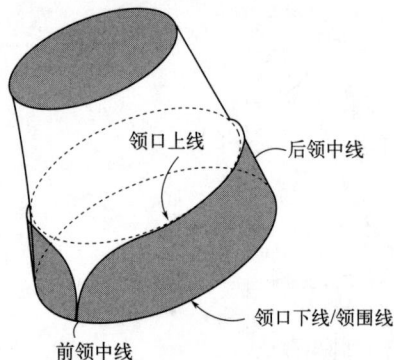

图 4-2-7　立领与脖子的关系

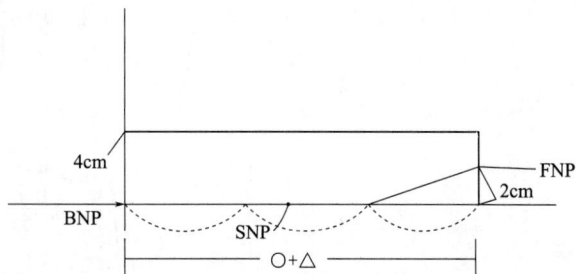

图 4-2-8　领子总领围绘制

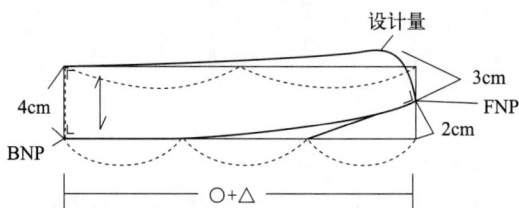

图 4-2-9　立领纸样绘制

（9）绘制领里。为了使旗袍的立领更加贴服人体的颈部，需使领里的长度小于领面，才能达到自然弯曲。在本款中，根据领里的结构进行拼合处理，拼合大小为 0.6～0.8cm。在缝制过程中，拉伸领里与领面缝合，使领面有松势，立领自然抱脖，如图 4-2-10 所示。

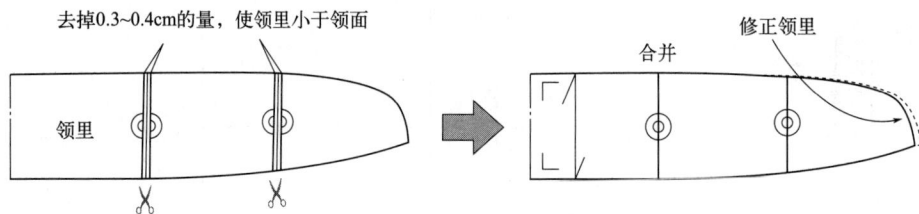

图 4-2-10　立领领口修改

（10）标注尺寸。在图纸上清晰标注所有重要尺寸，包括领围、领座宽度、领面长度等。

（11）完成图纸。仔细检查所有线条和尺寸，确保图纸准确无误。

第四步：裁片确认。旗袍采用斜门襟设计，前片由两部分组成，即一小块和一大块裁片，而后片则是一个完整的裁片。此款式旗袍无袖，因此裁片仅包括衣身和立领领子。具体裁片细节如图 4-2-11～图 4-2-13 所示。

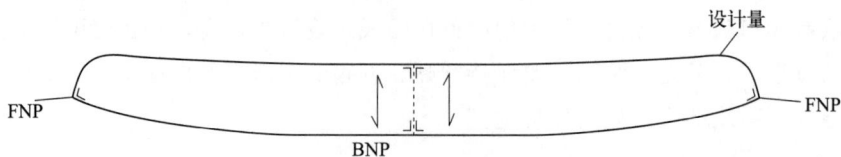

图 4-2-11　立领展开纸样

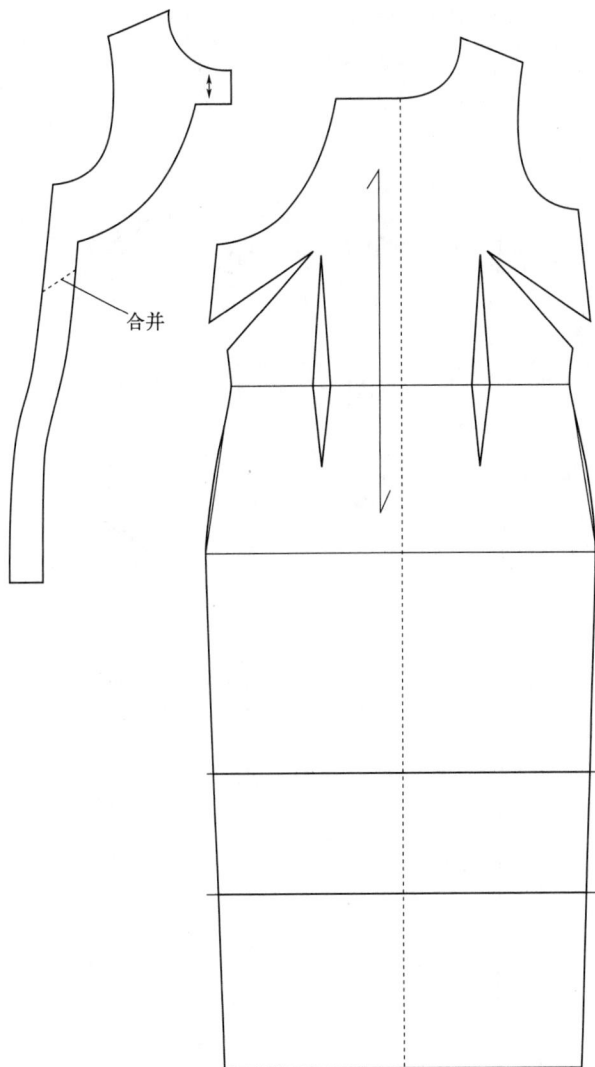

合并

图 4-2-12　旗袍样板前片

　　旗袍设计的焦点集中在两处：一是袖子、领，二是门襟。袖子除无袖以外，还可以设计成抹袖、短袖和七分袖，不宜用长袖，因为旗袍合体度高，长袖不易穿脱。抹袖属于旗袍的无袖类，袖窿底提升与抹袖配合。短袖和七分袖属于旗袍的有袖类，袖窿不做修改，袖以此作为基础进行合体袖设计，注意袖山曲线的吃势不宜过大，控制在 2cm 左右，这和织锦缎的面料有关。裙长根据社交场合要求分长款、中款和后短款，礼仪级别越高，裙子越长。

　　综上所述，无论是季节性服装，还是功能性服装或强调造型的时装，其尺寸设计原则均以"前身平整、后身具备良好活动功能"为核心目标。同时，这一原则并不依赖特定公式或固定数值来界定，因而在具体应用时具有较大的灵活性和创意空间。这就要求设计师不仅具有丰富的经验积累，还需具备创造性思维。因为在同一原则框架下，既可能衍生出极为精细的尺寸比例与工艺技巧，也可能呈现更加自由奔放的设计表达，最终形成各具特色的纸样设计风格。

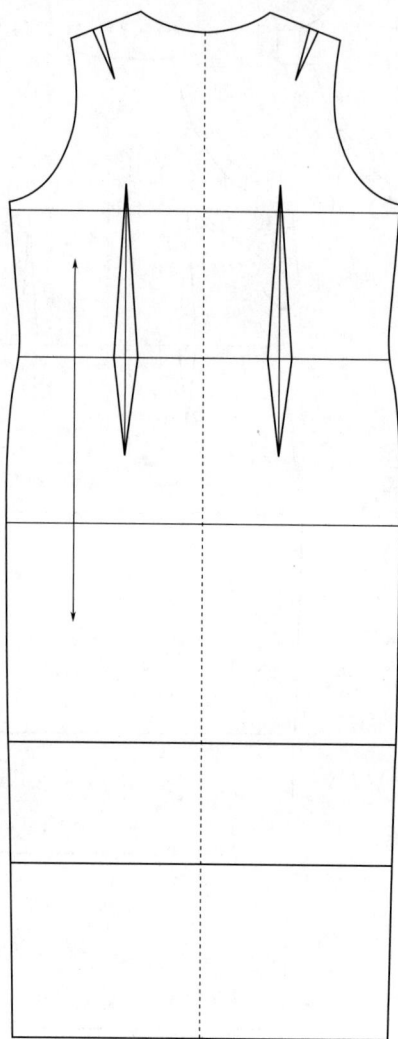

图 4-2-13　旗袍样板后片

第五章

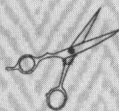

衬衫结构设计

第一节 ▶衬衫制图原理

一、衬衫基础知识

1. 衬衫各部位名称

衬衫是一种经典的服装，其设计精巧，各部位（图 5-1-1）都有独特的功能。衬衫的领子是其最显眼的部分之一，常见的有立领、翻领和无领等款式。肩部是衬衫连接衣身和袖子的部分，肩部的设计也会影响衬衫的整体外观，例如宽肩设计可以增加视觉上的挺拔感，而窄肩设计则更显柔和。衬衫的袖子是其重要组成部分，常见的有长袖、短袖和无袖等款式。袖子的长度和宽度也会根据不同的设计风格而变化，袖口是袖子的末端部分，通常会有一些装饰性设计，如纽扣、褶边或花边等。衬衫的衣身是其主体部分，包括前片和后片，它的设计通常会根据不同的款式和风格而变化，例如修身款衬衫的衣身会更贴合身体曲线，而宽松款衬衫则更显随性。衣身的面料和质地也会影响衬衫的整体质感和舒适度。衬衫的胸袋是前片上的一个小口袋，通常位于左侧。胸袋的大小和形状也会根据不同的款式而变化，例如方形胸袋更显正式，而圆形胸袋则更显休闲。

衬衫的下摆是其底部边缘，通常会有一些设计细节，如弧形下摆或直角下摆。弧形下摆可以增加衬衫的动感和时尚感，而直角下摆则更显正式和稳重。下摆的设计也会影响衬衫的穿着方式，例如直角下摆的衬衫更适合塞进裤子里穿着，而弧形下摆的衬衫则更适合自然垂下。衬衫的纽扣是用于固定衣身和袖口的部件，纽扣的大小、形状和颜色也会根据不同的款式而变化。

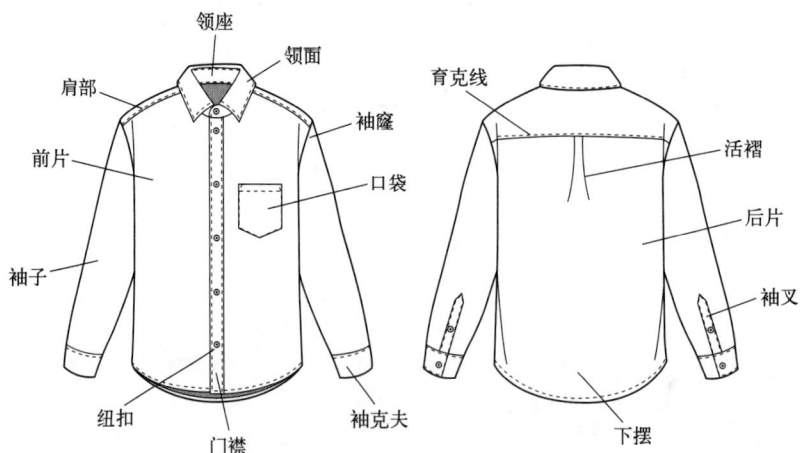

图 5-1-1　衬衫各部位名称

2. 衬衫纸样与人体的关系

图 5-1-2 展示了衬衫各个部位与人体的关系。衬衫各个部位的结构特征所对应的人体结构特征和部位有所不同。其主要包括领围、腰省（前腰省、后腰省、侧缝腰省）、胸省、腰围线、臀围线、袖山高、袖口、衣摆、门襟、前中线、后中线，以及袖子、袖山弧线等。

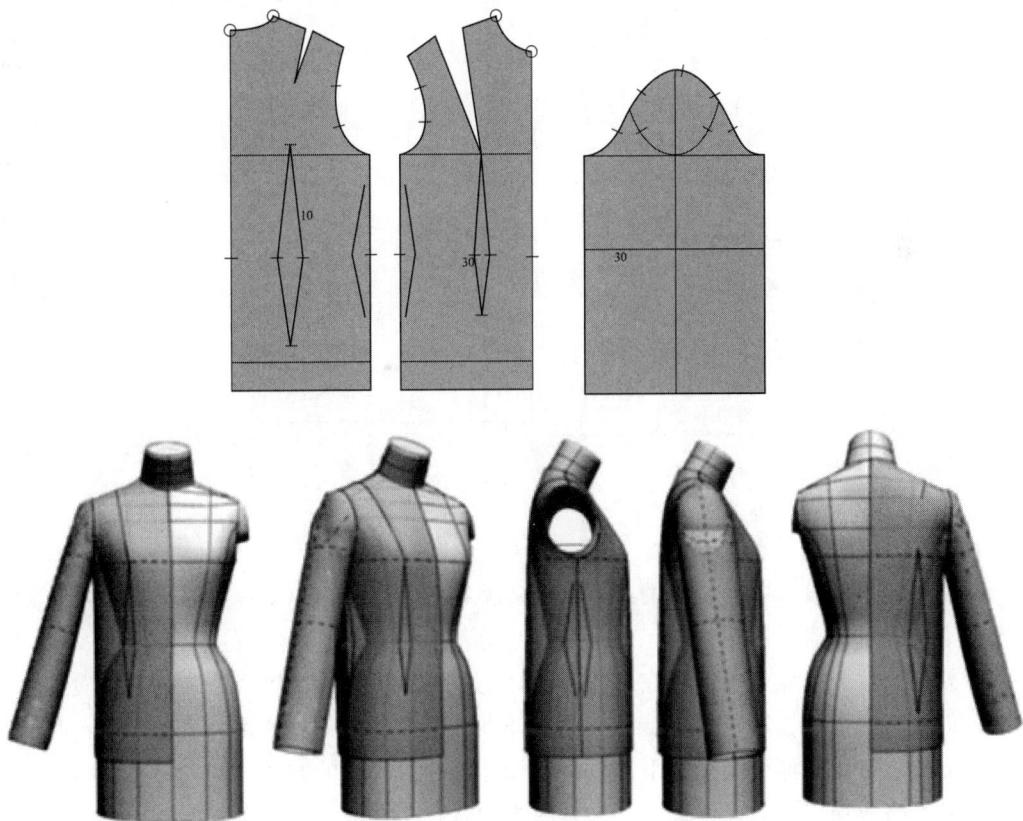

图 5-1-2　衬衫纸样与人体的关系

二、如何利用不同类型上衣来设计衬衫结构

1. 利用紧身胸衣设计合体的衬衫结构

如同基本款衬衫的制作过程，首先将紧身胸衣的前片上衣套在前裙片样板上。注意，腰部的省道可能不会完全对齐（因为裙子通常有两个省道，而上衣只有一个）。接着，沿着整个结构，包括颈部和肩部，为样板做标记。为了使衬衫比基本款上衣拥有更好的活动自由度，可以将袖窿底部的曲线降低 1.3cm，如图 5-1-3 所示。然后，沿着胸围和衣服轮廓的两侧进行绘制。特别要注意平滑地绘制腰部曲线和臀围线，这里的臀围线即为衬衫的底摆线。

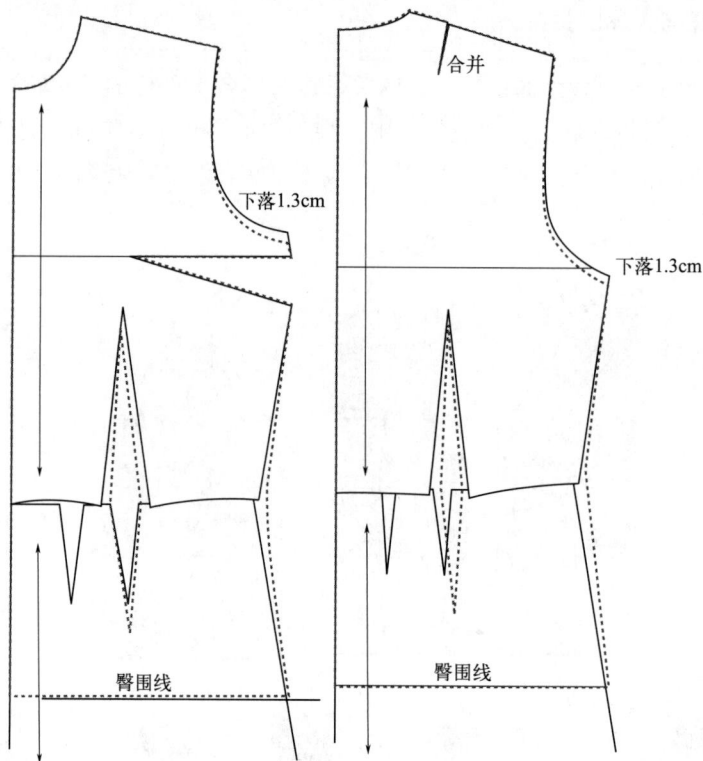

图 5-1-3　紧身胸衣与裙子的结合调整示意图

在衬衫的结构设计中，省道的处理需要遵循特定的原则，以确保穿着舒适性与造型美观度的平衡。首先需要明确的是，即使是修身剪裁的衬衫，其贴身程度也应与紧身胸衣保持明显差异。这一差异主要体现在腰省的设计上：虽然可以参考紧身胸衣的省道宽度作为基准，但实际取值应当适当放宽，通常建议增加 $20\%\sim30\%$ 的松量，以确保穿着时的活动自由度。当省道延伸至腰线以下部位时，设计师拥有较大的发挥空间。衬衫下半部分的省道不必严格遵循裙装的设计标准，这是因为两者在功能诉求上存在本质区别。衬衫省道更注重与上半身的连贯性，而裙装省道则侧重下摆的造型效果。在实际操作中，应当确立"上衣主导"的设计原则，优先确定紧身上衣的省道结构，再据此调整裙装的对应部位，这种"自上而下"的设计逻辑能够确保整体造型的协调统一。值得注意的是，这种结构处理方法既保留了设计上的灵活性，又维持了服装各部位的有机联系。设计师可以根据具体款式的要求，在保证上衣结构完整性的前提下，对裙装部分进行适当调整，最终实现舒适度与美观度的完美平衡。这种设计思路特别适用于需要兼顾正式感与活动性的衬衫类产品。

绘制衬衫背面纸样的过程与正面纸样非常相似。首先关闭后肩省，这将使得腰省变得更宽，但不会对衬衫的合身性造成影响。然后，如同绘制前片一样，绘制后片、颈部和肩部，同时将袖窿降低 1.3cm，使其与前片相匹配。

在绘制侧缝时，要注意前后缝线的对齐。以臀围线作为衬衫下摆的设计参考线，绘制后片腰省的方法与前片腰省相同，但后省通常比前省窄一些。最后，根据基本款衬衫的说明绘制袖子。制作"较为合身"的衬衫与"合身"的衬衫的过程基本相同，主要区别在于细节上的微调和尺寸的优化，而不是整个制作流程的改变。

在完成所有结构优化调整后，需要对样板进行系统性的整理与完善工作。首先应当彻底清理原始样板上的所有临时性标记，包括基础辅助线、定位点和非必要的结构参考线，确保样板表面整洁、无冗余信息。随后，使用专业制图工具重新描绘最终确认的结构线条，特别注意保持曲线过渡的流畅性和直线部位的准确性。在绘制新版时，需要同步完善各项技术标注，如布纹方向指示、对位记号，等等。新版样板制作完成后必须进行全面的技术验证，重点检查各裁片之间的接合关系是否匹配，确认所有标注尺寸与设计规格一致，并核对每个设计细节是否完整呈现，具体如图 5-1-4 所示。

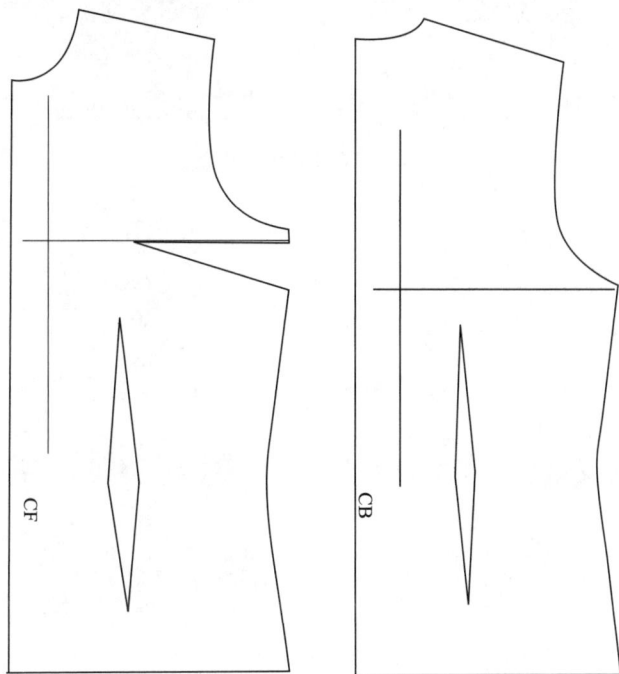

图 5-1-4　利用紧身胸衣设计合体的衬衫样板

2. 新文化式原型绘制衬衫纸样制图方法

成人女装原型的基本形态是半紧身款式，腰线水平，以贴合人体曲线并在腰部设计腰省来形成立体效果。当原型的腰省被释放后，外形转变为箱型，但此时后片腰线会略微下降。因此，在上衣制图时，建议将原型后片在胸围线（BL）向上 8～10cm 处折叠，并减短约 0.7cm（图 5-1-5）。胸省可以视作袖窿省（AH）来处理。由于胸省的大小是基于胸围尺寸计算得出的，胸围越大，胸省也就相应越大。根据不同款式的需求，袖窿省可以进行转移或作为服装的松量处理，同时也可以通过是否使用垫肩来进行相应的调整。以本书中的宽松款式为例，根据上述原理，可以将原有省量的一半作为袖窿省，另一半则作为袖窿的松量。同样，后肩省也可以保留一半作为肩省，其余部分可以作为缝量或松量处理，如图 5-1-6 所示。基于这些考量，首先进行原型操作的准备，然后再着手进行纸样的制图工作。

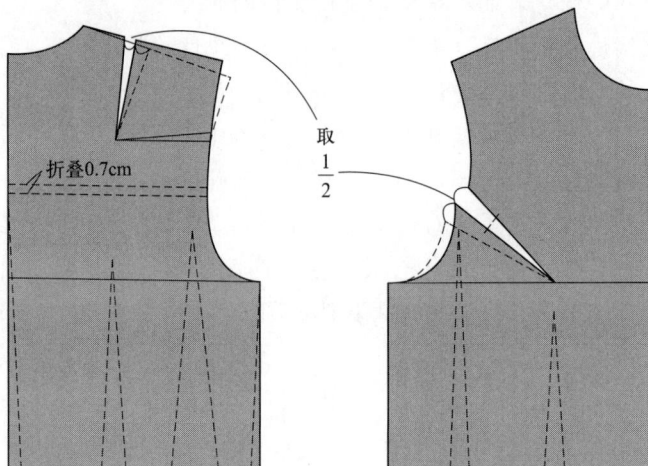

折叠0.7cm

取 $\frac{1}{2}$

图 5-1-5　新文化原型操作的方法

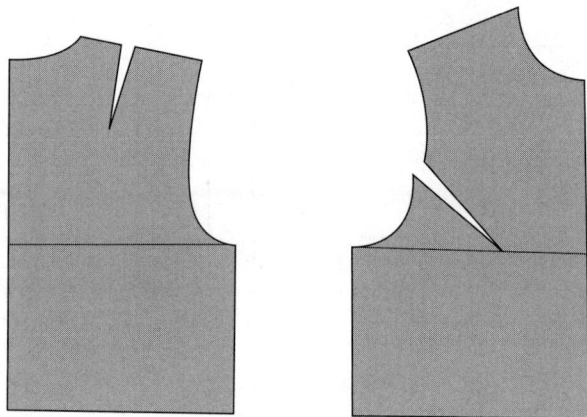

图 5-1-6　调整省量后的新文化式原型女上衣模型

① 在结构设计过程中，采用原型辅助制图法进行精准定位。具体操作步骤如下：首先，确保后片腰围线与后中心线保持严格的 90°垂直关系，以此为基础准确引出水平腰围基准线。随后，将预先准备好的后身原型样板按照标准定位方式平铺于该基准位置（具体摆放规范见图 5-1-7）。

② 在同一条水平延长线即腰围线上放置前身原型。

③ 省道及 BP 作记号，通过 G 点画水平线。肩省量的 1/3 合并，剪开袖窿，分散合并的省量，订正肩线、袖窿线。

④ 与前中心线平行，追加 0.5cm 作为面料厚度的超出量，成为新的前中心线。当然，如果衬衫面料比较薄，也可以不用追加该超出量，因此该超出量与衬衫的面料厚薄存在一定的正比例关系。

⑤ 从腰围线向下取腰长，作水平线，成为臀围线。

⑥ 在后中心线上，设计衣长线位置。本案例的臀围线为衣摆线，也可以根据设计需

求进行衣摆线的设计，如有必要，可借助人台进行取值设计。

⑦ 与前中心线平行画出 2cm 宽的叠门，成为前片止口线。

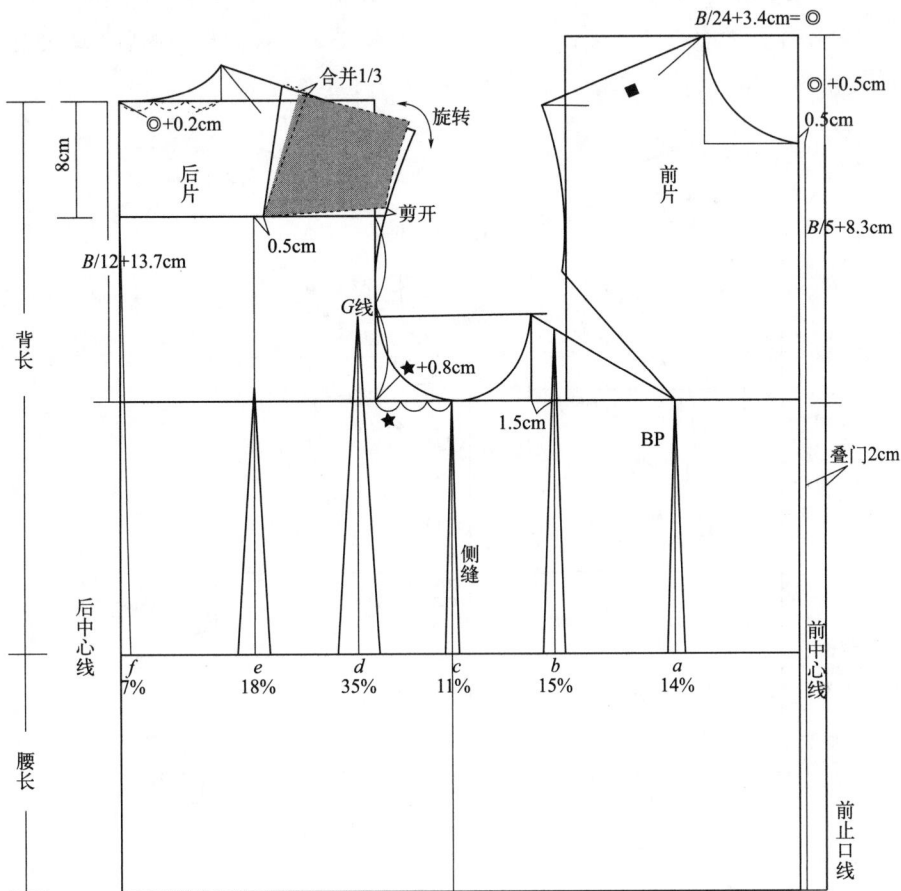

图 5-1-7 利用新文化原型制作衬衫纸样

3. 标准女上衣原型制作衬衫方法

采用标准女上衣原型来制作衬衫的流程与新文化式原型衬衫制图方法大致相同。

① 后中心线与腰线相交处垂直引出水平线（腰围线），放置后身原型。

② 在同一条水平延长线即腰围线上放置前身原型。

③ 在衣片上作省道及胸高点 BP 记号。

④ 从腰围线向下取腰长，作水平线，成为臀围线。根据具体的款式需求来确定衬衫的长度。一般而言，对于身高 160cm 的女性，从腰线至臀围线的长度建议为 18cm，依此进行衬衫长度的设计。

⑤ 在后中心线上，设计衣长线位置。本案例的臀围线为衣摆线，也可以根据设计需求进行衣摆线的设计，如有必要，可借助人台进行取值设计。

⑥ 在确立了基本框架之后，便可以着手进行细节的微调。包括门襟的设计、腰部省位的计算与布局、胸部省位的转移，以及袖窿深度的调整、侧缝线的绘制和衣摆的精细勾

勒等，以确保衬衫样板的精准与完善。

⑦ 由于标准女上衣原型具有 12cm 的松量，如果该衬衫属于合体款式，那么需要对前后片衣片的尺寸结构进行设计和松量的分配，一般情况下，后片去除 1cm，前片去除 3cm，这样整个 4 片衣身去除 8cm，还剩下 4cm 为松量。样板制作完毕后，需要加上丝缕线、尺寸数据等，如图 5-1-8 所示，最后的调整如图 5-1-9 所示。

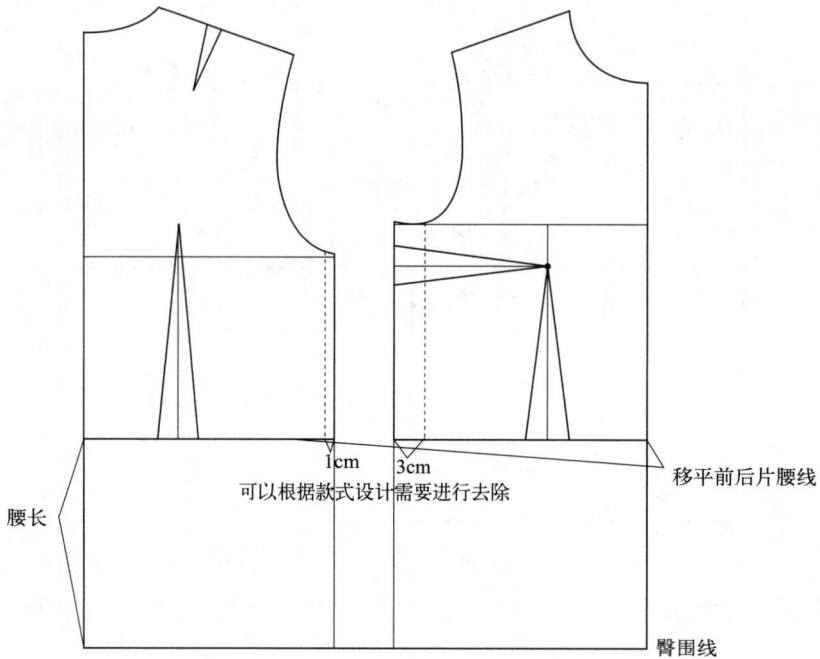

图 5-1-8　标准女上衣原型制作衬衫

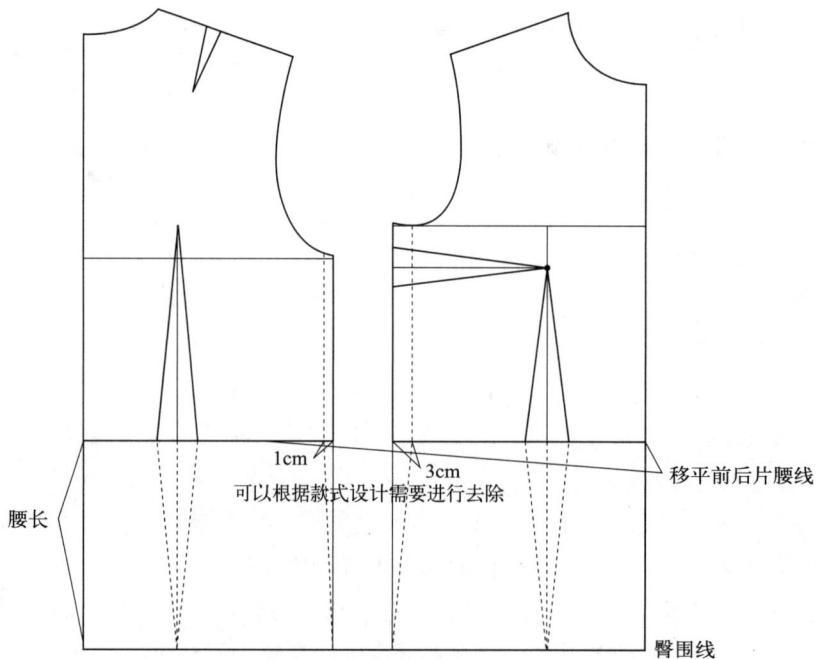

图 5-1-9　借助标准女上衣原型制作的衬衫样板基型

第二节 ▶衬衫样板案例

一、新文化式原型短袖翻领衬衫

1. 衣身结构制作

该衬衫款式非常简单，即在新文化式女上衣原型的基础上加放门襟和衣摆量。由于该衬衫较为宽松，属于直筒造型，因此样板设计制作并未涉及腰省量。另外，该款式的特点是在胸部位置设计了一个贴袋，为使整个款式更加美观，在胸省的设计上进行位置的微调，需要考虑口袋的形状、大小、位置等，比例要得当。胸省按原型操作后确定的收省，省尖要稍稍向侧面移动并减短一些，本案例使新设计的省尖位置与原先的省尖位置距离4cm，并离胸围线约1.5cm。需要注意的是，调整后的省的两边长度也要保持一致。前片的领口在前中心线下降1cm，来加大领围量。

在衬衫长度的设计上，前后衣片的衣长都由上衣原型的腰线放出20cm，腋下缝线从袖窿深线垂直向下，因此需要确认臀围尺寸是否足够，依据新文化式原型，其臀围量为96cm。后片的肩省与肩胛骨位置对应作吃缝，如果面料无法作吃缝，则直接收省来符合后肩膀的人体曲线。由前中心放出叠门尺寸1.5cm，钉五粒扣，由止口向里6cm画贴边线，如图5-2-1所示，贴边量用点画线表示。

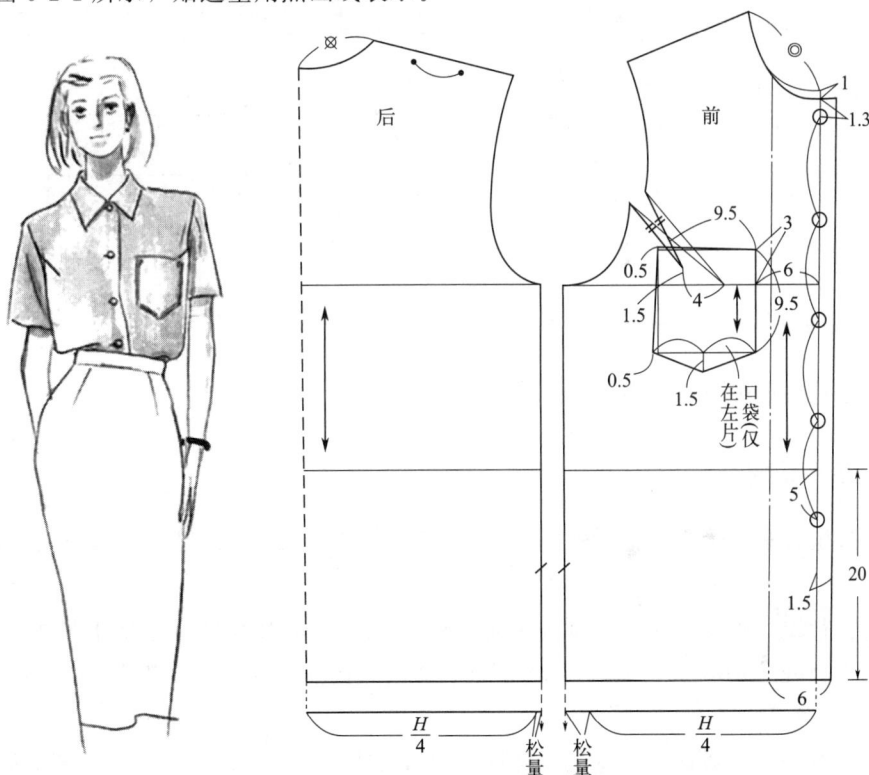

图 5-2-1　新文化式原型短袖翻领衬衫（单位：cm）

该款式的口袋为常规开口口袋，其宽度和高度均为 9.5cm，为了造型需要，在高度上追加了 1.5cm 作为口袋底部三角造型量。口袋在离前中心线 6cm、在胸围线上 3cm 处定位。上口袋线倾斜向前中心线 0.5cm，同时口袋的边也随之加放倾斜 0.5cm。口袋的丝缕线与衣身的纸样一致。

2. 领子结构制作

如图 5-2-2 所示，作基础直角线，沿竖直线向上 3cm 处，作水平线并量出后领口尺寸，终止点为颈侧点（SNP），再由该位置作前领口尺寸，与基础水平线相交，将颈侧点区域画圆顺，呈曲线，形成绱领线。通过相交点在领底的垂直线，在后中心线上取后底领宽 2.5cm，后领宽 3.5cm。在前绱领线作垂直线，长度为 1cm，作为前底领，参照绱领线画圆顺翻领线。前领宽可根据脸型及喜好，考虑衣领大小和形状画领外口线。本案例领宽 6cm，与后中心尺寸基本一致。

3. 袖子结构制作

在量取前后袖窿弧线的基础上，用与新文化式原型袖相同的方法制图。考虑到袖子的机能性，制图时可将袖山降低 1cm 左右。袖肥线到袖口的距离为 8cm（此处可以根据设计需求进行改变），如图 5-2-2 所示。

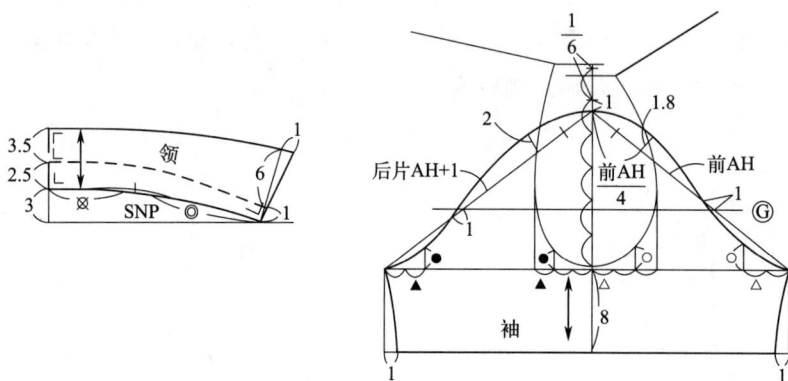

图 5-2-2　新文化式原型短袖翻领衬衫所匹配的领子和袖子样板（单位：cm）

二、新文化式原型垂肩长袖衬衫

1. 前后身结构设计

（1）领围处理。为契合该款式宽松的设计风格，需对前后片领围进行调整，前片领围加宽 0.5cm 并下落 1cm，后片领围同样加宽 0.5cm。

（2）衬衫衣身处理。从原型腰围线向下延长 25cm（具体长度根据设计需要而定）。在前后片腋下缝处分别增加 2cm 和 2.5cm 的余量，并将前后片肩膀宽度各增加 4cm，如图 5-2-3 所示。

（3）袖身处理。对袖子进行延长处理。前后袖窿深度均下落 3.5cm，由于肩膀的加宽处理，袖窿弧线趋向平直。需注意肩头处前后连接与袖窿弧线的圆顺性。

（4）门襟处理。在前门襟处镶上 3cm 宽的门襟，将下摆线裁剪成 Y 字形。前片设计时，从前中心放出 1.5cm 的叠门尺寸，钉五粒扣，从止口向里 1.5cm 处绘制门襟，门襟裁片为独立裁片，从而使整个门襟宽度达到 3cm。

（5）省道处理。对后片肩胛省进行合并，将省量转移至袖窿处作为袖窿松量，并画顺肩线。由于该款式是宽松造型，可以直接去除前片胸部省量。

（6）育克线处理。在距离后领围 8cm 处绘制育克水平线；前肩部育克因需进行前后连裁，故前肩下落 4cm，并确保前肩宽与后肩宽尺寸一致。若要加宽前育克，可通过增宽肩缝实现，随后拼合及连裁前后育克线，使其成为独立裁片。前片育克线上抬 1cm，用作袖窿的松量。鉴于该衬衫休闲宽松的特性，在后片设计上，其育克线下面后中心线处增加了 4cm 的褶量。

（7）口袋纸样。该款式口袋的宽度为 11.5cm，高度为 13cm，一般情况下，口袋高度比宽度长约 1.5～2cm。口袋所处衣身位置一般距离前中心线 6cm，上口袋线在胸围线上方 4cm 处进行定位。此衬衫口袋造型较为方正笔直，其底角处可根据具体设计需求进行样板设计，且口袋的丝缕线需与衣身纸样保持一致，具体如图 5-2-3 所示。

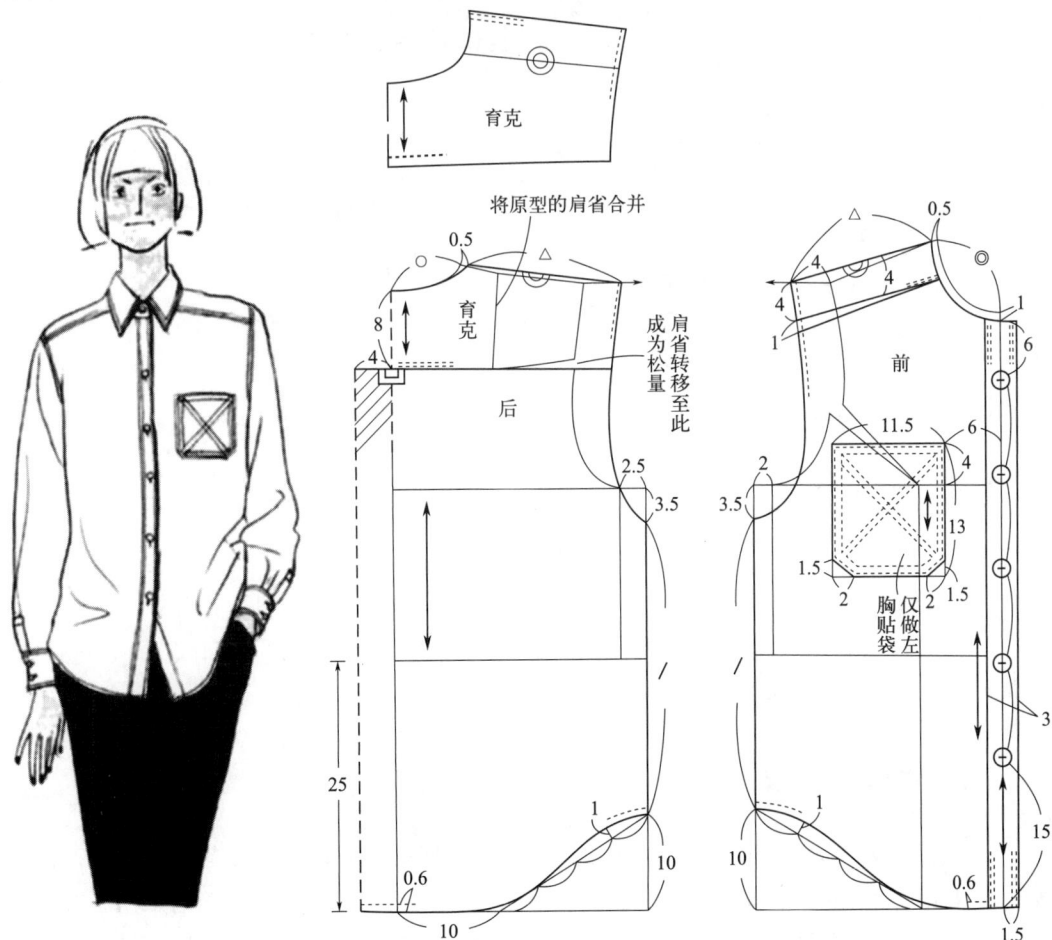

图 5-2-3 新文化式原型垂肩长袖衬衫衣身样板（单位：cm）

2. 领子结构设计

为了使领座的前端与衣身的止口顺畅地连接，要将领座前中心的直角线向后倾斜0.3cm。为了盖住绱领线，翻领应比领座宽1cm左右。从翻领的后中心去掉多余的量，使翻领与领座连接时，两条曲线的长度相等。具体如图5-2-4所示。

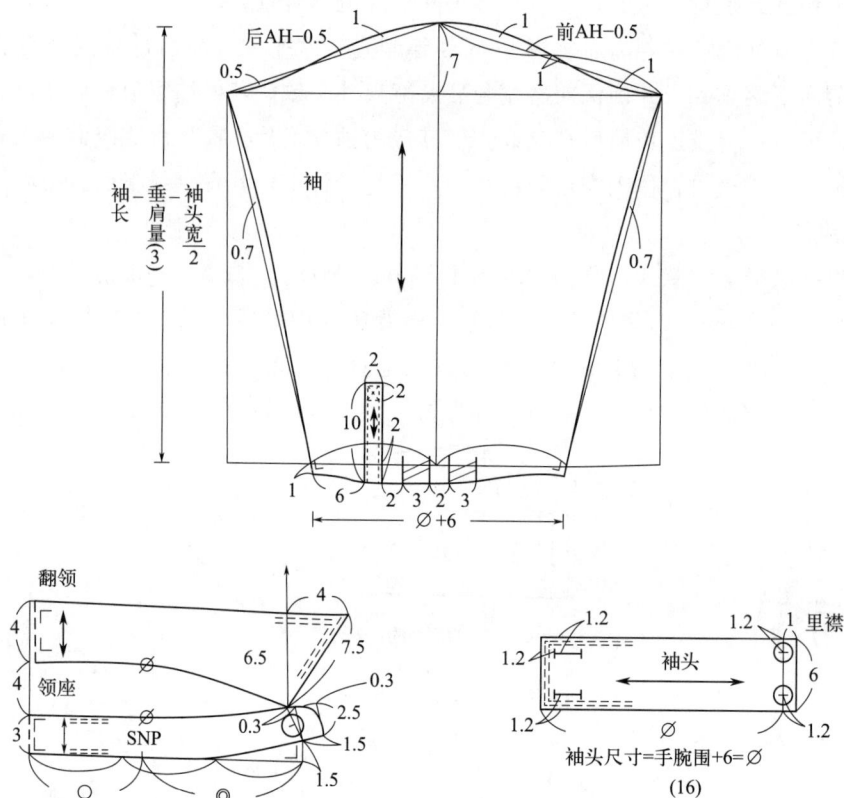

图5-2-4 新文化式原型垂肩长袖衬衫袖子和衣领样板（单位：cm）

3. 袖子结构设计

该衬衫属于休闲款式，其袖子属于宽松款，因此袖子的袖山相对较低，这主要是垂肩款式使袖山的高度降低了，这种款式的袖山高一般是AH的1/6～1/7，此处规定袖山高度为7cm。因绱袖的缝份要倒向衣身侧，所以画前后袖山斜线时要用AH减去0.5cm。计算袖长时要考虑垂肩量和袖头的宽度。

三、小翻驳领上衣

图5-2-5所示示例是基于上述垂肩衬衫进行的修改及样板制作。二者的主要区别在于领型、门襟设计、衣摆造型，以及袖长、口袋造型等方面。而相同点在于均采用了育克分割与宽松造型。此款衬衫采用小翻领设计，无领座，与常规衬衫领有所区别。门襟处采用

挂面设计，后领则采用贴片工艺处理。衬衫整体长度较之前有所增加，从腰线向下延长了30cm，衣摆为直角造型，从衣摆向上10cm处为衣摆开叉止口位置，并在此处缝制明线；挂面宽度约为6.5cm。由于采用企领设计，需预留一定的倒伏量，此处倒伏量设计为2.5cm，属于常规值。具体的领子纸样制作方法如下。

首先，连接第一粒纽扣位置与肩线颈部侧点延长线2cm处，作为领子的翻折线。接着，过颈侧点作翻折线的平行线，并在该平行线向上量取后领围长度确定一点，再根据倒伏量2.5cm来确定后领底中心点。将该后中心点与颈侧点相连成线，然后过后中心点作该线的垂线，该垂线长度即为整个领子的高度。如图5-2-4所示，该领子的高度为6.5cm。需要注意的是，领面宽度应高于领座宽度，后翻领比后底领宽1.5cm，这样做是为了能够盖住绱领底线，避免领子翻不平整。前领嘴宽度设计为5cm，且领子外缘线需垂直于后中心线。

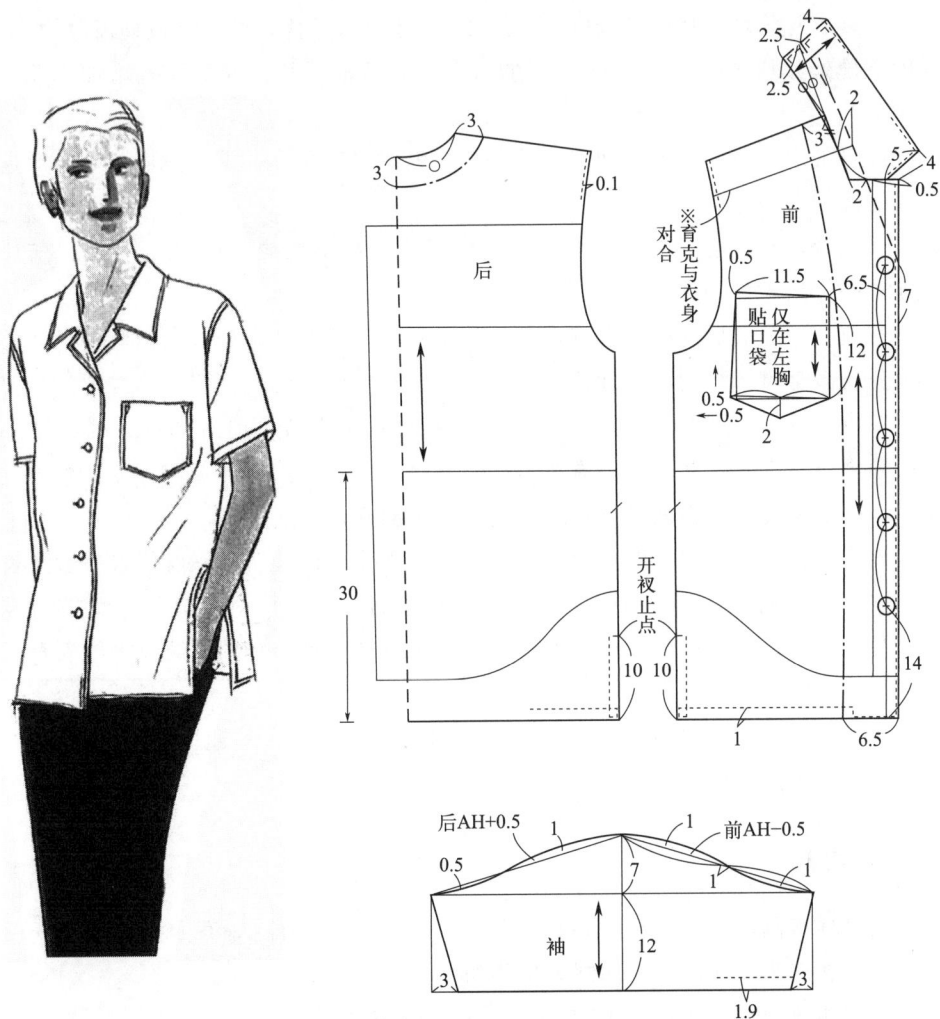

图5-2-5　小翻驳领上衣纸样（单位：cm）

四、休闲衬衫

图 5-2-6 所示衬衫采用了标准的女性上衣原型，用于衬衫样板制作。它与之前介绍的采用新文化式原型制图的衬衫款式相似，都属于休闲风格的衬衫领设计，肩部带有育克线。两款衬衫都具备胸部口袋和衣摆的上翘圆弧造型，长袖部分则设计有开衩和双褶皱。将这两款衬衫放在一起对比，有助于更直观地理解它们在结构上的差异和变化。

1. 衣身纸样处理

（1）领围处理。为契合该款式宽松的设计风格，需对前后片领围进行调整，前片领围加宽 0.5cm 并下落 1cm，后片领围同样加宽 0.5cm。

（2）衬衫衣身处理。从原型腰围线向下延长 22cm（具体长度根据设计需要而定）。在前后片腋下缝处分别增加 1cm 和 1.5cm 的余量，并将前后片肩膀宽度各增加 1.5cm，如图 5-2-6 所示。

（3）袖身处理。由于肩膀的加宽处理，袖窿弧线趋向平直。需注意肩头处前后连接与袖窿弧线的圆顺性。

（4）门襟处理。在前门襟处镶上 3cm 宽的门襟，将下摆线裁剪成 Y 字形。前片设计时，从前中心放出 1.5cm 的叠门尺寸。

（5）省道处理。对后片肩胛省进行合并，将省量转移至袖窿处作为袖窿松量，并画顺肩线。前片胸省全省转移到新设计位置。

（6）育克线处理。在距离后领围 8cm 处绘制育克水平线；前肩部育克因需进行前后连裁，故前肩下落 5cm，并确保前肩宽与后肩宽尺寸一致。若要加宽前育克，可通过增宽肩缝实现，随后拼合及连裁前后育克线，使其成为独立裁片。

（7）口袋纸样。口袋的宽度为 10cm，高度为 11cm。口袋所处衣身位置一般距离前中心线 5～6cm，上口袋线在胸围线上方 3～4cm 处进行定位。此衬衫口袋造型较为方正笔直，其口袋底部可根据具体设计形状需求进行样板设计，且口袋的丝缕线需与衣身纸样保持一致，具体如图 5-2-6 所示。

（8）衣摆造型。此款式的衣摆较为宽松，加放量为 4cm，起翘量为 5cm，呈现 A 字形造型（属于设计造型部分，根据需求进行变化）。

2. 袖子制图

（1）袖身样板制作方法。如图 5-2-7 所示，该袖子的袖山高较原型袖有所降低，整体造型从直身袖转变为合体袖。具体制图步骤如下。

① 袖口宽度调整。在袖口两侧各收进 3cm，以确定袖口的基础宽度。

② 袖口松量计算。袖口宽度减去手腕围加 5cm 的松量，所得差值即为袖口的褶量。

③ 活褶分配。根据款式特点，袖口设计了两个活褶，因此将上述差值除以 2，作为每

个活褶的量。

　④ 袖衩定位：在后袖片袖口的 1/2 处确定袖衩位置，袖衩长度设计为 10cm。

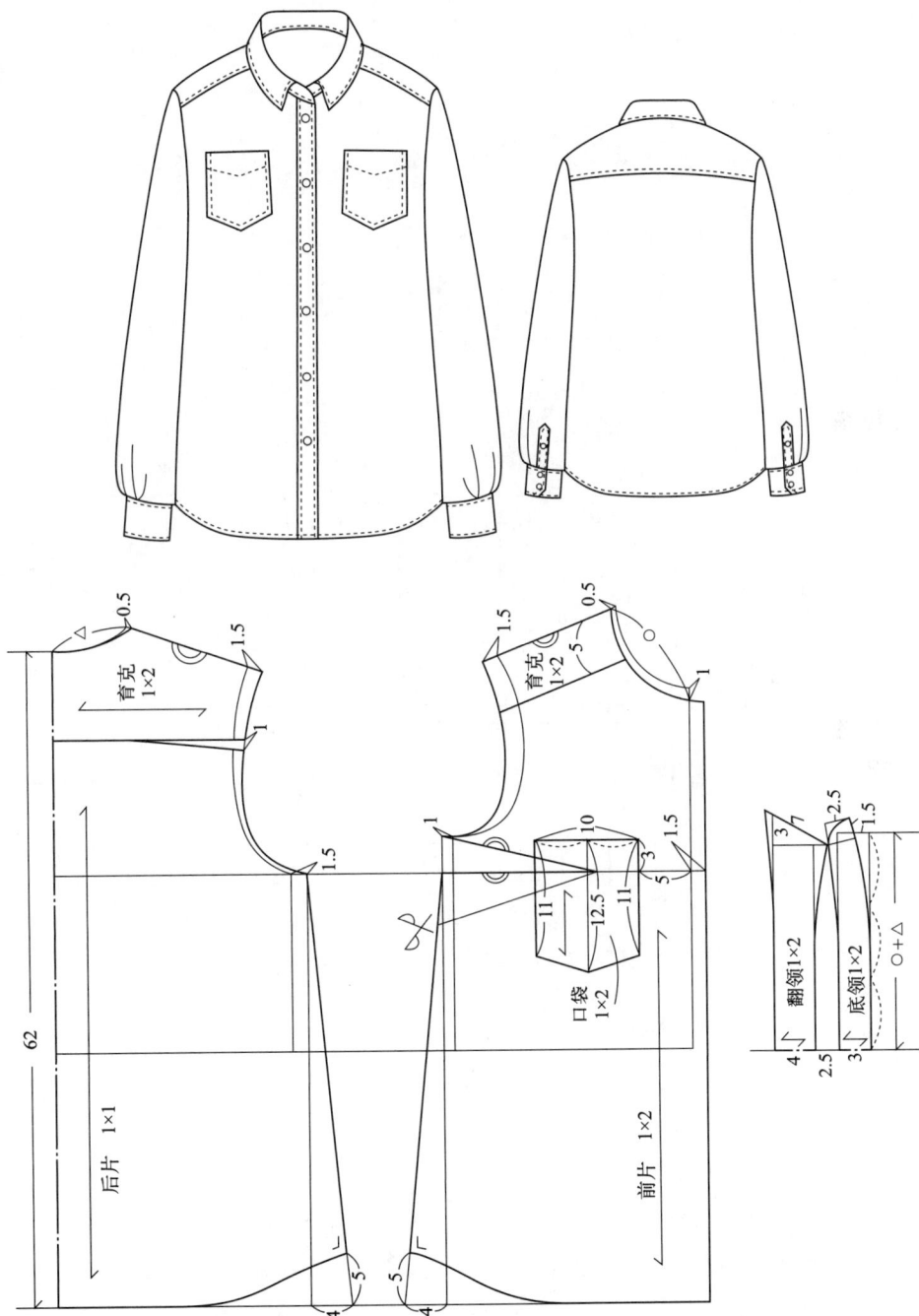

图 5-2-6　休闲衬衫结构制图（单位：cm）

（2）宝箭头袖衩制作方法（如图 5-2-7 所示）。

　① 大袖衩制作。根据袖衩位置，绘制大袖衩的外形，确保其与袖口线条自然衔接。

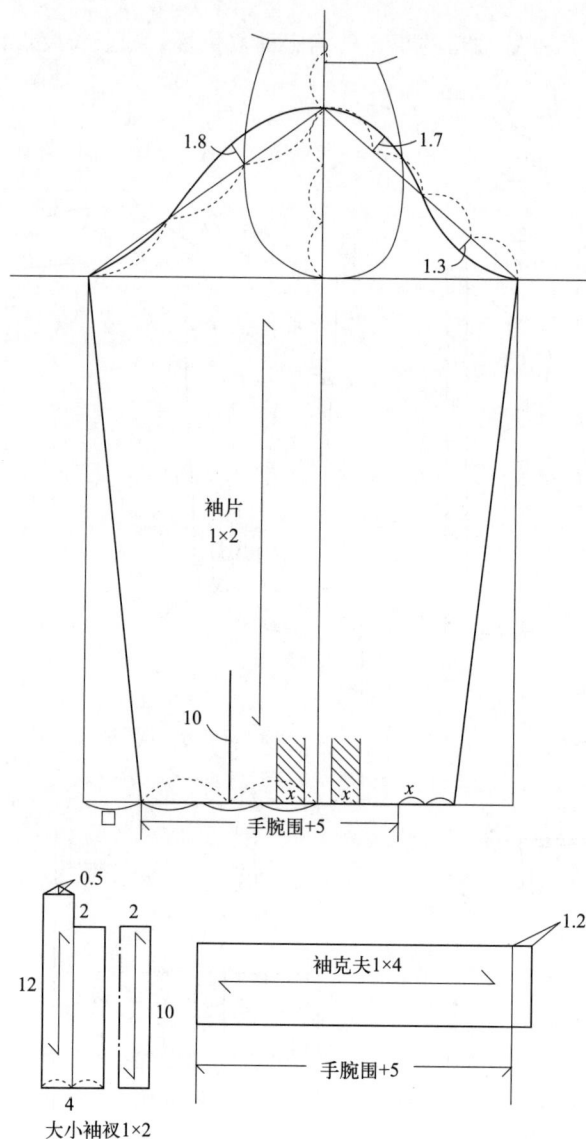

图 5-2-7　休闲衬衫结构制图袖子纸样（单位：cm）

② 小袖衩制作。在大袖衩的基础上，向内缩进适当尺寸，绘制小袖衩，使其与大袖衩形成层次感。

③ 细节处理。袖衩边缘需进行精细处理，确保缝制后平整美观。

（3）袖克夫样板制作方法。袖克夫的设计可根据款式需求灵活调整，具体步骤如下。

① 宽度设计。袖克夫的宽度根据设计风格确定，通常为 3～5cm，具体尺寸可根据整体比例调整。

② 长度计算。袖克夫的长度为手腕围加 6cm 的松量，再加 1.2cm 的袖口叠门量（用于固定纽扣）。

③ 样板绘制。根据计算的长度和宽度绘制袖克夫样板，确保其与袖口尺寸匹配。

五、合体衬衫

合体衬衫纸样如图 5-2-8 所示。

（1）衣身处理。本款式利用标准女上衣原型进行衬衫样板制作。由于原型上有 12cm 的松量，因此根据合体衬衫款式要求，需要在侧缝处前后片分别去除 1.5cm 和 1cm，这样，衬衫衣身胸围的松量为 $12-5=7\text{cm}$。

（2）腰部处理。前后片腰省分别收省 2cm 和 2.5cm，此处可以根据腰围量进行计算。按身高 160cm、胸围 84cm，可以得出 $84/2+6-1-1.5-2.5-2-1-1.25=38.75\text{cm}$，因此得出此衬衫腰围为 76cm 左右。

（3）领围处理。领围保持与原型一致。

（4）衬衫衣身处理。从原型腰围线向下延长腰长（具体长度根据设计需要而定）。在前后片腋下缝处分别减少 1cm 和 1.5cm，如图 5-2-8 所示。

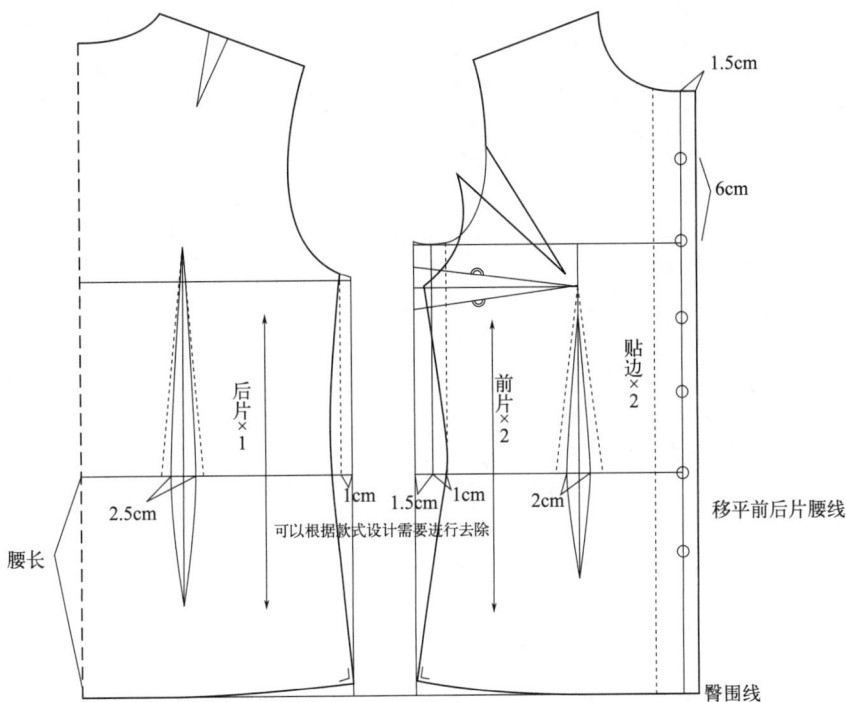

图 5-2-8　合体衬衫纸样

（5）门襟处理。在前门襟处拥有 1.5cm 宽的叠门量，将下摆线裁剪成平底形。

（6）省道处理。保留后片肩胛省，将胸省省量转移至袖窿，并画顺肩线。前片胸省全省转移到新设计位置。

（7）袖身处理。袖身基本与原型袖制图 5-2-9 一致。此袖子多了一个开衩。

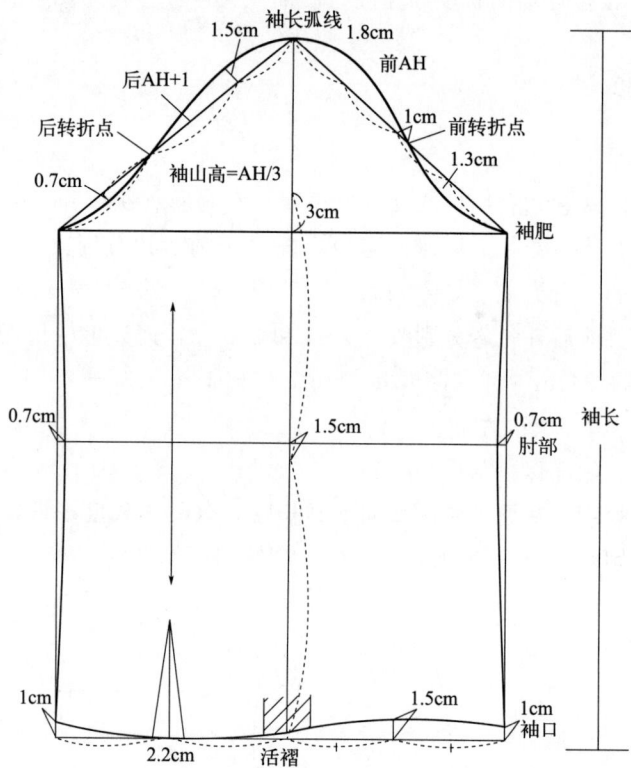

图 5-2-9　合体衬衫袖子

第六章

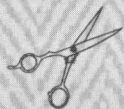

裤子结构设计

第一节 ▸ 裤子概述

一、裤子结构设计概述

裤子纸样结构设计与裙子纸样设计具有相似之处，涉及腰围、臀围和腰长等尺寸维度。裤子纸样结构设计的核心目标是确保裤子既符合人体工学，又满足时尚需求。设计过程通常包括以下几个关键步骤。

1. 人体测量与尺寸分析

首先，需要对目标顾客群体的体型进行测量和分析，以确定裤子的基本尺寸，包括腰围、臀围、大腿围、裤长等关键数据。

2. 款式确定

根据市场需求和设计意图，确定裤子的款式，如直筒裤、喇叭裤、紧身裤等，这将直接影响纸样的结构设计。

3. 纸样绘制

利用专业的制图工具，根据人体尺寸和款式要求，绘制出裤子的前片和后片纸样。包括裤腰、裤裆、裤腿等部分的精确绘制。

4. 结构细节设计

设计裤子的结构细节，如口袋位置、拉链或纽扣的开口位置、裤脚的宽度等，这些细节对裤子的功能性和外观都有重要影响。

5. 版型调整与优化

在初步纸样完成后，需要进行试穿和调整，以确保裤子的版型适合大多数人的体型，同时保持设计的美观。

6. 面料考量

选择合适的面料，考虑其厚度、弹性、质地等因素，因为这些因素都会影响纸样的最终效果。

7. 缝制工艺规划

规划裤子的缝制工艺，包括缝线的类型、针距、缝边的处理等，以确保裤子的耐用性和外观质量。

8. 最终审核与样板制作

在所有设计和调整完成后，进行最终的审核，确保纸样的准确性和完整性。然后制作出样板，用于实际生产。裤子纸样结构设计是一个复杂而细致的过程，需要设计师对人体结构、服装设计、面料特性和缝制技术具有深入的了解。

二、裤子基本构成与部位名称

1. 裤子具体部位名称对照

裤子各部位名称和各部位结构在人体上位置示意图分别如图 6-1-1 和图 6-1-2 所示。

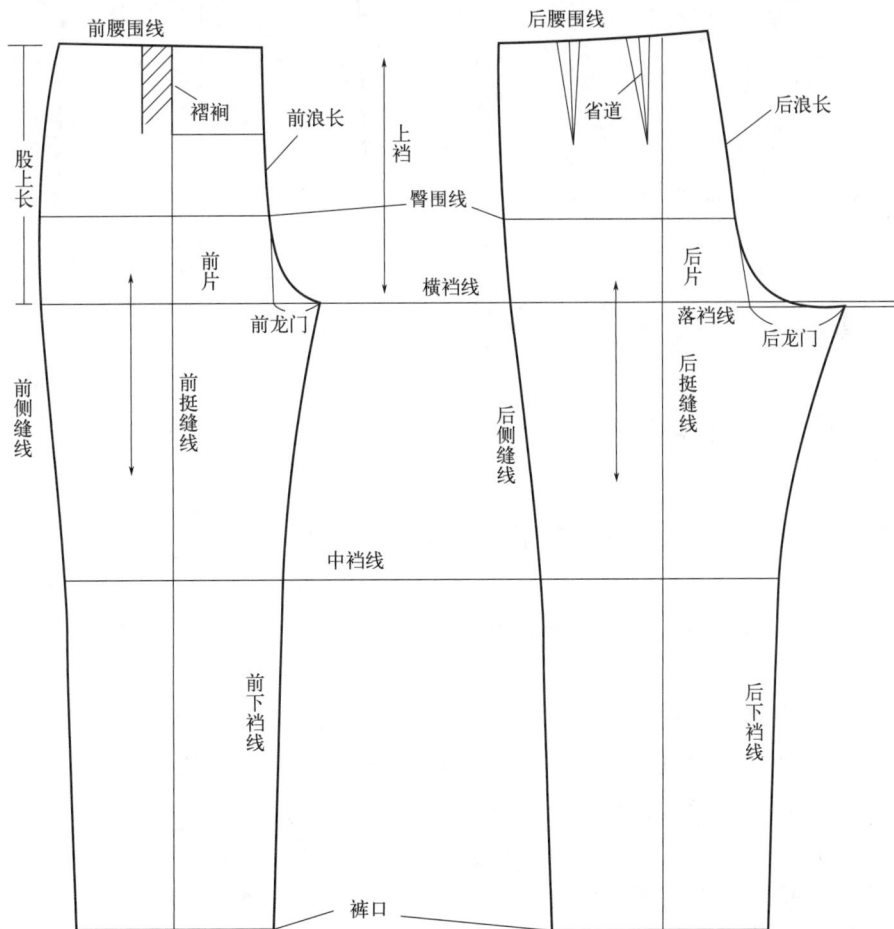

图 6-1-1　裤子各部位名称

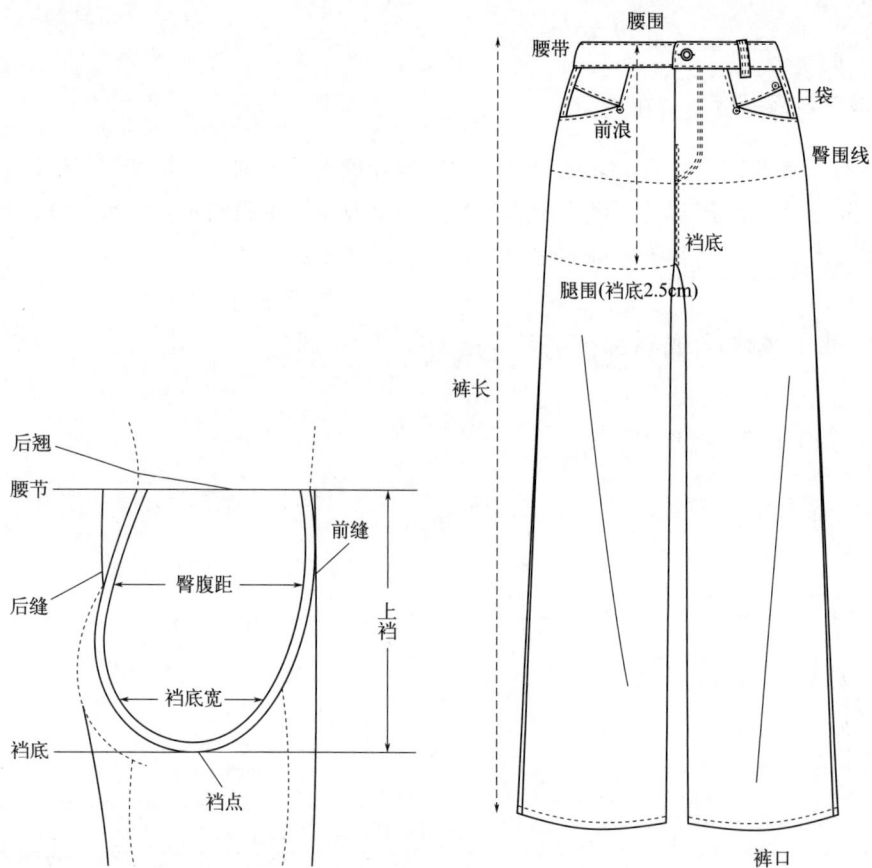

图 6-1-2　裤子各部位结构在人体上位置示意图

2. 裤子纸样的具体部位

（1）上裆（立裆）。

定义：横裆线至腰口线的垂直距离（图 6-1-1、图 6-1-2）。

作用：决定裤子裆部贴合度，影响坐立舒适性。与臀围、腰围共同构成裤子核心结构。通常情况下，高腰裤上裆＞25cm，中腰裤上裆约 22～24cm，低腰裤上裆＜20cm。

（2）中裆线。

定义：裤口至臀围线的 1/2 处（图 6-1-1）。

作用：控制裤管造型（如直筒形、喇叭形、锥形），中裆线位置的高低影响视觉比例（上移显腿长，下移显宽松）。

（3）下裆。

定义：横裆线至裤口的垂直部分（图 6-1-1）。

作用：决定裤腿长度与版型流畅度。前后下裆线倾斜度影响活动自由度（如运动裤需增加倾斜量）。

（4）前浪。

定义：前腰头顶端至裤裆十字交叉点的长度（图 6-1-1）。

根据前浪对裤子分类（图 6-1-3）如下。

高腰裤：前浪≥28cm。

中腰裤：前浪 24～27cm。

低腰裤：前浪≤23cm。

低裤裆：前浪≤22cm［横裆宽松：裆部下方（横裆围度）常加大余量，形成堆积感（如哈伦裤的垮裆效果）］。

制图时，前浪＝后浪－2～3cm（保证后臀活动量）。

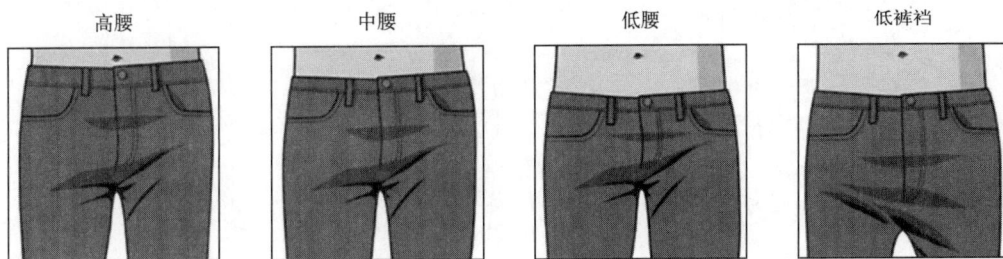

高腰　　　中腰　　　低腰　　　低裤裆

图 6-1-3　高腰、中腰和低腰等裤子示意图

三、裤子与人体的关系

1. 裤子测量

在制作个性化样板裤子时，精确的人体测量是至关重要的。以下是测量人体各部位尺寸的详细步骤，以确保裤子的舒适与贴合。如图 6-1-4 和图 6-1-5 所示。

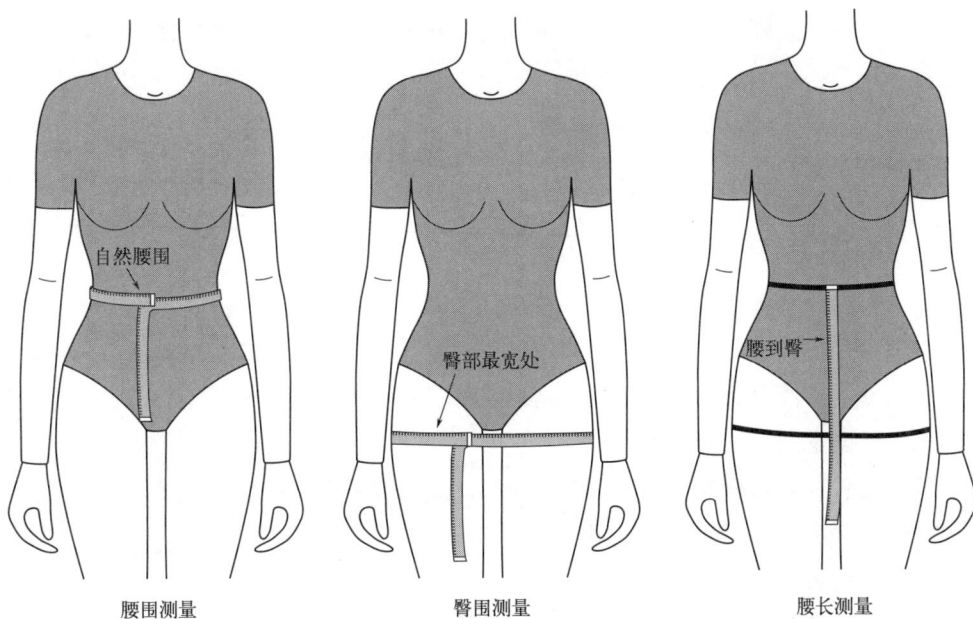

腰围测量　　　　　臀围测量　　　　　腰长测量

图 6-1-4　裤子维度测量方法

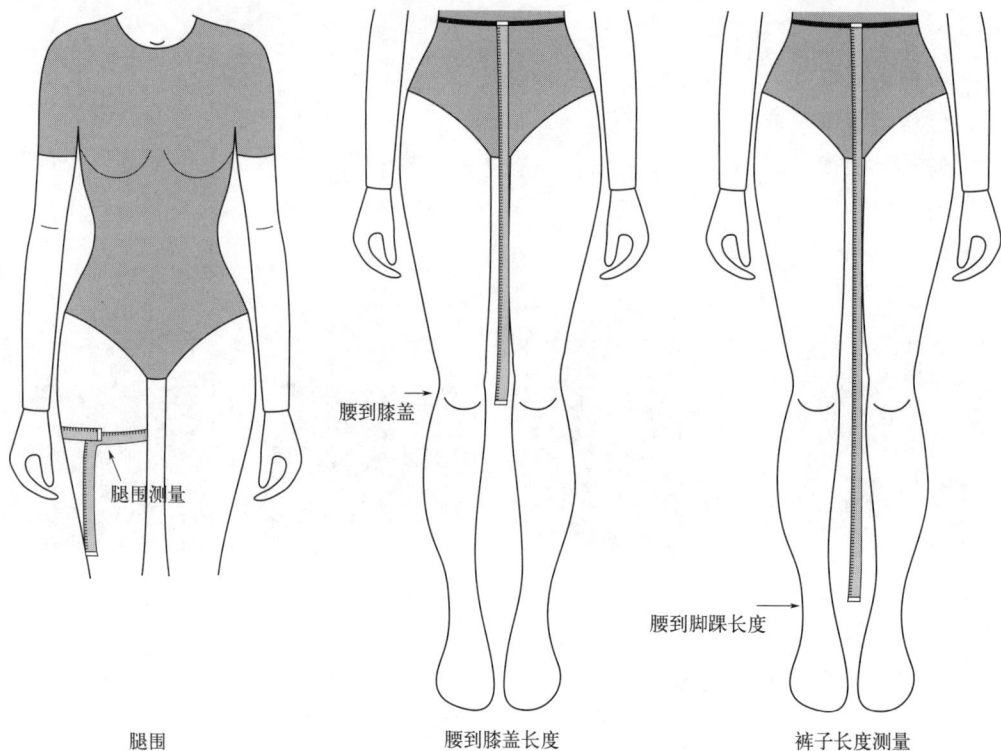

腰到膝盖

腿围测量

腰到脚踝长度

腿围   腰到膝盖长度   裤子长度测量

图 6-1-5 裤子长度测量

步骤一：测量人体腰围。

让模特自然站立，双手自然下垂。找到腰部最细的位置，通常位于肚脐上方约2cm处，用软尺水平环绕腰部一圈，确保尺子贴合皮肤但不过紧，记录下腰围的尺寸。这一步是确定裤子腰部松紧的基础。

步骤二：测量人体最宽的部分——臀围。

找到臀部最宽的位置，通常位于臀部的最突出处，用软尺水平环绕臀部一圈，确保尺子贴合皮肤但不过紧，记录下臀围的尺寸。臀围的测量是决定裤子臀部空间的关键，直接影响穿着的舒适度。

步骤三：测量从腰到臀的距离——腰长。

从腰部最细处开始，垂直向下测量到臀部最宽处的上边缘，这一距离称为腰长，它决定了裤子腰部与臀部之间的过渡空间，是确保裤子贴合身形的重要数据。

步骤四：测量大腿根的维度。

将软尺放置在大腿根部，环绕一圈测量其宽度。大腿根部的尺寸直接影响裤子的裆部设计，确保活动自如且不会过于紧绷。

步骤五：测量腰到膝盖的长度。

从腰部最细处开始，垂直向下测量到膝盖骨的中心位置。这一长度将决定裤子的膝盖位置，对于膝盖处的活动空间和整体造型至关重要。

步骤六：测量裤长。

从腰部最细处开始，垂直向下测量到脚踝处或期望的裤脚位置。裤长的测量需要根据款式和个人喜好进行调整，比如九分裤和长裤的裤长会有所不同。

通过以上六个步骤的精确测量，可以为裁剪出一条合身、舒适的裤子提供坚实的基础。每一个数据都关乎穿着的舒适度和美观度，因此务必仔细操作，确保测量的准确性。完成这些测量后，请记录下所有的数值，并与尺码表进行对照，以便确定最适合的裤子尺码。通过这些细致的步骤，可以确保制作出的样板裤子完美贴合身形。

2. 臀围与裆围的关系

在服装设计中，臀围与裆围的定义及其相互关系对裤子的合身度和舒适度起着至关重要的作用。臀围是制作裤子和裙子等下装的关键参数，因为它直接决定了服装后片的设计，需要有足够的空间来容纳臀部的体积，以确保穿着时既合身又不紧绷。裆围，也称为横裆围，是指在大腿根部水平测量一圈的长度，这一尺寸对裤子的设计和制作尤为重要，因为它关系到裤子的前片和后片在胯下部分的连接方式以及裤子的整体宽度。裆围的合适与否直接影响裤子的舒适度和活动自由度，过大或过小的裆围都会导致穿着时的不适，影响行走和坐立的体验。

臀围与裆围的关系在服装设计中密不可分。臀围的大小决定了裤子后片的宽松程度，而裆围则决定了裤子在胯下部分的宽度和活动空间。一个合理的裆围尺寸需要与臀围相匹配，以确保裤子在穿着时既能贴合臀部曲线，又能为胯下部分提供足够的活动余地。如果臀围较大而裆围过小，裤子会在胯下部分过紧，导致活动受限；反之，如果裆围过大而臀围较小，裤子则会在胯下部分显得松垮，影响整体美观和舒适度。因此，在设计裤子时，设计师需要精确测量臀围和裆围，并根据两者的关系调整裤子的结构设计，以确保裤子既合身又舒适，满足穿着者的日常活动需求。通过科学地平衡臀围与裆围的关系，可以打造出既美观又实用的裤装，提升穿着者的整体体验。

3. 人体与裤子裆部结构关系

在裤子的基本纸样中，前裆弯总是小于后裆弯，这一差异是由人体构造决定的。裤子基本纸样中裆弯的形态，与人体臀部和下肢连接处的结构特征紧密相关。观察人体形态可知，臀部近似一个前倾的椭圆形。以耻骨联合处作垂线，可将这个前倾椭圆分为前后两部分。前半部分，偏上的凸点对应腹凸，靠下较为平缓的区域便是前裆弯；后半部分，靠下的凸点对应臀凸，这一区域构成了后裆弯。从臀部前后的形体比例分析，在进行裤子结构处理时，后裆弯必然大于前裆弯，这是形成前后裆弯结构差异的关键依据。此外，人体臀部的活动规律是屈大于伸，为满足这一特点，后裆宽度需增加必要的活动量，这是后裆弯大于前裆弯的另一重要原因。由此可见，适当改变裆弯宽度，有助于适应臀部和大腿的运动。但需要注意的是，裆弯深度不宜增加，这也解释了立裆尺寸可减不可增的原理（图 6-1-6 和图 6-1-7）。

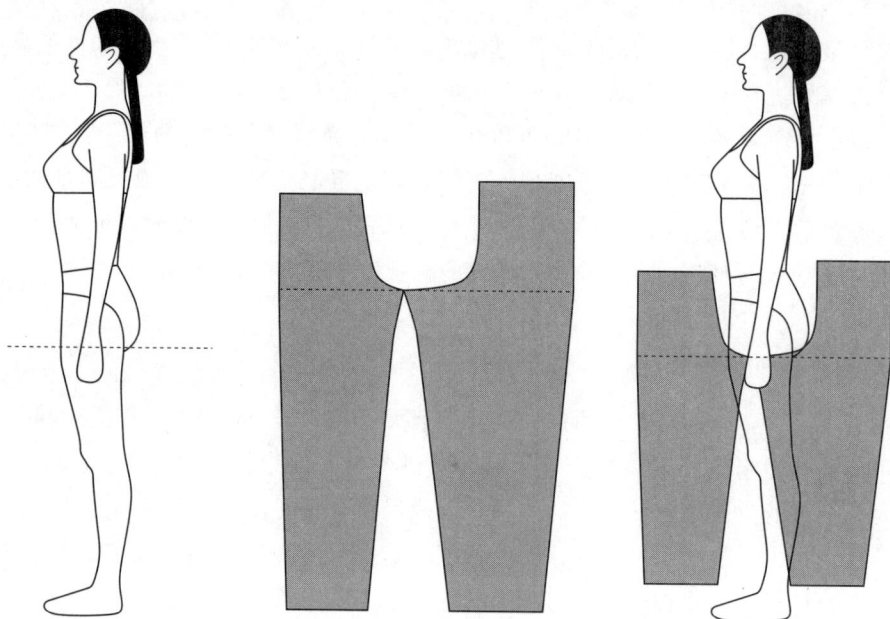

图 6-1-6　裤子与人体的关系

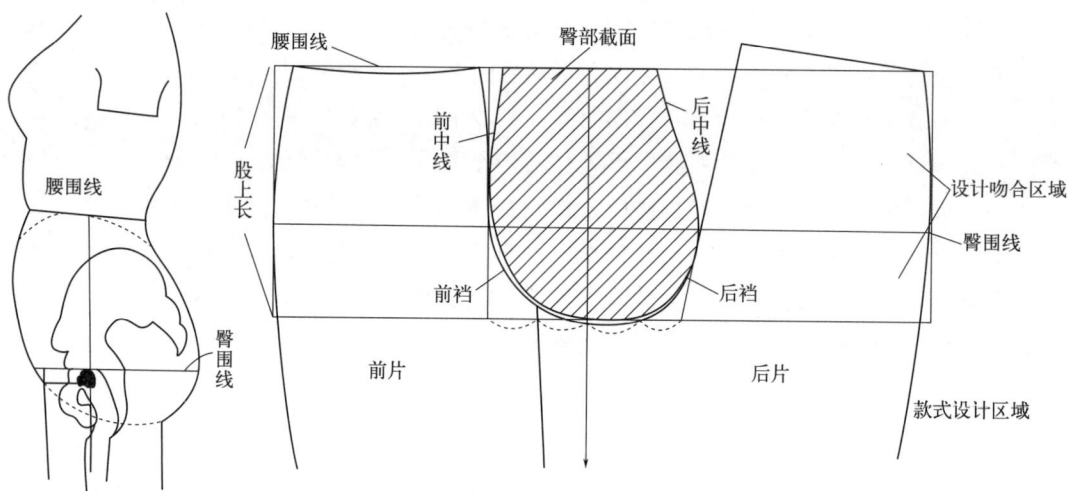

图 6-1-7　裤子的各部位结构与人体契合点关系

　　裤子基本纸样的裆弯设计是满足合体和运动最一般的要求，因此，当缩小裆弯的时候，就可能出现"负值"，这就需要增加材料的弹性，以取得平衡。用针织物和牛仔布设计的裤子，其横裆变小就是这个道理。相反，要增加横裆量的时候，需注意三个问题：一是无论横裆量增加的幅度如何，其深度都不改变。因为裆弯宽度的增加是为了改善臀部和下肢的活动环境，深度的增加不仅不能使下肢活动范围增大，而是恰恰相反，这个原理和袖子与袖窿的关系是一样的。因此裆弯的设计只可能增加宽度，而不能增加深度。二是无论横裆量增幅多少，都应保持前裆弯小于后裆弯。三是增加横裆量的同时，也要相应增加臀部的松量，使造型比例趋于平衡。例如裙裤的开裆很大，同时臀部的松量也有所增加。实际上，从裙裤的结构来看，横裆量的增大，还会使一系列的结构发生变化。

4. 前、后裤片省量设定的原则

前、后裤片的省量设定与裙子省量分配不同，这是因为裤子省量的设定不带有更多的拓展造型因素，而是要尽可能地接近实体，因此它有一定的局限性。其设定原则是前身的施省量都小于后身，而不能相反。这是由臀部的凸度大于腹部所决定的，在这一原则的基础上再进行省量的平衡，其结构都是合理的。

从人体腰臀的局部特征分析，臀大肌的凸度和后腰差量最大；大转子凸度和侧腰差量次之；最小的差量是腹部凸度和前腰。裤子基本纸样省量设定的依据就在于此，同时，为了使臀部造型丰满美观，将过于集中的省量进行平衡分配。这就是后裤片设两省，前裤片设一省的造型依据（图 6-1-8）。

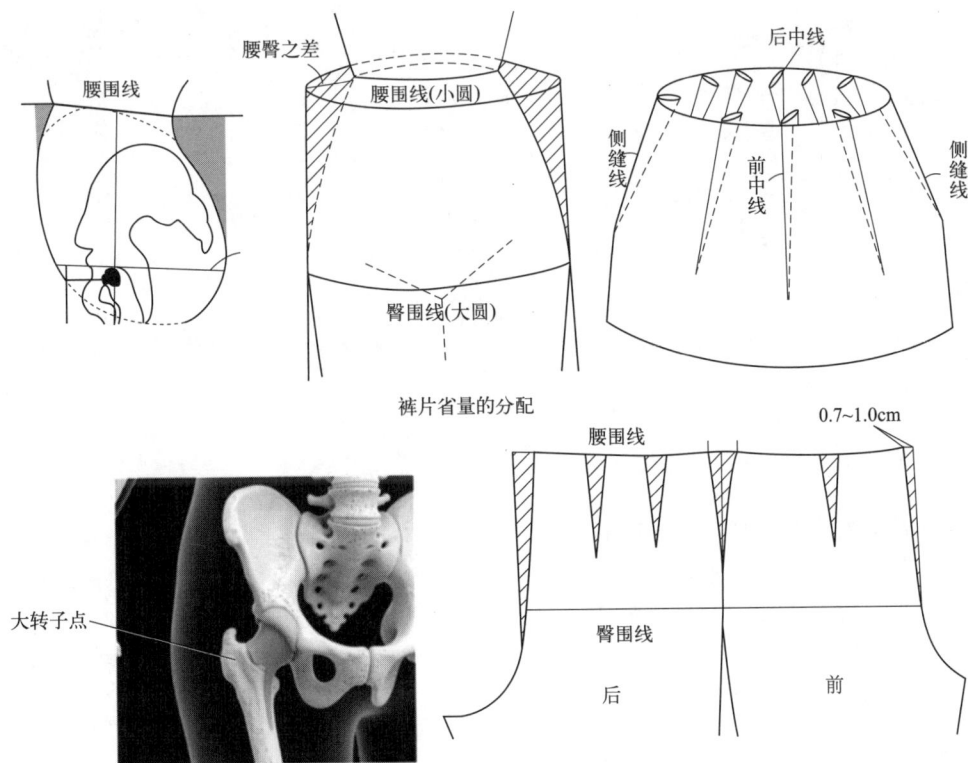

图 6-1-8　裤子省量的分配与人体的关系示意图

5. 后翘、后中线斜度与后裆弯的关系

在裤子基本纸样的设计中，后翘、后中线斜度以及后裆弯所采用的比例关系，通常被视为标准的配伍，也是中性设计的标准。这种标准纸样是基于合理的比例设定而成的，具有一定的科学性和通用性。然而，当我们运用标准纸样进行具体的设计时，不能简单地套

用，必须根据不同的造型需求以及目标对象的特征，做出相应的选择和修正。这种选择与修正不能随意为之，要严格依据裤子内在结构的制约关系来进行。只有这样，才能确保设计出的裤子既符合人体工学原理，又满足特定的审美和功能需求，从而实现从标准纸样到个性化设计的完美转化。

后翘实际是使后中线和后裆弯的总长增加，这是为臀部前屈时，裤子后身用量增大设计的。后中线的斜度取决于臀大肌的造型。它们的关系是成正比的，即臀大肌的挺度越大，其结构的后中线斜度越明显（后中线与腰线夹角不变），后翘就越大，使后裆弯自然加宽。因此，无论后翘、后中线斜度和后裆弯如何变化，最终影响它们的是臀凸，确切地说，就是后中线斜度的大小意味着臀大肌挺起的程度。其斜度增大，裆弯的宽度也随之增大，同时臀部前屈活动所造成的后身的用量就多，后翘也就越大。斜度越小，各项用量就会自然缩小。由此可见，无论是后翘、后中线斜度还是后裆弯宽，任何一个发生变化，其他都应随之改变，如图 6-1-9 所示。

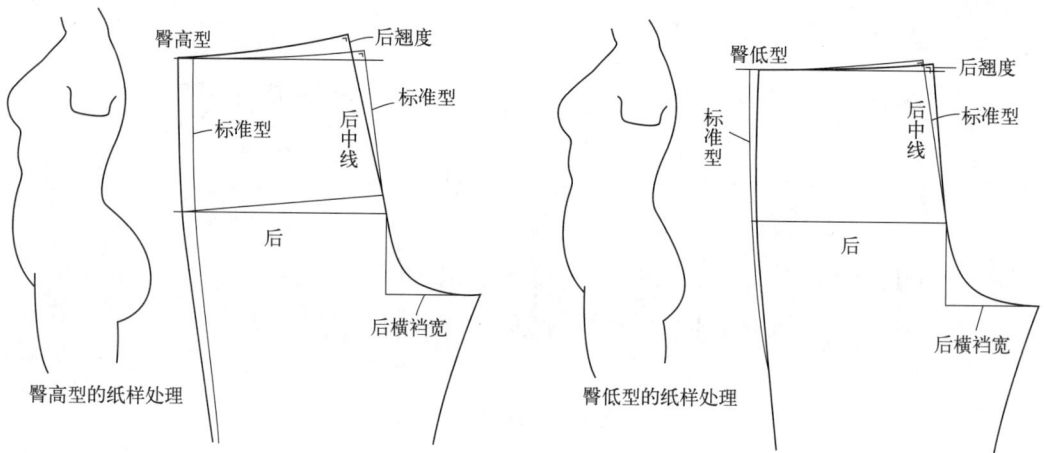

图 6-1-9　裤子倾斜度与人体的关系

当横裆需要主观增加时，意味着后中线斜度和后翘就要弱化处理以取得平衡，当增幅到一定量时（如后中线呈垂直），后中线斜度和后翘的意义就不复存在了。裙裤结构的后中线呈垂直状且无后翘，正是这种结构关系的反映。裙子结构中没有横裆，这种牵制作用也就完全消失了，裙腰线就可以按照人体的实际腰线特征设定，因此裙后腰线不仅无须设后翘，还要适当下降。图 6-1-10 显示了臀部的斜度与后中线的撇进量有关，臀越翘，后中线斜度越大，臀越平，其撇进量就越小。

在裤装设计中，除了保持适当的裆宽外，还需精心设计前后上裆线的造型。前上裆线通常采用直线设计，而后上裆线的设计则需考虑臀部的活动需求，因此加入了臀部活动松量，形成后上裆线的倾斜和后腰围线的起翘造型。不同款式和功能的裤装，其起翘量也有所不同。一般而言，普通裤装的起翘量为 2～2.5cm；马裤由于功能性的要求，起翘量应增加至 3～4cm；至于裙裤的结构，则无须设计后腰起翘。

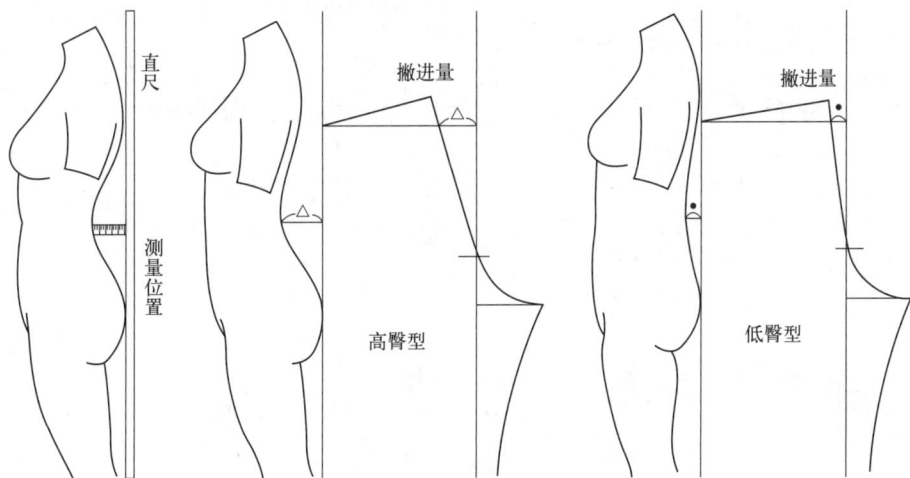

图 6-1-10　人体体型特征与后片裤子的倾斜度关系

6. 落裆线与落裆量的设计（后立裆深线下降 0.8~1.0cm）

在裤装的结构制图中，后片的立裆深度通常要大于前片的立裆深度，这一差异被称为"落裆量"（图 6-1-11）。从裤子的平面制图来看，落裆的产生是由于前后裤片上的龙门宽度分配不均所致。由于前后裤片龙门宽度的不同，导致裤片的下裆线长度出现差异，若不进行修正，将会给缝制工作带来困难。落裆量的大小会随着前后裤片龙门宽度的变化而变化。前后裤片龙门宽度的差异越大，落裆量也越大；反之则越小。当前后裤片龙门宽度相等时（如便裤或裙裤等），落裆量为零。通常，正常裤子的落裆量为 0.8~1.0cm，而短裤的落裆量则为 2~3cm。

7. 裤子长短款式与结构设计

裤子的长度不仅是决定其款式和风格的重要因素，还直接影响裤子结构设计样板的制定。不同长度的裤子（图 6-1-12）在结构设计上需要根据其长度特点进行相应的调整，以确保穿着舒适且符合审美需求。

超短裤的长度极短，裤脚位于大转子骨下端，设计样板时需特别注意腰部和臀部的贴合度，同时裤脚的边缘处理要简洁利落，以突出腿部的线条感。

短裤的长度位于大腿中部，为设计样板时需兼顾腿部的活动空间与整体比例，裤脚的宽度和形状也需要根据款式风格进行调整，以保持清爽感。

中裤的长度延伸至膝关节下端，设计样板时需考虑膝盖部位的舒适度，裤腿的宽度和收口设计要适中，既保证活动自如，又能展现一定的正式感。

中长裤的长度达到小腿中部，设计样板时需注意小腿部分的线条修饰，裤腿的宽度和长度比例要协调，以突出腿部的修长效果。

长裤的长度最长，裤脚位于脚踝附近，设计样板时需重点考虑裤腿的垂坠感和整体比例，裤脚的宽度和长度要根据鞋履搭配进行调整，以确保穿着时既优雅又稳重。

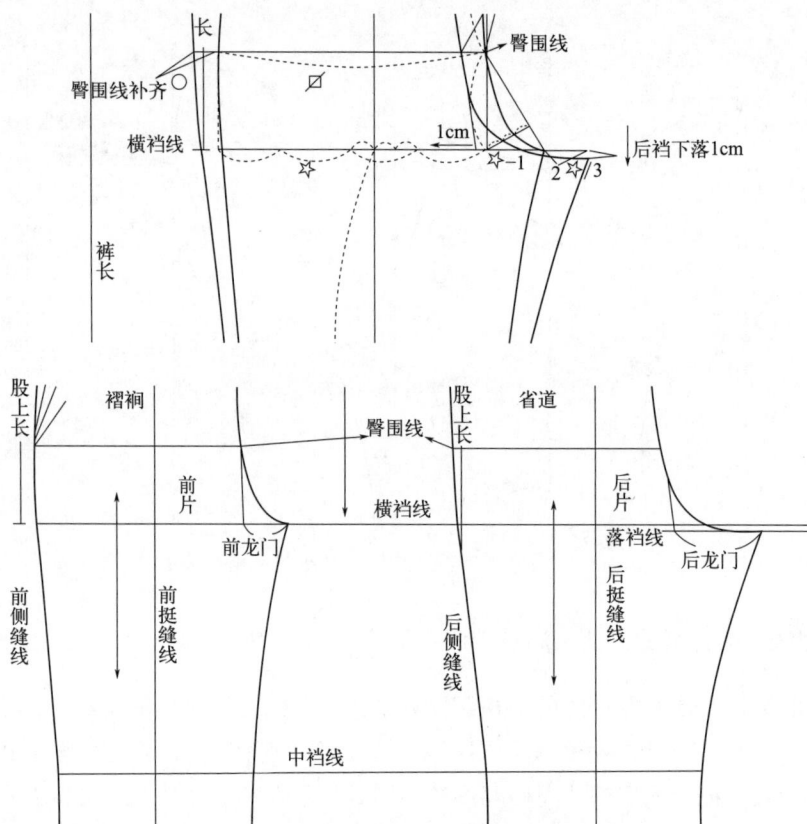

长

臀围线

臀围线补齐 ○

横裆线

1cm

← 后裆下落1cm

裤长

股上长

褶裥

臀围线

股上长

省道

前片

横裆线

后片

前龙门

落裆线

后龙门

前侧缝线

前挺缝线

后侧缝线

后挺缝线

中裆线

图 6-1-11　前后裤片落裆量

裤子长度的不同直接决定了结构设计样板的细节处理，设计师需要根据长度特点进行精准的调整，以实现款式与功能的完美结合。

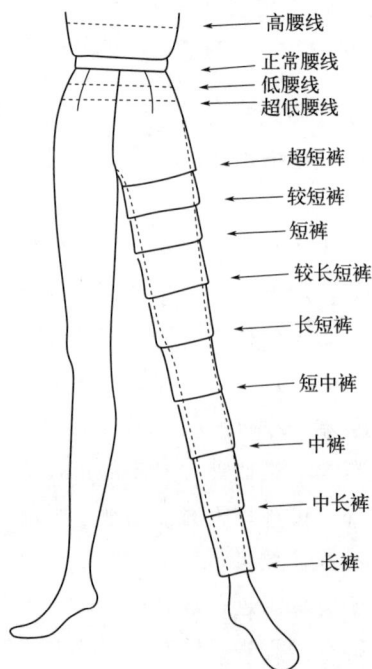

高腰线
正常腰线
低腰线
超低腰线

超短裤
较短裤
短裤
较长短裤
长短裤
短中裤
中裤
中长裤
长裤

图 6-1-12　裤子长短款式

8. 裤子松量及成衣规格

裤子臀围松量可参考表 6-1-1，女裤成衣规格见表 6-1-2。

表 6-1-1 裤子臀围松量 单位：cm

品类	贴体型	较贴体型	适体型	较宽松型	宽松型
女裤	0-2	2-6	6-10	10-14	14 以上
男裤	4-6	6-10	10-14	14-18	18 以上

表 6-1-2 女裤成衣规格 单位：cm

身高/腰围	腰围	臀围	裤长	前浪	横裆	裤口
155/62A	67.5	82.5	97	21.1	48.1	27.6
160/64A	70	85	98	21.4	49.4	28.4
160/66A	72.5	87.5	99	21.7	50.7	29.2
165/70A	75	90	100	22	52	30
165/72A	77.5	92.5	101	22.3	53.3	30.8
170/74A	80	95	102	22.6	54.6	31.6
170/76A	82.5	97.5	103	22.9	55.9	32.4
175/80A	85	100	104	23.2	57.2	33.2

第二节 ▶ 标准女裤结构制图

标准女裤基本纸样与英式、美式纸样的主要区别在于：它专为贴合亚洲人的体型特征而设计，能够更好地满足这一群体的穿着需求。从制图方向来看，标准女裤纸样与英、美式纸样截然不同，其设计方向与上衣基本纸样的方向性保持一致，从而实现整体造型的协调性。在尺寸设定方面，标准纸样多采用比例分配的方法，使裤子的基本造型更加理想化，同时确保产品质量的规范性，以适应工业化生产的高标准要求。此外，标准纸样的内部尺寸设定更为精细，例如腰部无松量，臀部松量提升至4cm。在尺寸采集上，标准纸样摒弃了传统的固定尺寸，转而采用更加比例化的方法，例如裤衩尺寸通过比例公式计算得出，进一步提升了标准化程度。因此，标准纸样更适合作为裤子纸样设计的基础模板。

一、裤子规格设计

本案例以中国标准号型中间体裤子的基本纸样为蓝本，选取规格 M（中号）的必要尺寸作为参考，适用于我国偏南方妇女的体型。所选用的关键净尺寸如下：腰围 68cm，臀围 90cm，股上长 26cm，裤长 91cm，裤口宽 20cm（也可以基于经验或通过比例关系计算得出）。

二、标准裤子基本纸样的制作步骤

（1）构建标准裤子基本纸样的基础线，如图 6-2-1 所示。

（2）绘制长方形。绘制一个宽度为臀围/4+1cm（含松量）、高度为股上长的长方形。其中，长方形的上边线为腰辅助线，下边线为横裆线，右边线为前片裤子和后片裤子中线的辅助线，左边线为侧缝辅助线。

（3）绘制臀围线和挺缝线。从横裆线向上取股上长的三分之一等分点，绘制水平线作为臀围线。以股上长 26cm 计算，该臀围线距腰的距离约为 17.3cm，这一尺寸与标准中间体裙子的腰长 18cm 较为接近。接着，将长方形的横裆线等分为四份，每份用"☆"标记。在靠右的第二份中，再将其分为三等份，并从靠近中点的三分之一等分点引出垂线，向上交于腰辅助线，向下延伸至裤口线，总长度为裤长。这条垂线即为前、后裤片的挺缝线（图 6-2-2）。

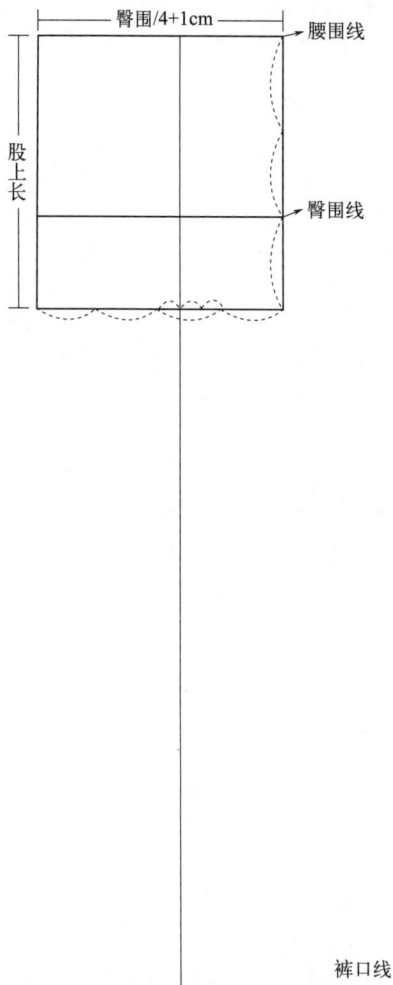

图 6-2-1　标准裤子基本模型框架 　　　图 6-2-2　标准裤子基本模型髋骨线

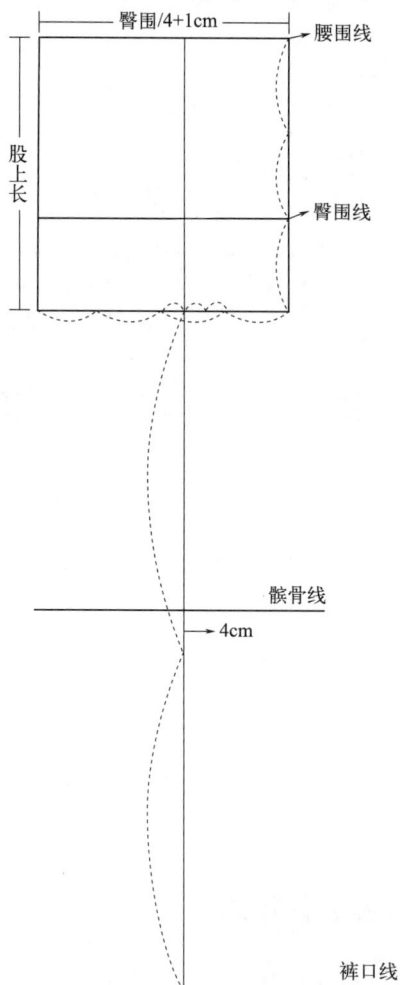

（4）确定髋骨线。作横裆线至裤口线的中点，通过该中点上移 4cm 作水平线即为髋骨线。

（5）确定前、后裆弯宽度。在横裆线右侧延长线上，取横裆宽☆减去 1cm 作为前裆弯宽度。在此基础上增加 2☆/3 作为后裆弯宽度，并分别确定前、后裆弯的止点。如图 6-2-3 所示。

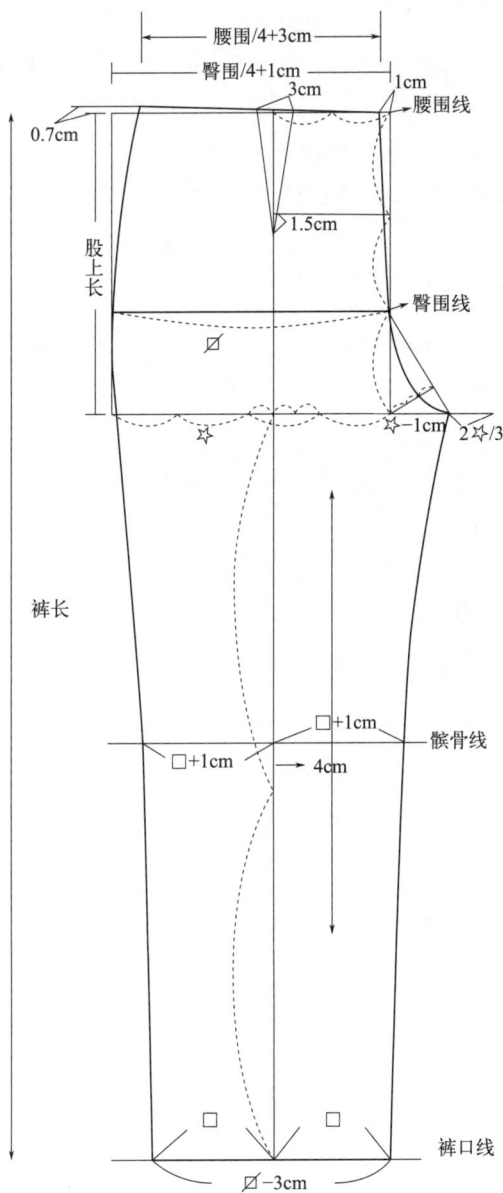

图 6-2-3　前片标准裤子纸样

（6）绘制前中线和前裆弯线。连接臀围线与长方形右边线的交点和前裆弯止点，绘制一条斜线。将垂直于该斜线的线段分为三等份，取外侧一等份的点作为前裆弯的弯曲点，然后用凹曲线绘制前裆弯。沿此线向上与腰辅助线收腰 1cm 的前中线连接，如图 6-2-3 所示。

（7）绘制前腰线和前省。在腰辅助线上，从前腰点向内收进 1cm 的位置，上翘 0.7cm 作为侧腰点。从该点向腰辅助线方向用曲线绘制腰线，长度为腰围/4＋4cm，确定腰部左侧止点。其中，4cm 为收省量，省位并入挺缝线，省长在腰长的二分之一处下降 1.5cm。根据 160cm 的尺寸，该省量接近 10cm。

（8）完成前内缝线和侧缝线。前裤口宽取前臀宽减去 3cm（或臀宽的五分之四加

1cm），并在裤口线与挺缝线的交点左右对称分布定点。前髌骨线在前裤口宽的基础上两
边各加 1cm，确定并定点。臀围线与左边线的交点为前侧缝线的切点。至此，确定了前内
缝线和侧缝线的轨迹，并用曲线连接，完成前裤片。标准裤子基本纸样的后片则在前裤片
完成的基础上进行绘制。

（9）作后中线和后裆弯线。从横裆线与右边线的交点向内移 1cm，以此点向上交于腰
线的右边线与挺缝线之间的中点并上翘，翘量为△/3，得到后腰右边点。此线与臀围线的
交点是后裆弯起点，此点至后腰点为后中线，在靠近裆弯夹角的三分之一等分点和后裆弯
止点下移 1cm 的位置，用凹曲线连接完成后裆弯绘制。

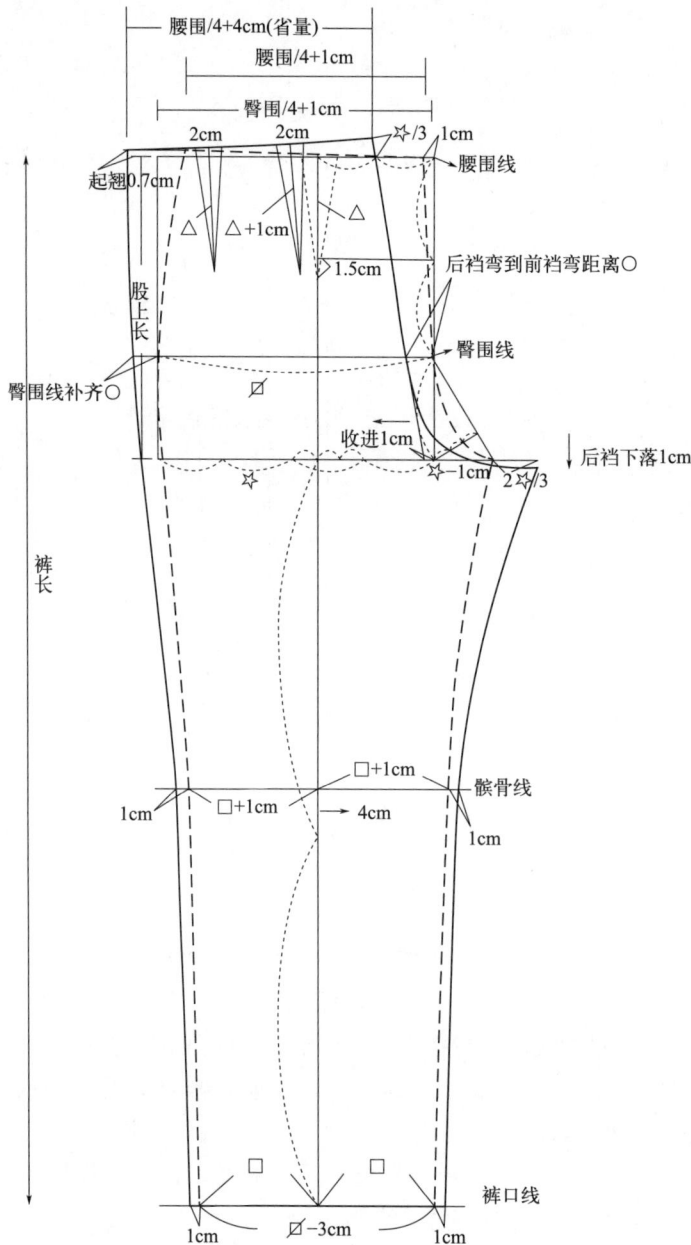

图 6-2-4　后片裤子纸样

（10）作后腰线和后省。在后腰点至腰辅助线的延长线之间取腰围/4＋4cm，并与前片腰侧点一样翘起0.7cm，并修顺后腰线。后腰线中增加的4cm为臀凸的两个省量，省位垂直后腰线的两个三分之一等分点处，省长靠侧缝的与前省相同。如图6-2-4所示。

（11）完成后内缝线和侧缝线。为了使前片和后片臀部肥度一致，后裆弯起点和前裆弯起点间的距离○，在后片臀围线上补齐○，并以此作为后裤片侧缝线的臀部轨迹。后裤片侧缝线所通过的髌骨线宽和裤口宽分别比前片增加1cm。后裤片内缝线在髌骨线和裤口处的增加量与后裤片侧缝线相同。最后用曲线连接各自的关键点，完成后裤片纸样绘制。如图6-2-4所示。

（12）标准裤子基本纸样前、后片的完成样板，如图6-2-5所示。

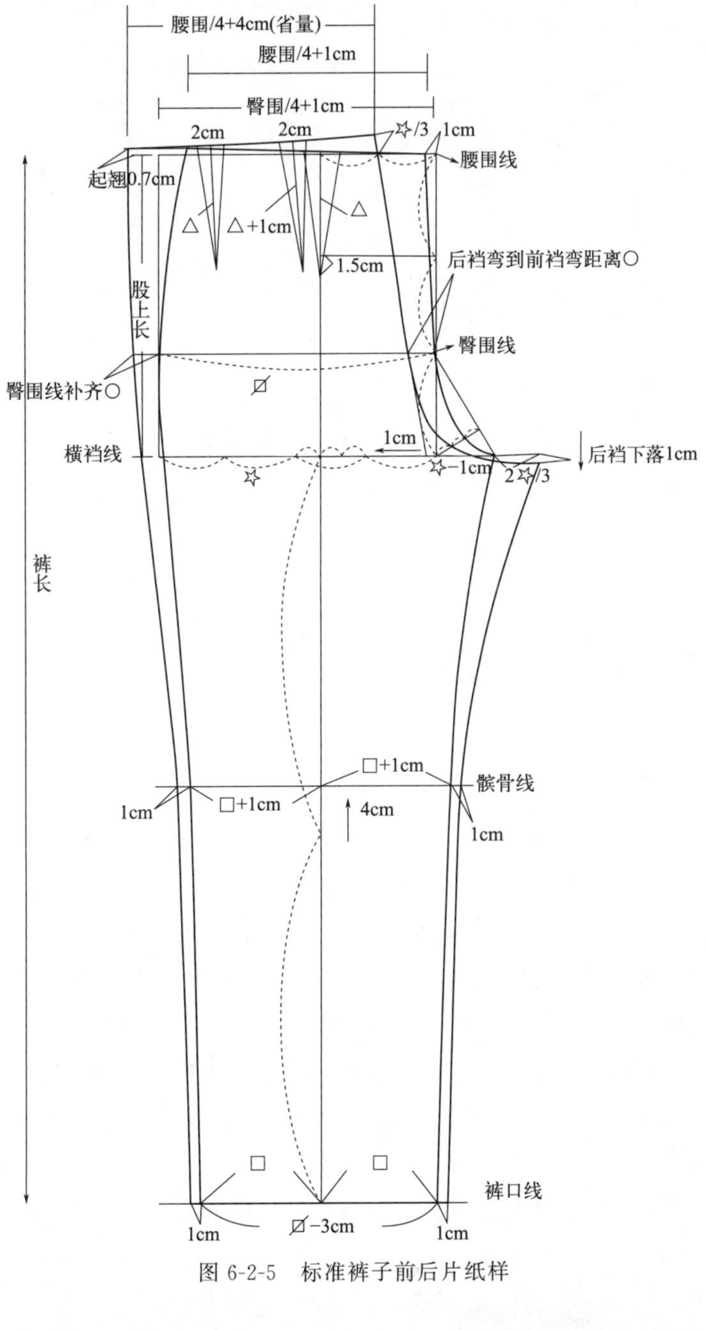

图 6-2-5　标准裤子前后片纸样

三、裤子样板检测与修正

将裤子原型的前片和后片裆部拼合在一起，仔细检查裆部曲线是否圆顺流畅，若存在不顺之处，及时进行修正。接着，将前片和后片的裤子侧缝对齐，细致观察腰部曲线的顺畅程度，如有需要，同样进行相应的修正，以确保整体线条的自然与美观。具体如图 6-2-6 和图 6-2-7 所示。

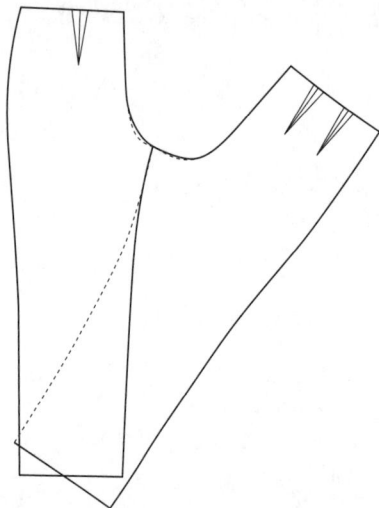

图 6-2-6　裤片核对前后裆弯弧线与修正　　　　图 6-2-7　核对侧缝前后腰口弧线

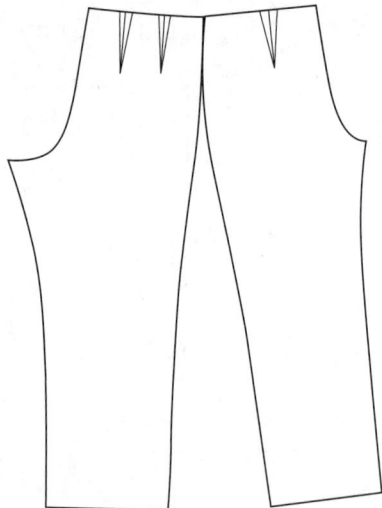

第三节 ▶裤子款式结构设计案例

一、筒型裤造型特征与规格设计

筒型裤的设计以常规裤型为基础，其结构主要源自裤子的基本纸样。筒型裤通常有两种常见的造型方式：一种是采用省道设计的筒型裤（省筒型裤），另一种是利用褶皱设计的筒型裤（褶筒型裤）。前者通过利用基本纸样中的省量来贴合臀部曲线，使裤子更加合身；后者则通过在侧缝处增加 1cm 的尺寸，将原本的省道设计改为褶皱，从而增强裤子的实用性和灵活性。

无论是哪种筒型裤，在结构设计中，裤口宽度通常比髋骨线两侧的宽度窄约 1cm。这种设计在纸样上呈现出上宽下窄的非直筒结构，但不会给人锥形裤的视觉效果，而是一种错视效果。当裤子穿在人身上时，由于裤筒上半部分较为贴身，而下半部分逐渐宽松，会形成一种上窄下宽的错觉，让人感觉裤口显得松垮且肥大。因此，在设计筒型裤时，应有意识地将裤筒设计为上宽下窄的微锥形，以纠正这种视觉偏差。如果将裤筒设计为上下等宽的结构，成型后可能会产生类似小喇叭形的视觉效果。

　　在裤腰设计方面，通常采用净腰围尺寸。为了确保腰头准确地置于腰线中央，需在裤子前后片的腰部平行裁去腰头宽度的一半，这意味着裤片的基本纸样中包含了腰头的一半。确定腰头结构后，需与裤片腰线进行复核并修正纸样。这种处理方法适用于所有类型的腰头设计。

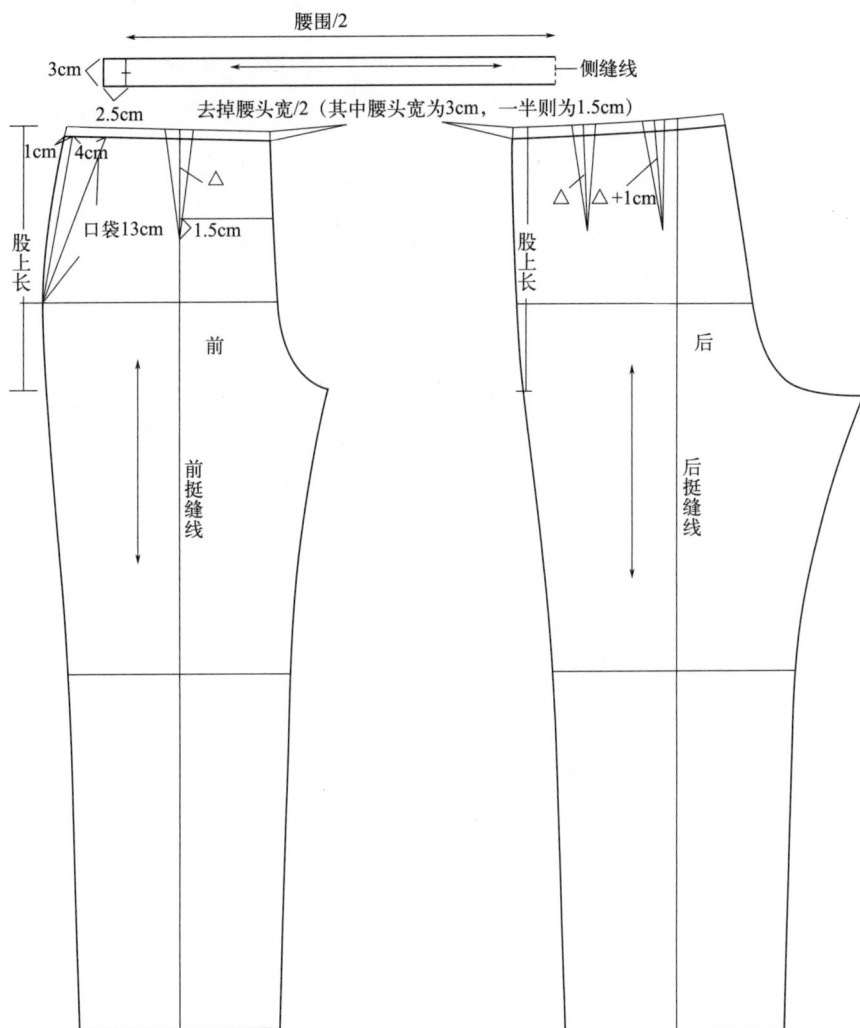

图 6-3-1　省筒型裤纸样

　　筒型裤的标准长度为从腰线到脚踝腓骨凸点的距离，裤口采用直线设计，门襟位于右侧。对于褶皱设计的筒型裤，褶皱的方向可以向前或向后，关键在于挺缝线必须与褶皱边保持一条直线，同时布料的纹理方向也需与挺缝线一致（图 6-3-1 和图 6-3-2）。

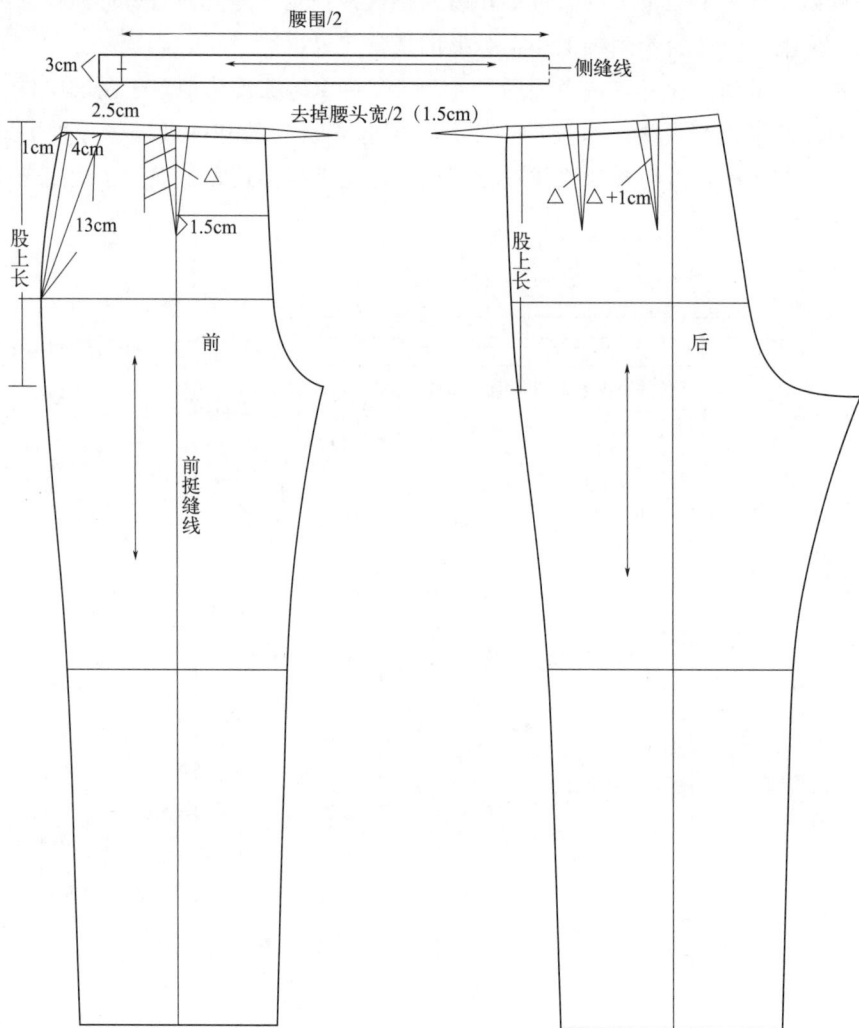

图 6-3-2 褶筒型裤纸样

二、裙裤纸样设计

从字面上看，"裙裤"是一种兼具裙子外观与裤子结构的独特服饰。虽然在裤子的基本型基础上"满负荷"增加裤筒，以及在裙子的基本型基础上增加横裆，都能构成裙裤的基本特征，但从造型角度来看，二者仍存在区别：前者为裤裙造型，后者为裙裤造型，这也是书中将二者分别称为裤裙和裙裤的原因。不过，裙裤在造型变化上更具优势。

1. 裙裤的结构特点

裙裤本质上是裤子的简化形式与裙子的复杂结构的结合体。它在造型上追求裙子的外观风格，而在纸样设计上仍保留裤子的裆部结构，这种独特性使得裙子的结构规律在裙裤中同样适用。然而，由于裙裤追求裙子的造型特征，其下摆的增加应是均匀分布的，且这种均匀性受到裙腰线曲度的制约。换句话说，裙裤的下摆不能仅在侧缝处进行追加。为了实现这一目标，裙裤的腰臀差省量分配应与裙子相同，从而为下摆的变化提供与裙子同等的空间。因此，以裙子的基本纸样作为裙裤的结构基础显得十分自然，其廓型范围也与裙子一致，包括紧身型、半紧身型、斜裙型、半圆裙型和整圆裙型。

尽管裙裤保留了裤子的横裆结构，即仍由两个裤筒的基本形式构成，但裤筒的结构设计更趋向于裙子的结构。这使得裙裤的臀部松量会随着下摆的变化而相应调整。因此，裙裤的纸样后中线保持垂直，且无后翘，呈现出裙子的结构状态。总的来说，裙裤的结构是基于裙子的基本结构形式，同时结合了适应裙子运动需求的横裆部分，从而形成了独特的设计风格。

2. 借助裤子原型设计裙裤

以标准裤子原型为参考，设计裙裤纸样（图 6-3-3）。

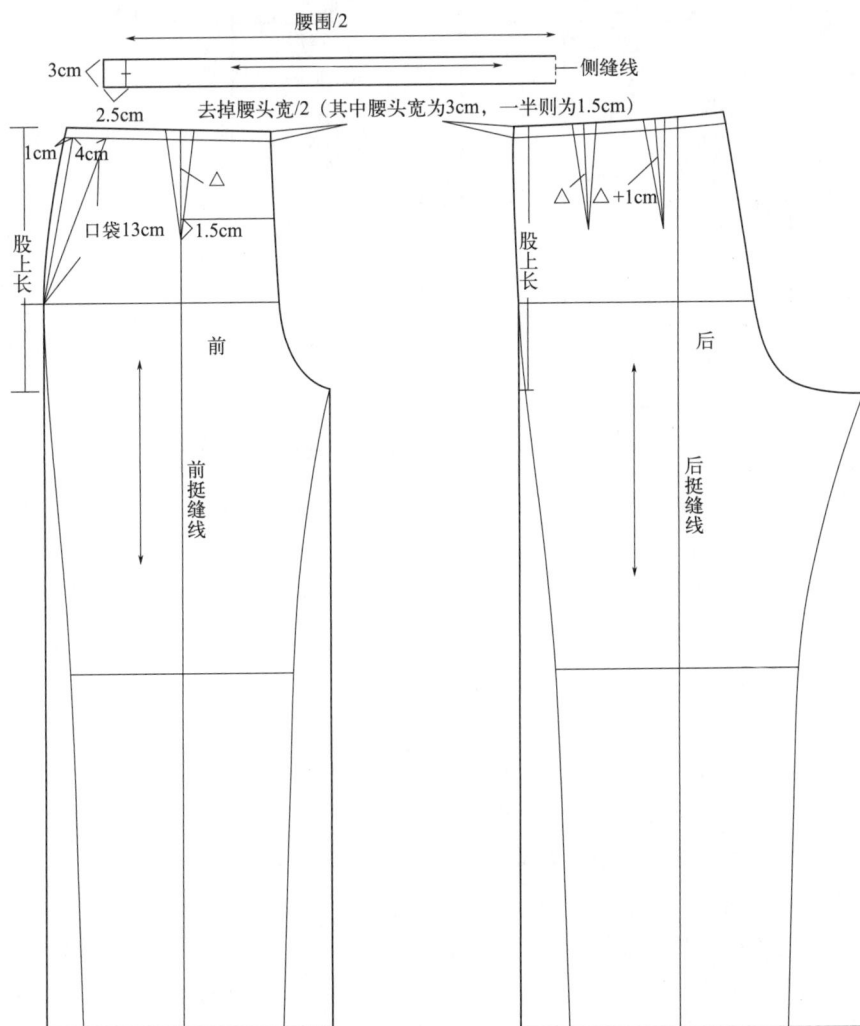

图 6-3-3 以裤子原型辅助裙裤纸样设计

3. 借助裙子原型设计裙裤

裙裤借助裙子原型进行结构设计可以理解为给裙子加前后裆弯，裙裤的基本型类似于紧身裙的结构，其横裆部位的尺寸比例比普通裤子更为宽松，裙子的横裆部位在上裆长的基础上加1.5cm。一旦确定横裆尺寸，它将保持固定，不会因裙子造型的变化而改变。

（1）在直筒裙的基础上确定裙子的长度（裙子长度可以设计），如图6-3-4所示。

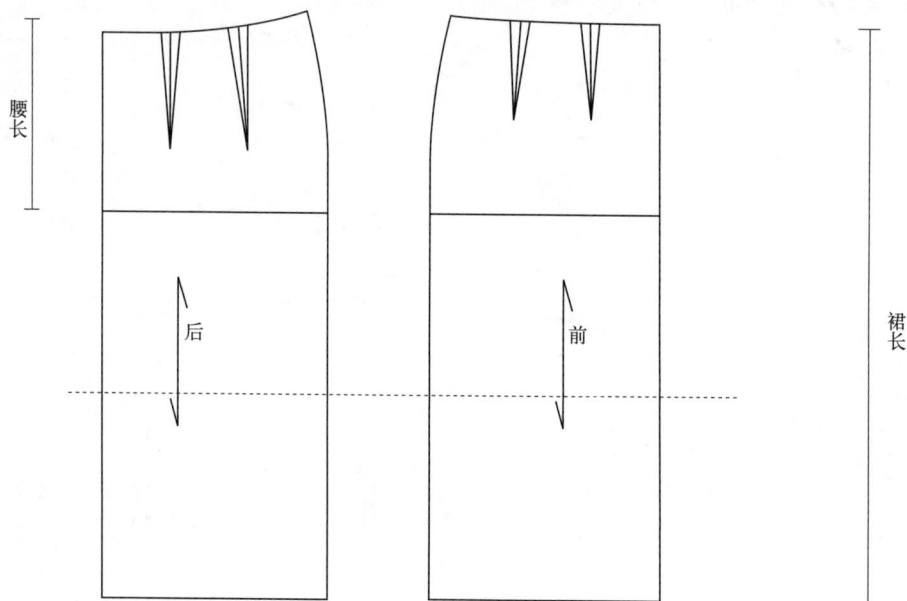

图 6-3-4　标准裙子前后片纸样

（2）如图6-3-5所示，后片纸样结构中，上裆长可能略大于或等于人体股上长，标记 0—1＝上裆长＋1.5cm；同样，前片 5—6＝上裆长＋1.5cm。

（3）分别过点 1 和点 6，作对角线。前片的对角线长为 4cm，后片的对角线长为 3cm。

（4）前片裆部曲线起始位置为 5—6 的 1/2 处，即点 8。后片裆部曲线起始位置为 0—1 的 1/2 处向上 1cm。

（5）后片 1—4 的距离等于 1/8 臀围＋2cm 得到点 4；同样，前片 6—9 的距离是 1/8 臀围－2cm 得到点 9；画顺前裆弯和后裆弯，如图6-3-5所示。

（6）分别过点 4 和点 9 作垂线，连接裤口线。

（7）画顺裙裤裁片。

（8）做好裁片标记和丝缕线。

（9）裙裤摆部的设计可以根据款式进行调整，较为简单的就是在裤口侧缝处延伸出去 2～3cm（图6-3-6），然后画顺底摆。此外，内缝之处也要根据款式需求进行加量设计。

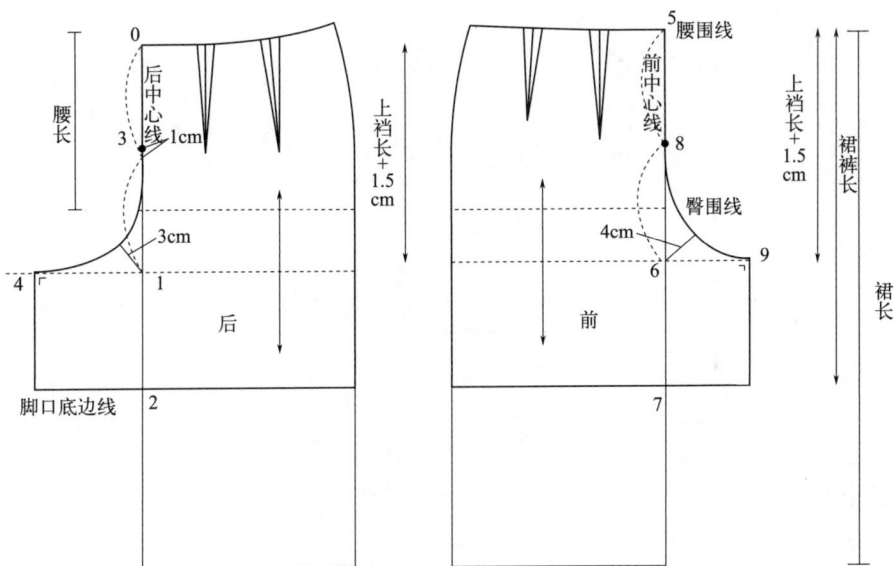

图 6-3-5 裙裤前后片纸样

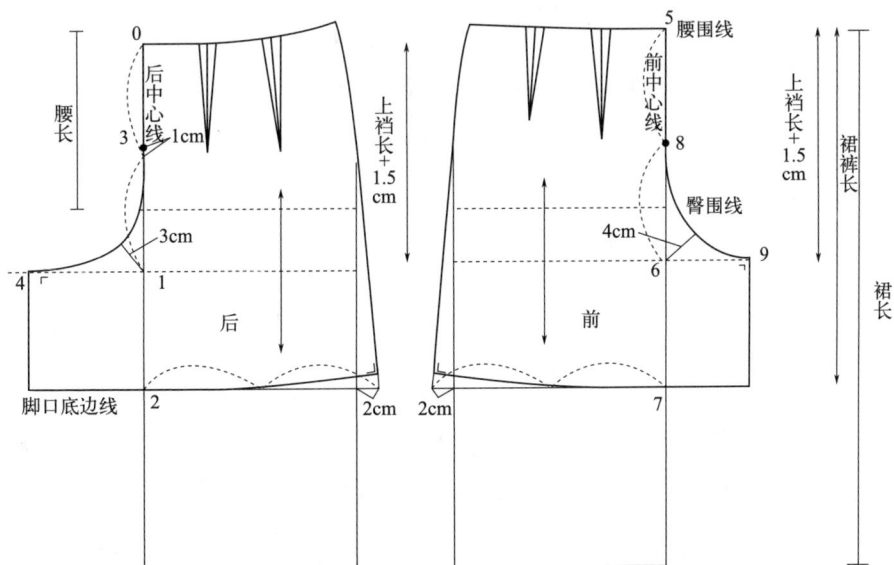

图 6-3-6 裙裤摆部纸样

4. 基于裙装结构的裤装转化技法 (图 6-3-7)

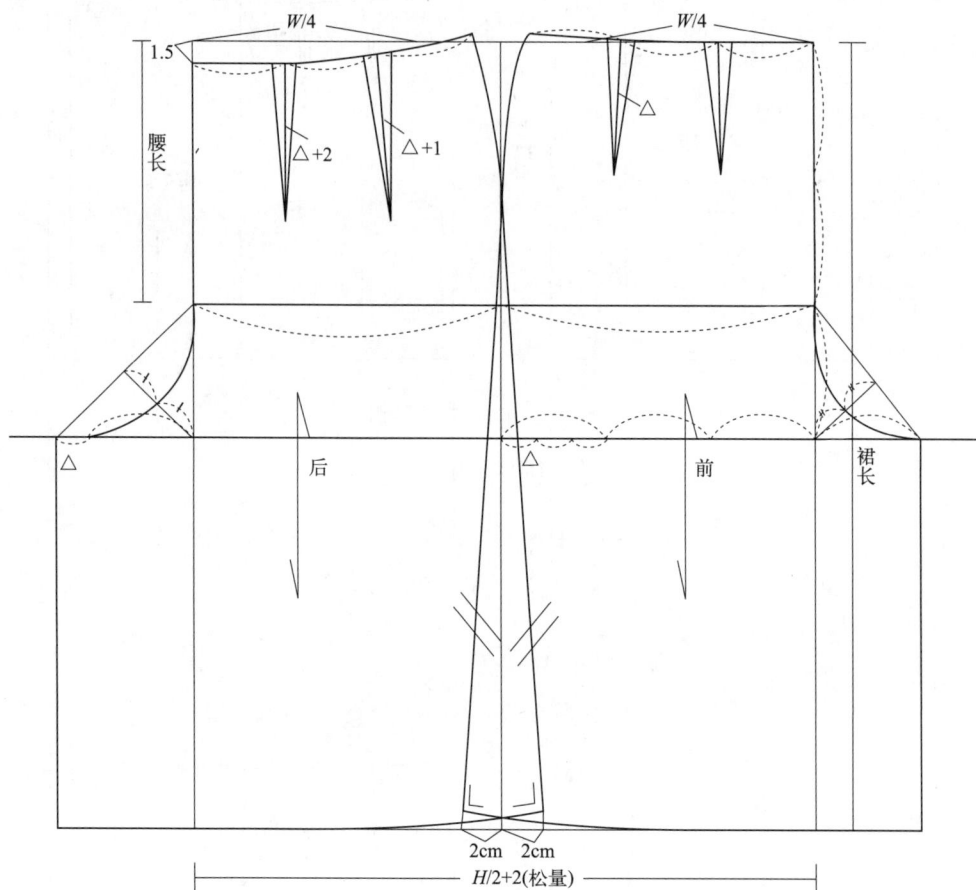

图 6-3-7　裙裤制图

步骤一：前片结构制图

（1）裆深定位。在裙装基本纸样上，自臀围线（HL）垂直向下截取裆深，取腰围线（WL）至臀围线距离的 1/2 作为横裆线位置。

（2）前裆弯绘制。将前片臀宽三等分，于前横裆延长线截取 1/3 臀宽作为前裆弯宽度；连接前中线与臀围线交点，作斜向辅助线；取斜线与前裆弯夹角中点，垂直向下引 3cm 垂线作为轨迹点；用凹型曲线顺滑连接，完成前裆弯弧线（需保证曲率半径 ≥5cm）。

（3）内缝线处理。自前裆弯终点垂直向下延伸至裤口线，作为前内缝基准线。

步骤二：后片结构制图

（1）裆深同步。后片裆深与前片保持等量，确保前后裆部平衡。

（2）后裆弯加量。后横裆延长线宽度＝前裆宽＋（前裆宽×1/3），满足臀部活动量需求；后裆弯弧线参照前片绘制，但曲率需增加 0.5～1cm（补偿臀部凸起）。

步骤三：细节修正

（1）侧缝调整。前后侧缝线在摆缝处同步上提 3cm，优化腿部活动空间。

（2）省道处理。保留原裙装 4 个省道，通过省道转移原理将腰省融入裤装腰线：腰头宽度按（成品腰宽＋1cm 缝份）设计，对折处理（含半腰头结构）。

三、喇叭裤纸样设计

喇叭裤的臀围和裤裆部位的制图与基本款式保持一致。在臀部设计上，采用紧身、低腰且无褶的结构，以凸显身形（图 6-3-8）。腰头部分可以从前后裤片上截取，并通过合并省道的方式，使腰头在臀部的造型更加平整贴身。从腰节线向下剪裁 3cm，形成裤腰。由于喇叭裤的裤口较宽，因此裤长与穿着搭配尤为关键。随着裤口宽度的增加，

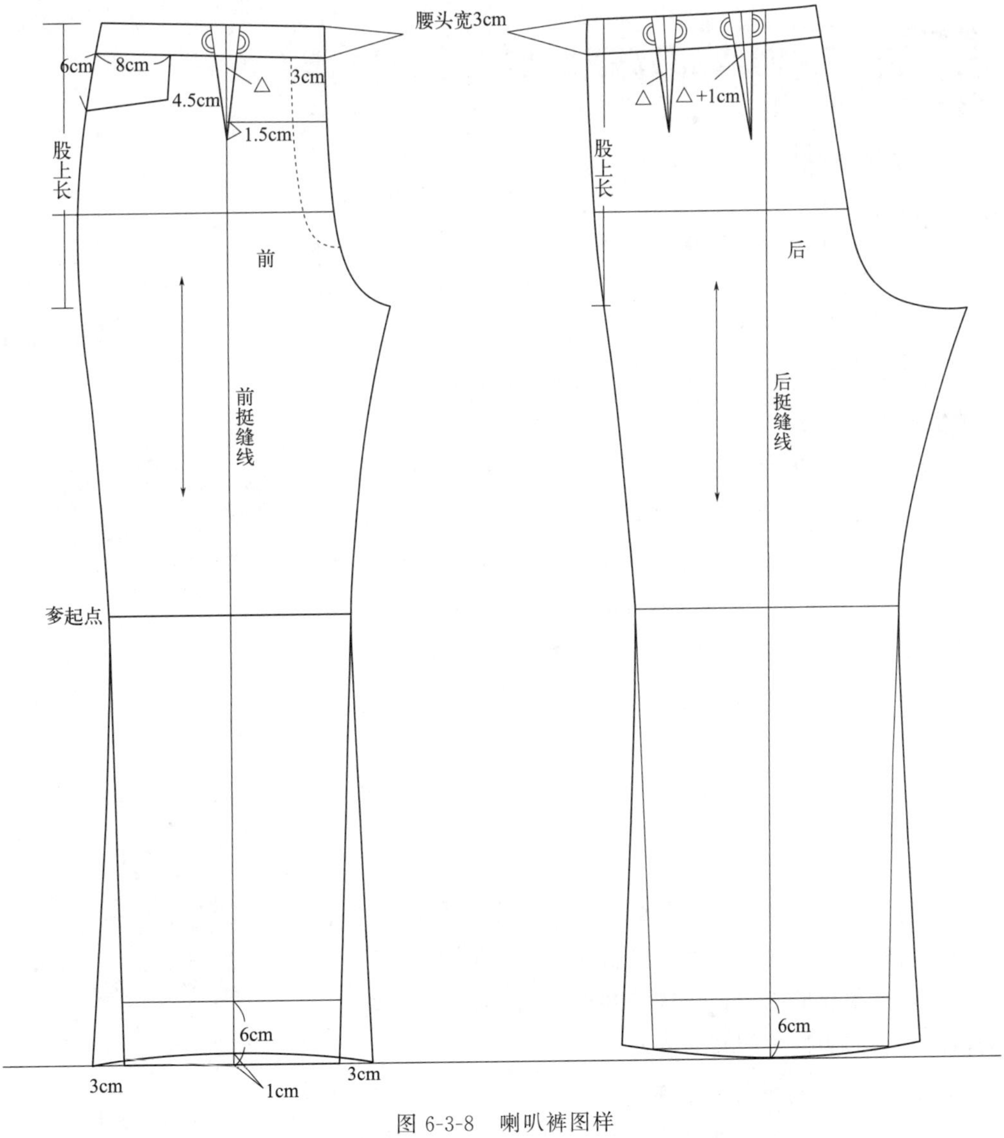

图 6-3-8 喇叭裤图样

裤长需相应延长至脚面。为了适应人体结构，前裤口应设计为稍凹的形状，后裤口则为稍凸的形状。具体而言，前片裤口设计为向内凹 1cm 的曲线，后片裤口设计为向外凸 1cm 的曲线（图 6-3-8）。

喇叭裤的喇叭形裤口是从髋骨线与裤侧缝线的交点开始，延伸至裤口翘点的连线，整个裤片呈现出经典的喇叭状。喇叭形裤口的设计更多的是为了造型效果，而非实用性。因此，喇叭形裤口的起始点可以在髋骨线上下灵活调整。髋骨线在此处起到了造型选择的基准线作用。需要注意的是，这种调整是有一定限度的。例如，如果喇叭口的起始点上升至横裆线，裤子将失去喇叭裤的特征，而转变为裙裤的外形。这是一种从量变到质变的结构转化过程，使得裤子的结构功能也随之改变，形成一种全新的造型。

第四节 ▶ 如何改变立裆长短

一、估算调整量

在任何纸样调整中，最棘手的部分就是决定需要对纸样进行多大程度的调整。并没有公式可以确定这一点，因为每个纸样公司的设计都不同，而且裤子有不同的预期贴合度（低腰、中腰、高腰）。此外，每个人的身体都是独一无二的，所以即使身高相同，身材比例也可能大相径庭。这也是要制作样衣的原因。

在评估裤腰高度时，一种方法是使用软尺测量裤腰高度，然后将其与纸样进行比较（记得从纸样的测量中去掉缝份）。如果躯干较短，可以从样衣上捏出多余的布料来确定所需的调整量。如果身材高挑，就不能使用捏出法了。可以将纸样的裆深与现有的一条裤子进行比较，或者采用上面提到的测量裤腰高度的方法来估算调整量。建议把调整量做得大一些，这样就可以在样衣上使用捏出法了。

二、调整立裆长短

（1）第一步：依据实际需求，在裤子的臀围位置，绘制一条与裤子的丝缕线呈垂直状态的直线，见图 6-4-1。然后，沿着这条新绘制的直线进行裁剪，图 6-4-1 中所标注的横线部分即为需要剪开的位置。

（2）第二步：对纸样进行修改，主要分为缩短和加长两种情况。若需缩短，可将纸样片（图 6-4-2 左侧所示

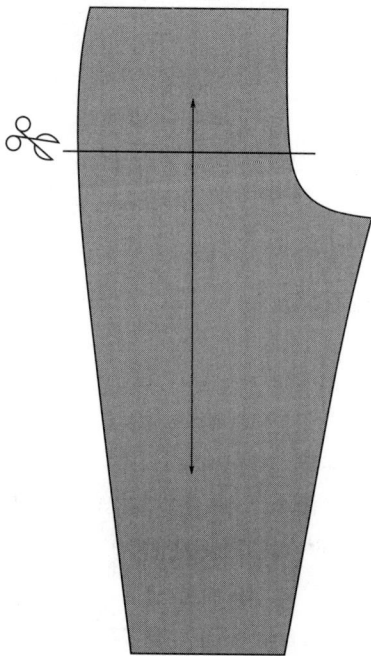

图 6-4-1 立裆调整原始模型

的裤子纸样）进行重叠，重叠的具体量应根据所需的缩短程度来确定。若需加长，则需将一张纸粘贴在纸样的下方，并将纸样片分开至所需长度（图 6-4-2 右侧所示），随后进行固定，从而形成新的纸样。无论是缩短还是加长，都必须确保布纹线始终保持对齐。

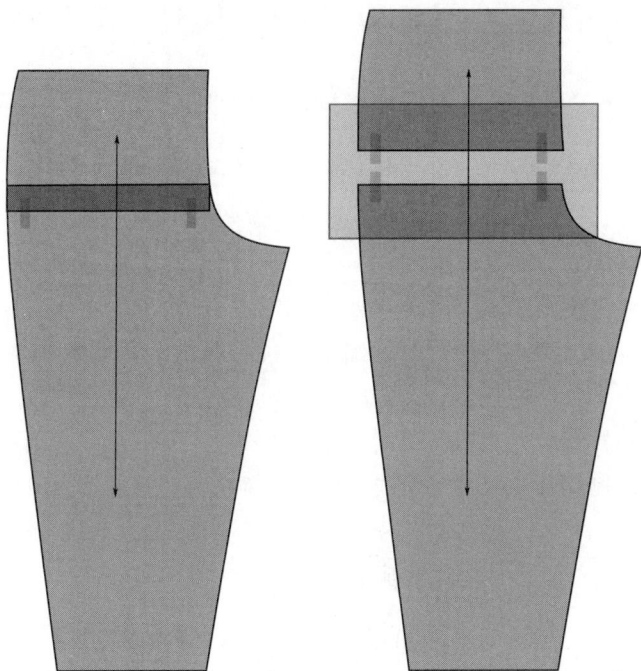

图 6-4-2　缩小或者增加立裆

（3）第三步，重画裆部曲线和侧缝。修剪多余的纸张。如图 6-4-3 所示。

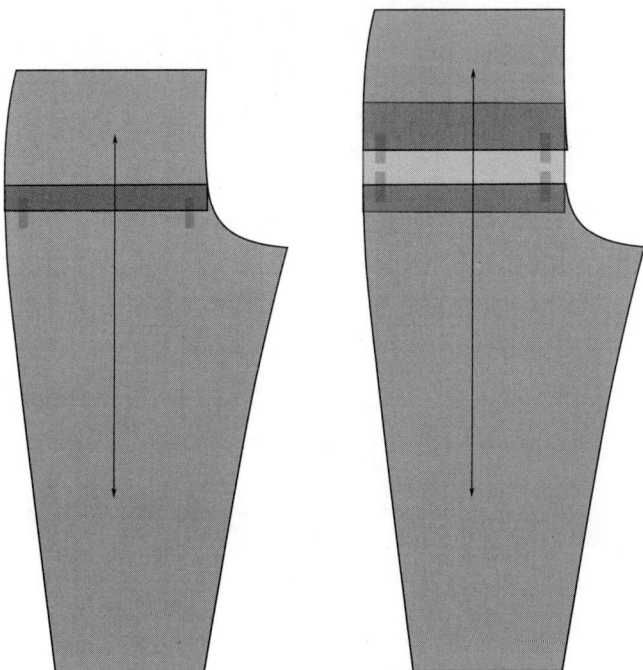

图 6-4-3　拉长或者缩短裤子立裆

（4）总结。调整裤腰高度时，以下几点至关重要。

① 加长或缩短线务必与布纹线保持垂直。

② 前片、后片以及所有侧片的调整幅度应完全一致。

③ 调整过程中，需确保布纹线精准对齐，除非仅对后片进行调整，此为唯一例外情形。

④ 根据调整情况，可能需要相应地对拉链、口袋以及门襟的纸样进行加长或缩短处理。

三、调整裤子后片裆部

以下操作仅调整后片裆部而不影响侧缝。如图 6-4-4 所示。

步骤 1：沿着裆部到侧缝线的加长/缩短线进行裁剪，注意在侧缝处不要剪断，保留 0.1cm。

步骤 2：将顶部样板旋转至所需角度，然后在样板下方粘贴一张纸，并用胶带固定。

步骤 3：重新绘制裆部曲线和丝缕线，以确保调整后的裆部符合设计要求。

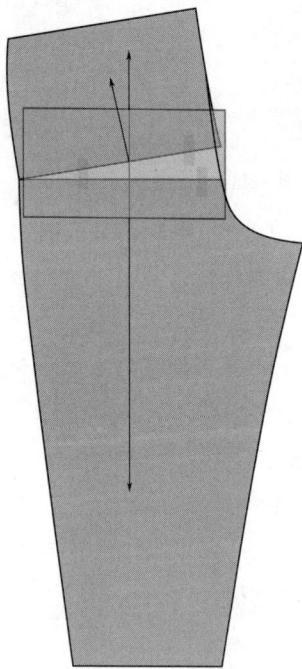

图 6-4-4　调整裤子后片裆部示意图

第七章

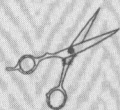

翻驳领结构设计

第一节 ▶西装翻驳领子结构设计概述

一、西装翻驳领名称

1. 翻驳领的构成要素

翻驳领，顾名思义，由领面和驳头两部分组成，如图 7-1-1 所示。翻领与驳头之间的分界线称为串口线，而驳头与翻领领面之间的开口则称作领嘴。连接翻领和驳头的直线称为驳口线（翻折线）。驳头的起始点称为驳口点，其外边缘线则称为驳头止口线。同样地，领面的外边缘线称为领面止口线。翻领的总宽度由座领宽和翻领宽两部分组成。由于翻领的领围由前领围和后领围共同构成，因此它们之间的颈侧点 SNP 是结构设计中至关重要的一个要素。

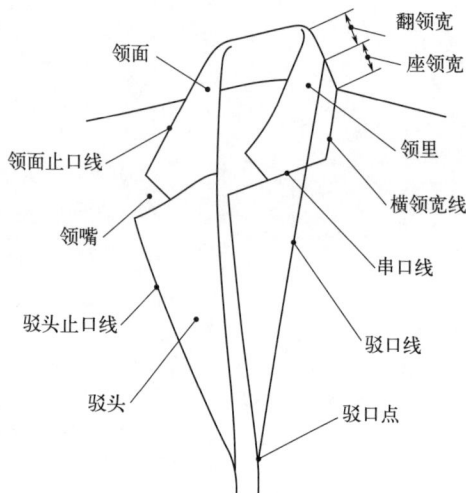

图 7-1-1　翻驳领各部位名称

2. 翻驳领在人台上的位置关系

翻驳领在人台上的位置如图 7-1-2 所示，包括领座、翻领、领外轮廓线、领嘴、串口线、驳头宽、翻折线、驳头、翻折止点（驳点）等。这些要素相互联系，共同影响翻驳领的造型变化。底领宽通常为 2.5～5cm，翻领宽为底领宽＋（1～2）cm。图 7-1-2 所显示的领子 SNP 与衣身 SNP 的距离为 1cm，在大多数常规的服装设计中，领子 SNP 与衣身 SNP 之间的水平距离通常在 0.5～1.5cm 之间。这个范围是比较常见的，但并不是绝对的，其与多种因素有关。例如领型设计，紧贴颈部的领型（如立领、高领）：领子 SNP 和衣身 SNP 之间的距离可能更接近，甚至可能小于 0.5cm，因为领子需要更紧密地贴合颈部；宽松的领型（如圆领、V 领）：领子 SNP 和衣身 SNP 之间的距离可能会更大，可能达到 1.5cm 甚至更大，以确保领子有足够的空间来适应颈部的活动。

在实际的服装制版过程中，制版师通常会根据设计图纸和款式要求来确定领子 SNP 和衣身 SNP 之间的距离。以下是一些常见的参考值：常规衬衫或西装，领子 SNP 和衣身 SNP 之间的距离可能在 0.8～1.2cm 之间；休闲 T 恤或圆领毛衣，领子 SNP 和衣身 SNP 之间的距离可能在 1～1.5cm 之间；高领或紧身领型，领子 SNP 和衣身 SNP 之间的距离可能在 0.5～0.8cm 之间。

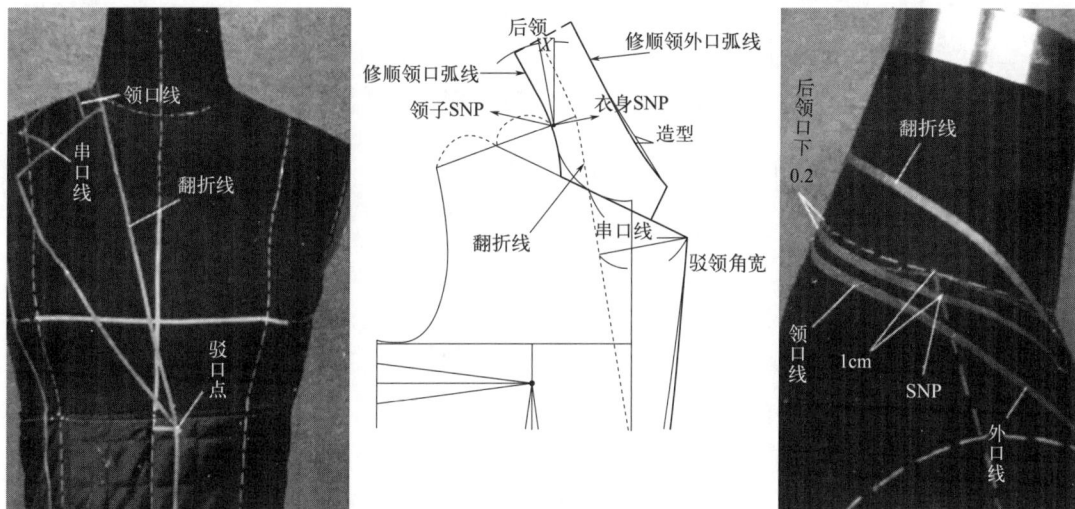

图 7-1-2　领子各部位在人台上的展示

3. 翻驳领的款式分类

青果领和西装领（包括尖角领、平驳领和戗驳领）是两种截然不同的领型设计，它们在服装结构和风格上各有特点。如图 7-1-3 所示。

（1）青果领（Shawl Collar）。青果领的设计特点是领面宽阔且线条流畅，没有明显的领尖，给人一种圆润和柔和的视觉感受。这种领型通常不与领带搭配，而是以无领带的穿着方式出现，展现出一种轻松自在的风格。从结构设计的角度来看，青果领的制作需要考虑到领面的弧度和翻折的自然过渡，以确保领子的流畅性和舒适度。青果领的柔和线条和复古风格使其成为晚宴、婚礼等正式但不需要过于严肃场合的理想选择。

（2）尖角领（Peak Lapel）。尖角领的设计特点是领尖向上翘起，形成尖角，这种设计赋予服装一种正式和权威的感觉。尖角领的西装外套通常与领带搭配，以展现专业和正式的形象。在结构设计上，尖角领的制作需要精确地裁剪和缝合，以确保领尖的锐利和对称性，这对于保持整体的正式感和精致感至关重要。

（3）平驳领（Notch Lapel）。平驳领的设计相对低调和经典，领尖是平直的，领边向外翻折，给人一种稳重而不失时尚感的印象。平驳领的西装外套同样适合正式场合，但相比尖角领，它更加平易近人，适合商务会议等场合。在结构设计上，平驳领的制作需要注

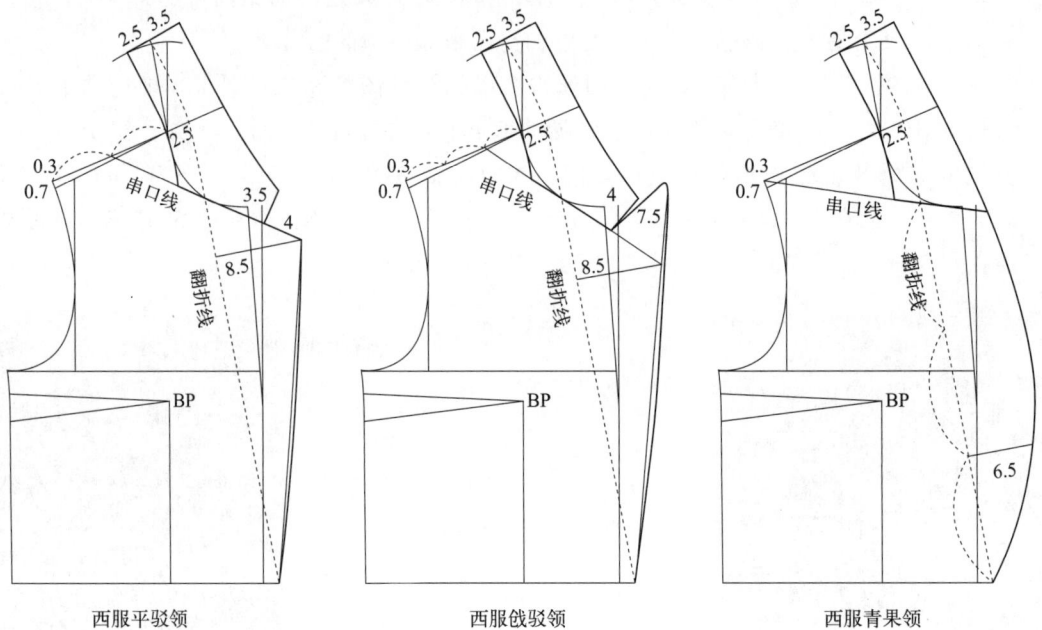

| 西服平驳领 | 西服戗驳领 | 西服青果领 |

图 7-1-3　翻驳领的款式分类（单位：cm）

重领面的直线裁剪和翻折的整洁，以保持领型的简洁和经典。

（4）戗驳领（Closure Collar）。戗驳领西装是比较特别的，它既有平驳领的稳重、经典，又有礼服款的精致、优雅，适合在年会、酒会、婚礼等重要场合穿。特别是包绢的戗驳领则会让人感觉越发高贵。小戗驳领更适合年轻人，可混搭穿出不同的风情。

二、经典西装平驳领结构制图

女装翻驳领的设计通常借鉴男装西服翻驳领的风格，保留了其经典特征：翻驳领宽度适中，翻领开度延伸至腰部，翻领与驳领构成"八"字领型，展现出优雅与大气的特征。以下是具体的制作步骤。

（1）测量上衣后片的领围尺寸，并将测量结果记录下来。翻领设计以该前片领围为基础进行绘制：延长前肩线，在距离颈侧点 2.5cm 处确定一个点。即从侧颈点沿肩线向外延伸领座宽度尺寸，设定领座宽度为 2.5cm（此尺寸相对稳定，一般控制在 2～3cm 之间）。从该点到驳点的连线即为驳口线，也称为驳领翻折线，如图 7-1-4 所示。

（2）绘制翻折线。在设计纸样时，使用衣片的基本纸样，将前门襟开口延伸至腰部，并设定搭门宽度为 1.5cm。搭门线与腰线的交点即为第一扣位，也称为驳点。在腰线水平方向上，延长门襟叠门的量，通常为 1.5cm 左右（该尺寸可根据具体款式进行调整）。将该点与肩部颈侧点延长线上的点相连，形成一条斜线，即领子的翻折线。

（3）以颈侧点为起点，作一条与翻折线平行的直线，并在该平行线的上部延伸段上截取后领围的长度，确定一个点作为领底线辅助线的基准点。

（4）从肩线中点出发，作前领口的切线，这条切线是翻领与驳领衔接的公共边线，通常称为串口线。翻领领口则是由串口线与翻领角所构成的夹角。首先需要通过前肩线的中点，绘制基础原型领子的切线。

（5）绘制驳头。将上述切线延长，直至延长线上的某点到翻折线的距离等于设计的驳头宽度（该距离可根据设计需求自行确定，通常情况下，切线到翻折线的距离为 8～10cm）。从该点作一条垂直于驳口线的直线，本案例中驳领宽取 8cm，与串口线相交于一点。

（6）接着回到颈侧点，作一条垂直于腰部中线的竖直线，在这条竖直线上从颈侧点向上量取后领围的长度，确定一个点。

（7）测量步骤（3）和步骤（6）所确定的两个点之间的距离，将其记作 X，如图 7-1-5 所示。

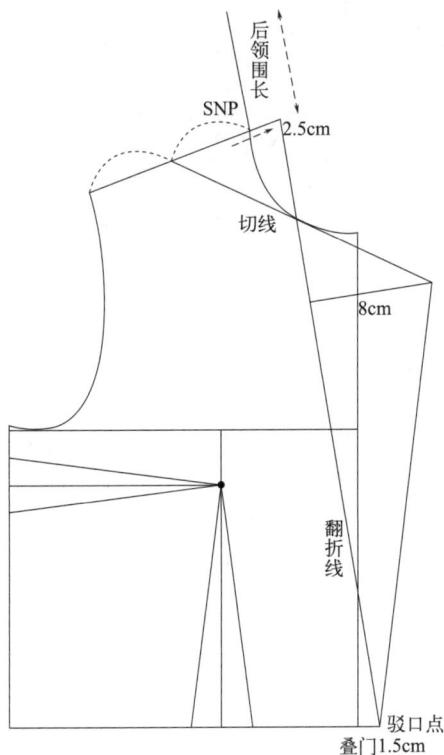

图 7-1-4　作翻折线的平行线　　　　图 7-1-5　过 SNP 作胸围线的垂直线

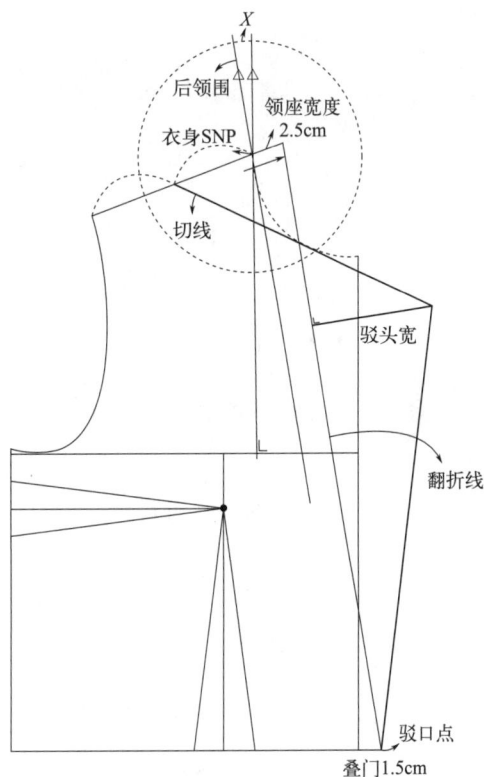

（8）绘制驳口连接线，将其与串口线相连。

（9）制作领嘴。在串口线上，取驳领角宽度为 3.5cm，绘制 90°的领角；翻领角宽度为驳领角宽度减去 0.5cm。

（10）确定倒伏量。在领底线的辅助线上，从颈侧点向上量取后领围长度，将该长度与通过颈侧点引出的垂直线和平行线之间的夹角距离作为 X 值，再加上领面与领座之间的差值（1cm），即为倒伏量，从而构成领底线辅助线。从倒伏量点向肩端方向量取 X ＋1cm，确定一个点，该点需满足到颈侧点的距离为后领围的长度。连接该点与颈侧点。如

图 7-1-6 所示。

（11）绘制翻领的领座和领面。从步骤（10）中连接线的垂直方向引出翻领后中线，取 2.5cm 为领座，3.5cm 为领面，用微曲线连接至翻领角（在保持约 4cm 垂线的基础上，向内凹进 0.3cm 左右，用微曲线顺滑过渡）。最后，分别将领底线与领口线、翻折线与驳口线平滑连接，完成整个翻领结构。

（12）绘制驳头止口线。连接驳口，将驳口辅助线平均分成三等份，在 2/3 处向外凸出 0.5cm，用曲线顺滑绘制驳头止口线。

至此，整个西装领的结构设计已经完成，如图 7-1-7 所示。接下来的工作是对领型进行细节调整，并进一步优化，使其更加美观精致。

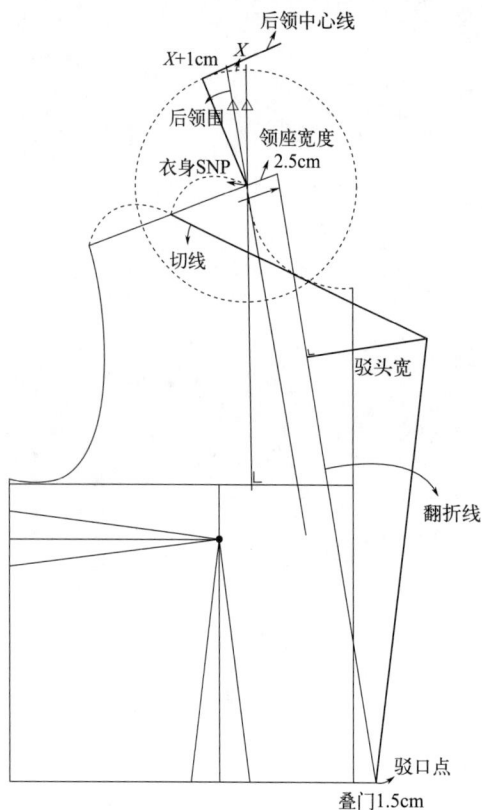

图 7-1-6　领子作倒伏量　　　　图 7-1-7　女西装翻驳领结构

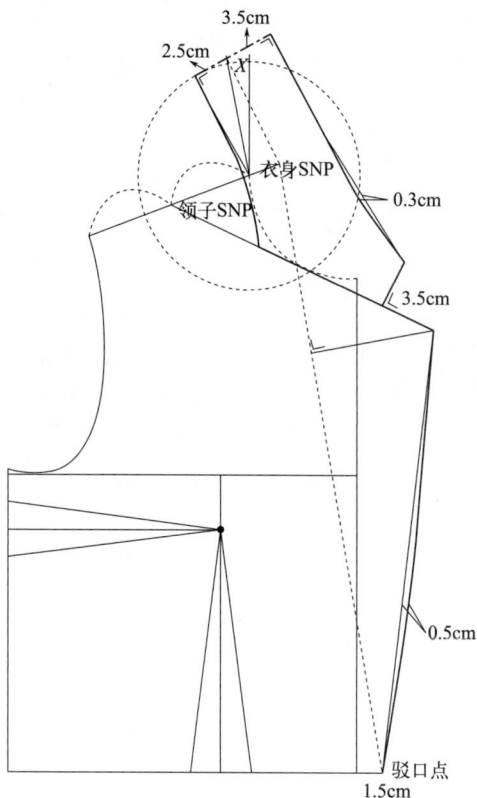

（13）修正后翻领型。如图 7-1-8 所示，图中包含三条关键线条：领外口弧线、领口弧线以及领翻折线。这三条线均需与领后中心线保持严格的垂直关系。需要特别指出的是，由于领口线的修顺处理，衣身片与领子之间会出现部分重叠区域，从而形成了两个侧颈点，分别是衣身侧颈点（SNP）和领子侧颈点（SNP）。在分离纸样的过程中，初学者很容易忽略衣身侧颈点（SNP），导致前肩斜线变短，进而给实际生产带来诸多不便。

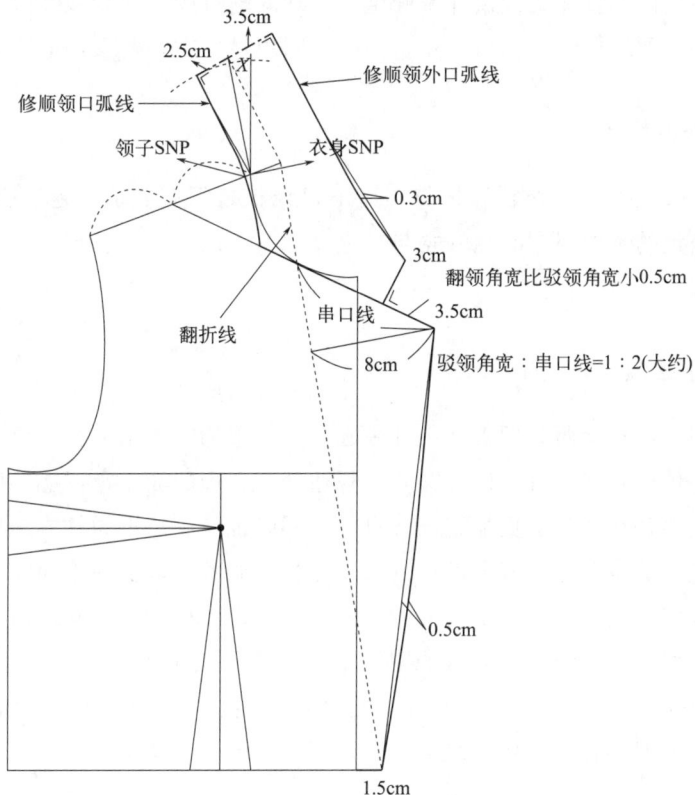

图 7-1-8　女西装领结构关系示意图

三、女西装领的结构设计与配领方法

西装领的配领和结构设计是一个复杂且精细的过程，涉及多个要素和步骤。以下是女西装领配领和结构设计的关键点。

1. 领座与翻领的关系

领座的高低对领外口线和直上尺寸有显著影响。领座低时，后中线直上尺寸长，领外口线长，外形曲度大；领座高时，后中线直上尺寸小，领外口线短，外形曲度小。领座高时，领子挺直，领座低时，领子平坦。

2. 翻折线的确定

翻折线的确定是西装结构设计中的关键环节，它直接影响驳领的翻折效果和整体造型。翻折线由翻折基点和翻折止点两点连接而成，其位置和形态需要精确计算。翻折基点通常位于 SNP（侧颈点）附近，其具体位置取决于三个关键因素：一是翻领在 SNP 处的高度，二是领座在该位置的尺寸，三是翻领领座与水平线形成的夹角。这三个参数共同确定了翻折基点的垂直位置。翻折止点则位于驳领与门襟的交界处，需要综合考虑驳头宽度、串口线倾斜度以及整体款式设计来确定。合理的翻折线设计能够确保驳领自然平顺地翻折，同时保持领部结构的平衡与美观，是西装制版过程中需要重点把控的技术要点。

3. 翻领松量的确定

翻领按翻折线翻折后，外领弧长与领座下口线长之间有差值，这个差值即为翻领松量。影响翻领松量的主要因素有翻领宽与领座高的差值以及面料特性。翻领宽通常在 4～17cm 之间变化。

4. 驳点上下定位

驳点的上下定位在女西装领纸样设计中起着至关重要的作用。驳点位置的准确性直接影响到西装的整体外观、合身度以及穿着的舒适性。合理的驳点定位能够确保领型与衣身的协调统一，使西装在视觉上更加流畅、自然，同时也能满足不同款式的功能需求。

理论上，驳点的位置可以根据设计需求进行自由调整，以实现不同的视觉效果和风格特点。然而，在实际设计中，通常会遵循一些常见的定位标准，以确保西装的整体比例和实用性。例如，对于二粒扣西装，驳点一般位于腰线（WL 线）附近；而对于三粒扣西装，驳点则通常位于腰线上方约 10cm 处。这些标准定位是基于人体工程学和服装美学的综合考量，能够使西装在大多数情况下达到理想的视觉效果和穿着效果。

5. 配领方法

在横开领上作出与翻折线平行的线，长度和后领圈等长，延长线相交后，根据公式（通常情况下为 $X+1$）计算得到长度，这个公式的值决定了领外围的松量。这种方法作出的领外围线完全取决于这条线的值，值越大，领外围的松量就越多。

6. 工艺处理

领面和领底呢在领外口线接缝，需要用曲折缝纫专用机器缲三角针缝制。在缝合时，要注意将领面下领线靠近中间的位置拨开一定量（如 0.2cm 或 0.3cm），这样可以形成自然的弧度，减少褶皱。归拔是西装领制作中重要的工艺，通过手工或机器对领子进行拉伸和收缩处理，使领子达到理想的形状。例如，将领底呢进行归拔工艺处理，使其与领面的曲度一致。

四、领子倒伏量

1. 倒伏量定义

如图 7-1-9 所示，西装领的倒伏量就是领子倒过去的量。该设计是一个复杂的多因素考量过程，它涉及领子在正常穿着状态下的折叠高度，即领子的高低。这一高度是通过将西装前身压平后，测量领子最高点与下摆最低点之间的距离来确定的。影响倒伏量的因素众多，包括穿着者的个人身材特点（如身高、肩宽和颈长）、西装的版型设计、选用面料的特性（如弹力、硬度和厚薄）以及穿着习惯（如领口的松紧和领带的搭配）。

由于图中在前领口上新形成的后外领口线的长度小于翻折后的实际外领口弧线长，如果按这种结构作为翻驳领的结构制图，那么，这种翻驳领的后外口线是翻不下来的，所以要在侧颈处把外领口剪开，并展开外领口线，使新形成的后外领口线的长度与实际的外领口弧线长相等。而随着外领口的展开，后领结构就会向下倾倒，而这也就形成了翻驳领制图中倒伏量的依据。

以侧颈点为圆心，以后领口弧线长为半径，旋转后绱领口线，展开领外口线到所需的尺寸，基本驳领的倒伏量是 2~3cm。在后底领宽和后翻领宽的数值设计上，在后中心线与倒伏后的绱领辅助线垂直画线，宽度可以取后底领宽 2.5cm 和后翻领宽 3.5cm，如图 7-1-8 所示。

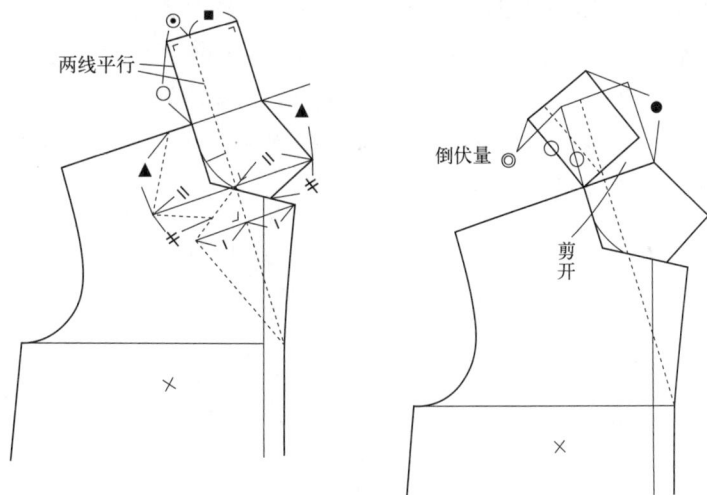

图 7-1-9 领子倒伏量

在设计倒伏量时，可以采用多种方法，包括公式计算法、定值倾倒斜线法和基于前后衣身镜像绘制法。公式计算法基于翻领宽和底领高的数值，通过公式直接计算倒伏量，适合初学者操作。定值倾倒斜线法依赖于个人经验来确定倒伏量，适用于有相关经验的人士。基于前后衣身镜像绘制法则是在确定驳口线后，根据款式效果在驳口线左侧的衣身结构上绘制领型，这种方法直观且易于理解和掌握。

倒伏量的设计和选择不仅关系到领型的外观，而且对整个领型结构有着重要的影响，一般基本驳领的倒伏量是 2~3cm，平均值为 2.5cm。倒伏量不是一个固定的数据，而是随着翻驳领后领面的宽窄和翻驳线下止口点的高低变化而决定的。翻驳领的宽松程度是由倒伏量的大小来体现的，领面宽度增大时，衣领的倒伏量相应加大，以确保领面翻折后能遮住领下口线。如果倒伏尺寸小于正常值，会造成领外口弧线容量不足，导致肩部胸部出现褶皱，领嘴被牵拉而产生不平服现象。如果倒伏尺寸过大，会令领面积过大而不平服。

在讨论连体企领的下口线曲度与领型的关系时，我们发现，领下口线下曲度越大，翻领和领座的面积差越大，翻领容量越大，直至完全转化为扁领结构；如果领下口线上曲，其结果相反，直至完全进入不能翻折的立领结构。翻领的实际结构与这种规律完全相同，只是它更接近扁领，与半企领结构相似。翻领领面与肩胸要求服帖，这意味着领面和领座的空隙很小，但领底线不可能上翘。按照连体企领的规律，底线上翘不可能使领面翻贴在领座上，服帖也就无从谈起，所以必须将领底线向下弯曲，把这种翻领特有的结构叫领底线倒伏。它是根据翻领特殊的制图方法而加以理解的，为了达到翻领与领口在结构中组合的准确，要借用前衣片进行设计，这时翻领底线竖起，当需要增加领面容量时，将底线向肩线方向倒伏，它与领底线下曲度原理是一致的。

从一般翻领的参数系统可以看出，领嘴的角度、大小，翻领和驳领的比例，都属于设计的范畴，它们对结构的合理性不产生直接影响，因此翻领具体样式设计性强。领底线倒伏量的设计，则不是一个简单的形式问题，因为它对整个领型结构的合理性产生影响。倒伏量关系式 $X+1$ 中的 X 值是依驳点的改变而改变的，1cm 是领座和领面差，根据立领原理，它们的差越大，倒伏量就越大。这是从较贴身翻领的各种因素综合考虑所确定的倒伏标准的采寸规律。假设一般翻领的款式不变，领底线倒伏量大于正常用量（$X+1$），就意味着领面外口容量增大，可能产生翻折后的领面与肩胸不服帖。如果倒伏量为零或小于正常的用量，使领外口容量不足，可能使肩胸部挤出褶皱，同时领嘴拉大而不平整。图 7-1-10 为翻驳领的设计图。

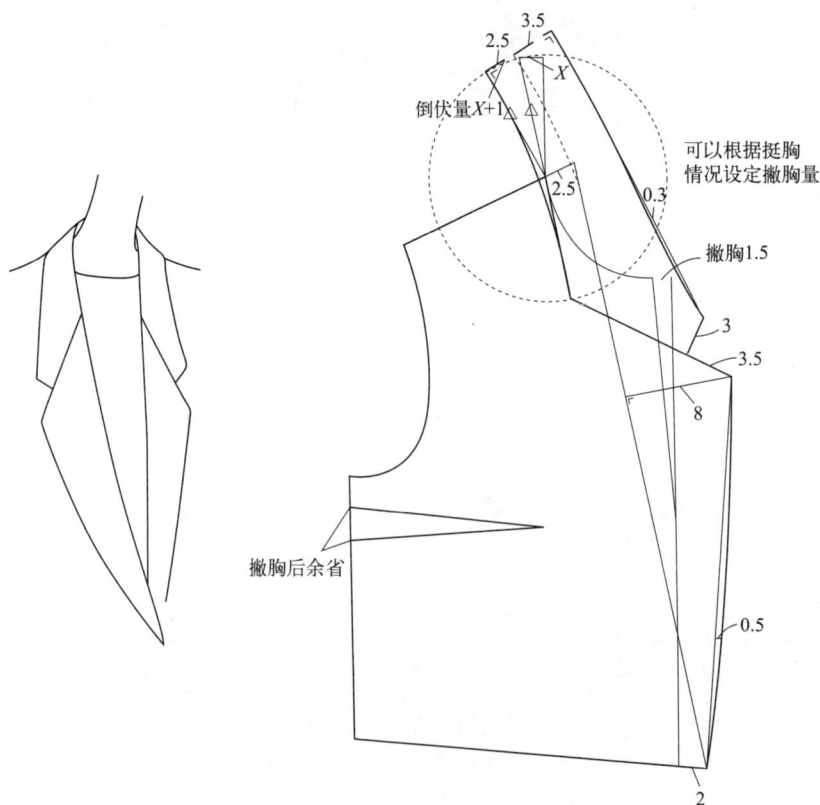

图 7-1-10　翻驳领的设计图（单位：cm）

从结构自身规律而言，翻领底线倒伏量"$X+1$"是一种完全动态的关系式：X 值（通过侧颈点的驳口线和垂直线夹角距离）是由驳点的高低在控制，驳点越高说明开领越小，驳口线斜度越大与垂直线形成的夹角距离（X 值）就越大。当领面加大时 1cm 就变成了动态值，根据企领原理必须相应增加同等量的倒伏量，可以说这是控制整个翻领纸样设计的关键。当然以上这两种情况往往同时出现，"$X+1$"的值就变化较大，这种情况更多地出现在外套大翻领设计中。

2. 影响倒伏量的因素

影响倒伏量的因素有领位的高低、领面的宽窄、面料的材质、无领嘴的款式等。

（1）驳领止点的影响。翻驳领明显上升时，前门襟驳点提高，造成驳口线与后领圈的弧度增大，领面用料增多，翻领部分的倒伏量增加；相反，驳点位置低，倒伏量减小。如图 7-1-11 所示。

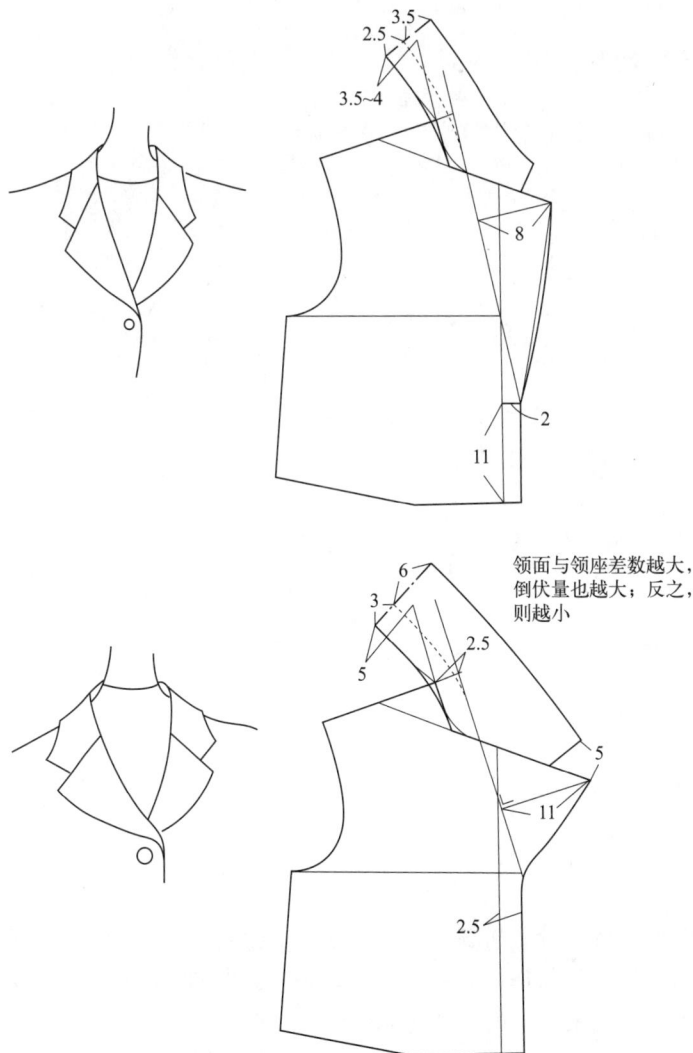

图 7-1-11 倒伏量与驳点位置和领座领面关系（单位：cm）

（2）领面与领座面积的影响。翻领的领面与领座的面积差异增大，倒伏量增大，其原理相当于翻领制图中的后中线直上尺寸。

（3）材料的影响。天然织物或粗纺织物的伸缩性较大，倒伏量要小；人造纤维织物或精纺织物的弹性相对较小，倒伏量要适当增加。

（4）无领嘴结构的影响。翻驳领一般都采用带领嘴的结构，领嘴的张角实际上起着调节翻领和衣身容量的作用。因此带领嘴的翻驳领倒伏量要小，而没有领嘴的翻领如青果领或领嘴闭合的戗驳领，其倒伏量要适当增加。

实际中，四种因素往往会同时出现，因此应根据综合因素来确定倒伏量，不能用固定的公式去套用。

第二节 ▶ 女西装领结构制图

一、戗驳领结构制图

标准戗驳领（图 7-2-1）结构的制图方法主要包括以下几个步骤。

图 7-2-1　戗驳领西装

1. 确定领基线与领口弧线

在前衣片的领口部位确定领基线的位置。

2. 绘制驳头

驳头是戗驳领的关键部分。从领口弧线的起始点开始，向肩部方向绘制驳头线。驳头线的长度根据款式和服装的风格来确定，一般为领口宽度的 1.5 倍左右。驳头线的形状通常呈向外凸的弧形，以增加领子的立体感和美观性。驳头的宽度则根据服装的整体比例来调整，具体宽度需根据服装的款式和面料特性进行微调。

3. 绘制领面与领底

领面和领底的形状基本相同，但领底的尺寸略小于领面，以便形成领子的立体感。从领基线的两端向上延伸，绘制领面的外轮廓线。领面的外轮廓线在驳头部位与驳头线相连，形成一个完整的领面形状。领底的绘制则在领面的基础上向内缩进一定的距离，一般为 0.5～1cm 左右。具体缩进量根据面料的厚度和领子的挺括程度来调整。

4. 确定领子的翻折线

翻折线的作用是确定领子翻折后的形状和位置，使领子在穿着时能够自然地贴合颈部和肩部。

5. 绘制领子的细节

根据款式要求绘制领子的细节部分，如领角的形状、领子的装饰线等。领角的形状可以是尖角、圆角或方角，具体形状根据服装的风格来确定。如果领子需要添加装饰线，可在领面的外轮廓线上绘制装饰线的位置和形状，装饰线的间距和形状应均匀、美观，以增强领子的装饰效果。

通过以上步骤，可以完成标准戗驳领结构的制图（图 7-2-2）。在实际操作过程中，需要根据具体的服装款式和面料特性对制图方法进行适当的调整，以确保领子的形状和尺寸能够满足设计要求和穿着的舒适性。

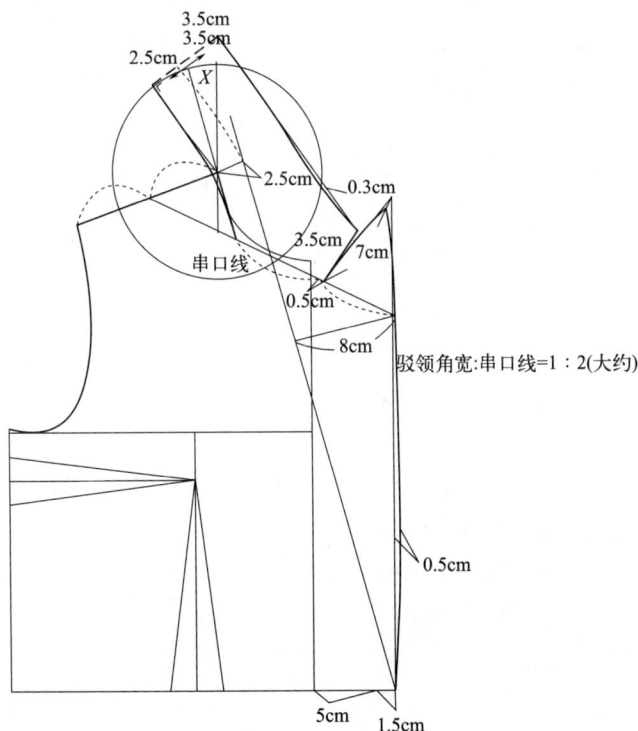

图 7-2-2　戗驳领纸样

二、青果领结构制图

青果领（图 7-2-3）是 20 世纪 80 年代的复古风格，又称连衣翻驳领，是驳头及领面与衣身相连的一类领子，是翻驳领的一种变形，领面形似青果形状。青果领外套穿在身上既舒适又有美感，体现出比较斯文的感觉，在白领青年中比较流行。青果领没有驳头，整个领子包括门襟是连在一起的，像围脖一样裹住脖子。

（1）青果领与戗驳领在结构制图上的区别

① 领型结构

青果领：驳头与领面相连，形成一个整体的弧形或圆形领型。领面通常较宽，且整体造型较为流畅，给人一种优雅、复古的感觉。

戗驳领：驳头与领面之间有明显的分界线，通常呈现为尖角形状。这种领型的驳头较为突出，具有较强的立体感和视觉冲击力。

② 制图方法

青果领：青果领的制图重点在于领面与驳头的连贯性，领面宽度较大，且领外口线通常为弧形。在制图时，需要根据驳点位置、领座高低、领面宽窄等因素调整领型的弧度。青果领的倒伏量相对较大，因为没有领嘴结构，需要通过增加用料量来确保领子的自然翻折。

戗驳领：戗驳领的制图需要明确驳头与领面的分界点，驳头的尖角部分需要精确绘制。驳点位置对领子的倒伏量影响较大，驳点越高，倒伏量越大。戗驳领的领面与领座面积差异较大时，倒伏量也需要相应调整。

③ 领底与领面设计

青果领：领底与领面的连接较为平滑，领底宽度通常较窄，领面宽度较大，整体造型较为圆润。

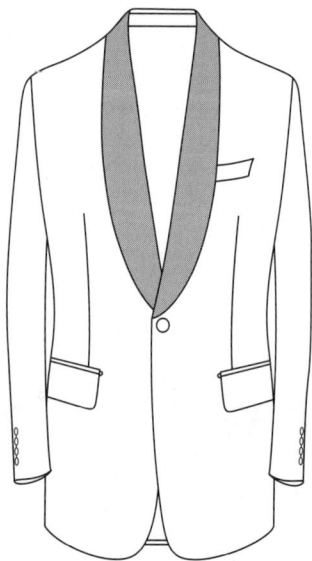

戗驳领：领底与领面之间有明显的分界，领底宽度适中，领面宽度略大于领底。

④ 适用场景

青果领：常用于晚礼服、吸烟装或复古风格的西装，整体造型优雅、大方。

戗驳领：多用于正式的西装外套，给人以庄重、专业的印象。

综上所述，青果领与戗驳领在结构制图上的主要区别在于领型的连贯性、驳头的形状以及倒伏量的处理。青果领更加注重整体的流畅性和圆润感，而戗驳领则强调驳头的立体感和视觉冲击力。

（2）青果领具体制图方法

1）基础原型准备。根据服装制版规范，首先准备标准人体基础原型样板，确保各部位尺寸符合设计要求。

图 7-2-3 青果领

2）后领围测量与驳口线定位。

① 精确测量上衣后片领围弧线长度，并做好数据记录。

② 自颈侧点（SNP）沿肩线向外延伸 2.5cm（标准领座宽度，行业常规值为 2～3cm）确定基准点。

③ 连接该基准点与门襟驳点（位于腰线处第一扣位），形成驳口线（即翻折基准线），如图 7-2-4 所示。

3）翻折线系统构建。

① 门襟处理：在腰线位置设置 1.5cm 标准搭门量（可根据款式需求在 ±0.5cm 范围内调整），搭门线与腰线交点即为驳点（第一扣位）。

② 结构连接：将驳点与肩线延长基准点进行斜向连接，构建完整的翻折线系统，该线将作为领部造型设计的基准轴线。

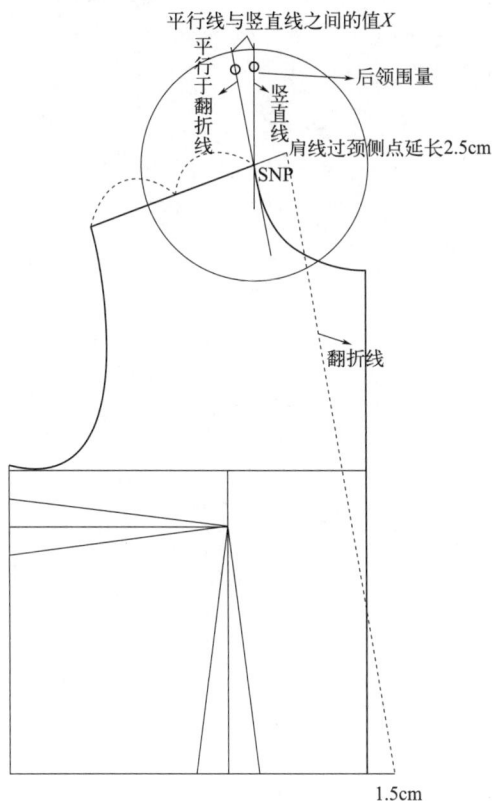

图 7-2-4　青果领翻折线制图

4）倒伏量定位与领底结构设计。

① 倒伏量基准构建。过颈侧点（SNP）作翻折线的平行线，沿该线向上截取后领围弧长（记为 L）；过 SNP 点作竖直线（垂直于基础肩线），同样向上截取长度 L，两条线末端间距即为倒伏量基础值 X（见图 7-2-5）。

② 倒伏量修正与领底辅助线。实际倒伏量取值为 $(X+1)$ cm（图 7-2-5），以此确定领底关键点。连接 SNP 点与修正点，形成领底基准辅助线，并过修正点作该辅助线的

垂线。

在垂线上分段设定领部高度：领座高 2.5cm（标准值，贴合颈部）；翻领宽 3.5cm（视觉延伸量，可依设计调整）。

③ 领口曲线优化。参照图示尺寸（如 7cm 领深参数），结合青果领造型特征，调整领口弧线曲率，确保领面翻折后自然平顺，无冗余褶皱。

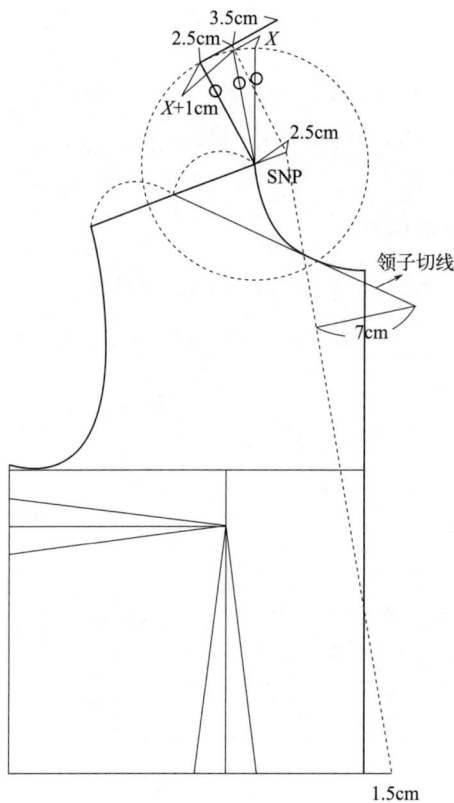

图 7-2-5　青果领倒伏量确定

5）领型轮廓设计与绘制。

① 前领轮廓构建。

起始定位：以门襟止口线（1.5cm 标准搭门宽度）为基准，结合已确定的领深点、领宽点及倒伏量辅助点，绘制前领轮廓线。

曲线要求：采用自然流畅的弧线过渡，确保领面翻折后能贴合人体颈部至胸部的曲面结构，符合青果领优雅流畅的造型特征。

② 后领轮廓衔接。自颈侧点（SNP）起，沿倒伏量辅助线方向，绘制后领座弧线，并使其与前领轮廓线平滑过渡，形成完整且连贯的青果领外轮廓。

结构匹配：后领弧线需与人体颈椎曲线吻合，保证领座直立性与翻领自然垂坠感的平衡。

6）轮廓校验。

检查领口曲线与领外轮廓线的顺滑度，确保无生硬转折，必要时通过微调关键点优化线条走向。验证领面翻折后的立体造型效果，避免因平面制版导致的结构性误差。

青果领完整纸样如图 7-2-6 所示。

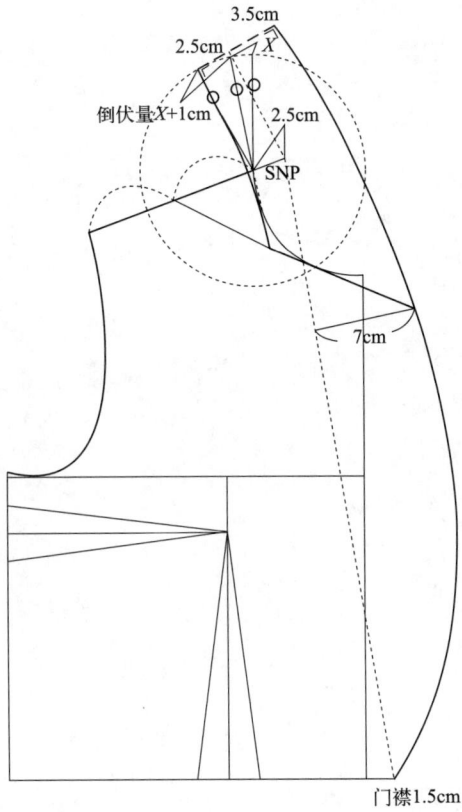

图 7-2-6　青果领完整纸样

第八章

女西装结构设计

第一节 ▶ 撇胸

　　为了使西装更加贴合人体曲线，制图过程中常常会引入"撇胸量"。这一设计细节是基于人体的生理特征而精心设置的。本节将重点探讨撇胸的结构设计原理及其在西装制图中的应用。

一、撇胸与胸省的定义

1. 胸省

　　胸省是围绕衣片胸高部位设计的省道，其省尖指向乳高点（BP点）。它的主要作用是通过将平面布料转化为立体造型，使衣片更好地贴合人体胸部的自然曲线，从而达到合体的效果。胸省的设置源于前中放低量，能够帮助衣片实现从平面到立体的转变，不仅增强了服装的合体性，还能充分展现女性胸部的优美曲线，起到塑造胸部造型的关键作用。

2. 撇胸

　　撇胸又叫撇门、劈门，是指在服装的前中心线位置，自颈窝向胸部收起的省道，本质是解决人体前中胸坡度而收掉的省道。撇胸是合体服装设计的必要手法，因为人体胸高与颈根处是一个倾斜坡度，将面料覆盖于人体胸部时，在领口前中心线部位会出现多余的褶皱，将这些多余的部分剪掉，前中才会平服，剪掉的部分也就是前中的撇胸量，如图8-1-1所示。

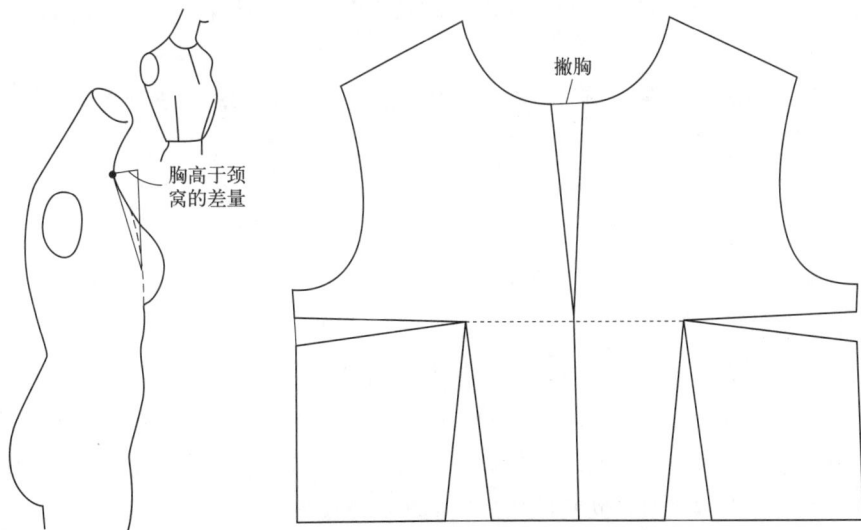

图 8-1-1　撇胸位置示意图

（1）撇胸量值关系。撇胸量可以理解为将胸省的一部分转移到前中心线上，从而使前中心线有所增长，其数值通常在 0.5～1.5cm 之间。值得注意的是，采用撇胸设计，能够有效分散胸省的量，使服装的前中心线向内偏移。在纸样上，如图 8-1-2 所示，大约合并 1/3 的胸省侧缝省量，会使肩部和领子产生一定的倾斜变化，进而使前中心线获得相应的倾斜和增长。

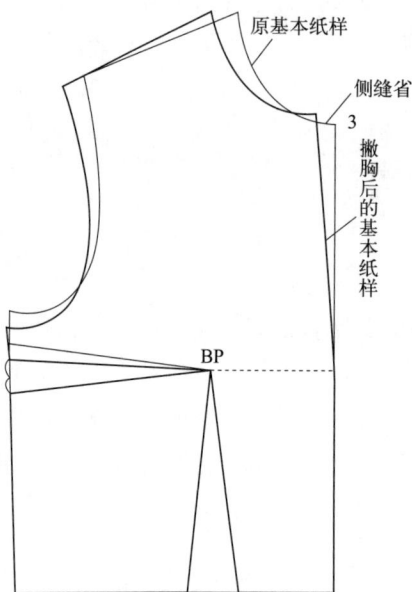

原基本纸样

侧缝省

3

撇胸后的基本纸样

BP

图 8-1-2　撇胸量值

（2）撇胸工艺处理。撇胸的工艺处理相当于隐形"缝省"，将转移在前中心线上的胸省量均匀烫缩、归拢，将撇胸引起的门襟止口胖势推向 BP 点，塑造该处的立体感，使门襟止口归复平直。而普通的胸省则是在衣身的其他部位，如袖窿处等，通过缝合省道来塑造胸部的立体感。

（3）撇胸应用场景。在不同的领型设计中，其应用方式和注意事项也有所不同。对于关门领（上衣这种领子的前领口在穿着时是完全闭合的）和立领上衣，撇胸法的应用相对较少，即使使用，撇胸量也通常较小。这是因为如果撇胸量过大，会导致门襟止口难以归推平直，从而影响整体的外观效果。在实际操作中，当门襟止口被归推平直后，需要沿着止口线进行牵带处理，以收住多余的胖势。此外，也可以在归拢的部分将挂面稍作拉紧，以进一步增强服装的贴合度和流畅感。在翻驳领上衣的设计中，撇胸法的应用更为常见，但同样需要注意细节处理。在将门襟止口推平归拢的同时，翻驳线也会随之被归短。特别是当隐形省量较大时，还需要在翻折线的中段进行牵带处理，以收住归缩量和胸部的胖势量。在处理门襟止口时，应在归缩部位进行牵带，或者将挂面稍作拉紧，从而确保服装的整体造型更加贴合人体曲线，同时保持外观的平整和美观。

（4）面料要求。撇胸工艺要求面料有良好的归拔性能。比如化纤面料没有良好的归拔性能，采用该种面料会出现前止口外斜、领口后斜等弊病。

二、撇胸的作用

撇胸量是原型纸样中全省量的一部分，指前中心线上端偏进的量，用于形成前中心省。在设计完整纸样前，需先考虑全省分配方法，这取决于所设计成衣的合身程度。依据全省分解平衡原则，越接近全省的省量，越需平衡分配处理。需要清楚的是，撇胸是从全省中分解出来的，专为上身合体设计的部分，是针对胸部至前颈窝差量设定的尺寸，主要用于胸部合体的平整造型，使前领口贴伏，突出胸部丰满感，其用量由胸省分解而来。

在有省道的西服结构中，腰省仅能解决胸腰差量，无法应对胸凸量，这会导致穿着时前门止口不平整。此时，撇胸结构设计便显得尤为重要，可使服装更加贴体。根据服装特点，开门领服装适用正常撇胸，关门领［当领驳头全部关闭（关门）时，称其为关门领］服装则适合"倒撇胸（减小横开领，抬高前落肩，但要加大袖窿省，或将省道量转移到其他省道里）"。在开门领设计中，加入撇胸后，可通过归止口工艺处理门襟。撇胸工艺不仅适用于女装，也适用于大衣。不过，大衣可简化处理，无须将门襟弧线撇进，直接加大横开领即可。

对于关门领服装，领口易有起空感。为使胸部到颈部这段距离更好地贴体，这段距离应呈一定角度，而非直线。因此，可利用撇胸处理，改小横开领，使服装门襟紧贴人体，如图 8-1-3 所示。

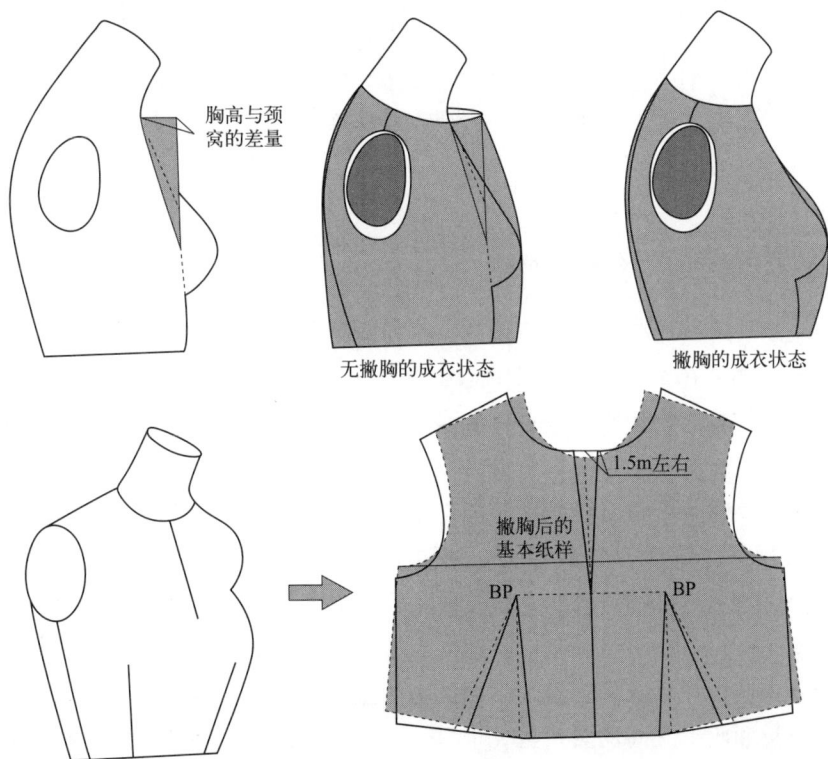

胸高与颈窝的差量

无撇胸的成衣状态　　　　撇胸的成衣状态

1.5m左右

撇胸后的基本纸样

BP　　　BP

图 8-1-3　撇胸量的作用及结构处理方法

三、全省设计分布

由上可知,在做撇胸时,也是对省道的部分转移,将省部分转移到衣服的胸部至前颈窝,也就是它是为胸部至前颈窝所形成的差量而设定的省量,这样就形成了前中心省。

1. 全省分解的撇胸方法

纸样处理时,固定 BP 点,作前中心线垂线,向后倒移基本纸样,使前颈点后移1.5cm 左右(取值范围为 0.5~1.5cm),即新前颈点向侧缝偏移 1.5cm。修正胸乳点以上前中心线,再固定 BP 点,相当于将省量部分转移至前中心线,这部分省量可通过前止口归拢工艺处理,如图 8-1-4 所示。

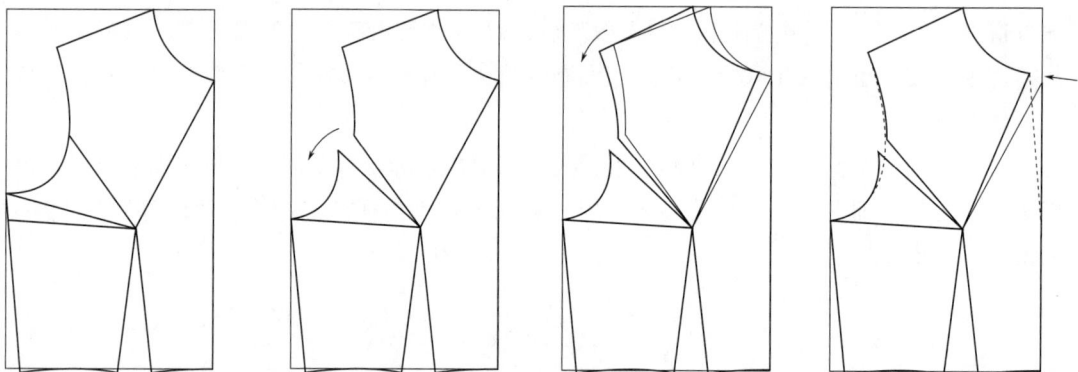

图 8-1-4 全省分解的撇胸转化方法

2. 撇胸后存在的问题及解决方案

撇胸后,前中心线不再是垂直线结构。在前领口开深度较浅的设计中,前止口部分难以与布丝一致,尤其在条格图案布料中,会出现前中错条、错格现象。为解决这一问题,可在保持前中心线垂直的前提下,将撇胸量移至领口,转化为领口省。结合全身省道的分解与平衡设计,将撇胸量与部分胸省合并为复合省,如图 8-1-5 所示。此时,撇胸的作用逐渐减弱,转变为省道转移设计,其省尖应向胸点方向偏移。此外,在西服款式设计中,可考虑采用公主线或刀背线结构,通过分割线消化撇胸量,确保前门襟与布料纹理保持一致;或者在面料选择上,优先采用素色面料进行撇胸处理,以增强视觉效果的整洁性。

在上身合体结构设计中,当涉及不同类型的整体设计时,全身省道的分解与设计量与整体纸样的放量和收缩之间的关系至关重要。为了达到最佳的造型效果,通常将全身省道中不同作用的省进行分解设计,使造型结构线自然流畅、不留痕迹。如图 8-1-6 所示,通过将撇胸量、胸腰差量和乳凸量独立分解并设计,形成合身的结构。从外观上看,似乎仅

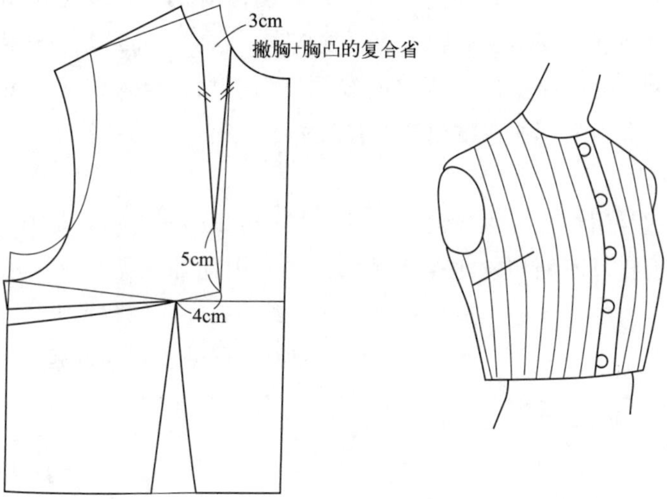

图 8-1-5　撇胸转化领口省

设计了一个胸腰省。然而，在实际结构设计中，全身省的一部分被用作撇胸量，另一部分作为胸腰差量；至于乳凸量的处理，则将其转移到领口处，由于翻领的覆盖作用，暴露的省缝仅剩胸腰省，从而使造型既贴合身形，又简洁美观。

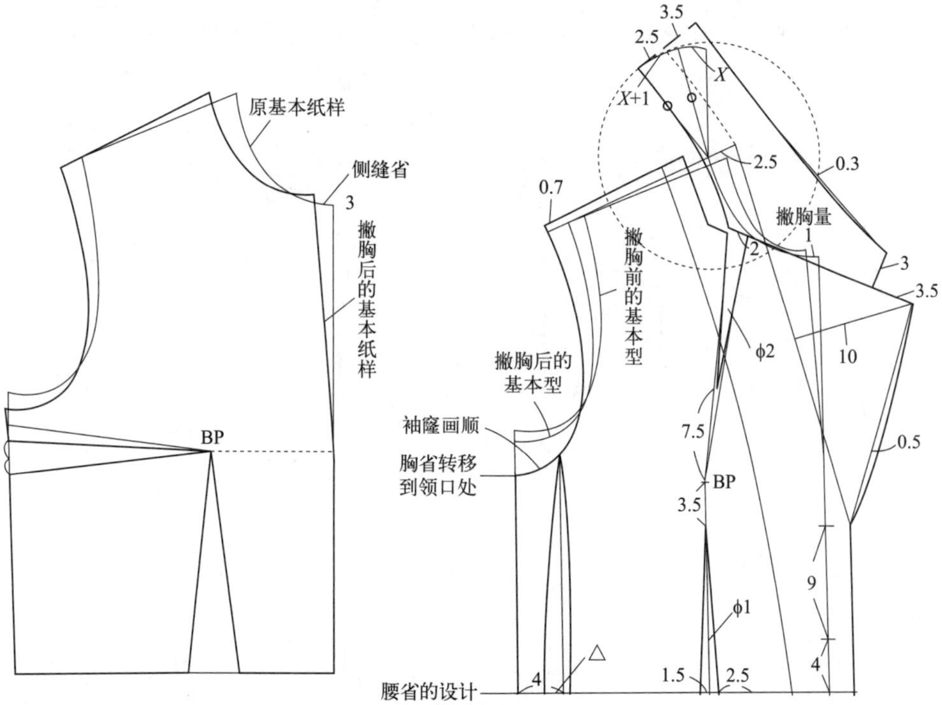

图 8-1-6　全省设计（单位：cm）

由图 8-1-6 可以看出，撇胸后的纸样，袖窿的胸凸量已减小。这种与撇胸合并的复合省，其撇胸表面上看好像名存实亡，事实上已并入省道转移设计，因此，其省尖应向前中心线偏移，使省缝与条纹一致。但这种情况，省仍然对条格有破坏作用，只是减轻了而已。一劳永逸的办法就是既不要撇胸也不要领口省，这就是将后领口适当增加（前领口不变）1cm左右，利用这种差量使前领口曲线拉直而服帖，但这种情况更适合用于半宽松款式和夏季薄软的面料上。如在旗袍既没有前中缝又很合体的结构中，采用这种隐形的撇胸处理也是很有效的。

撇胸设计更适合用在合身的翻领结构中。由于翻领的一般形式是前门襟开深至胸凸以下，这样胸凸以上止口不顺布丝也是无关紧要的，因此翻领类服装运用撇胸是非常隐蔽的，还可以根据造型的需要选择撇胸的大小，一般胸越高，撇胸越大。由此可见。撇胸的结构只在合体的造型中使用，它的主要作用是使前领服帖、胸部挺起。

第二节 ▶女西装原型制图原理

一、女西装基础原型制图

首先绘制基础的衣身原型，包括前衣片和后衣片。确定胸围、腰围和臀围的尺寸，借助新文化式原型上衣通过省道合并转移，并根据这些尺寸绘制基础的衣身轮廓。图8-2-1和图8-2-2展示了如何借助新文化式原型女上衣的纸样来绘制女西装样板的过程。

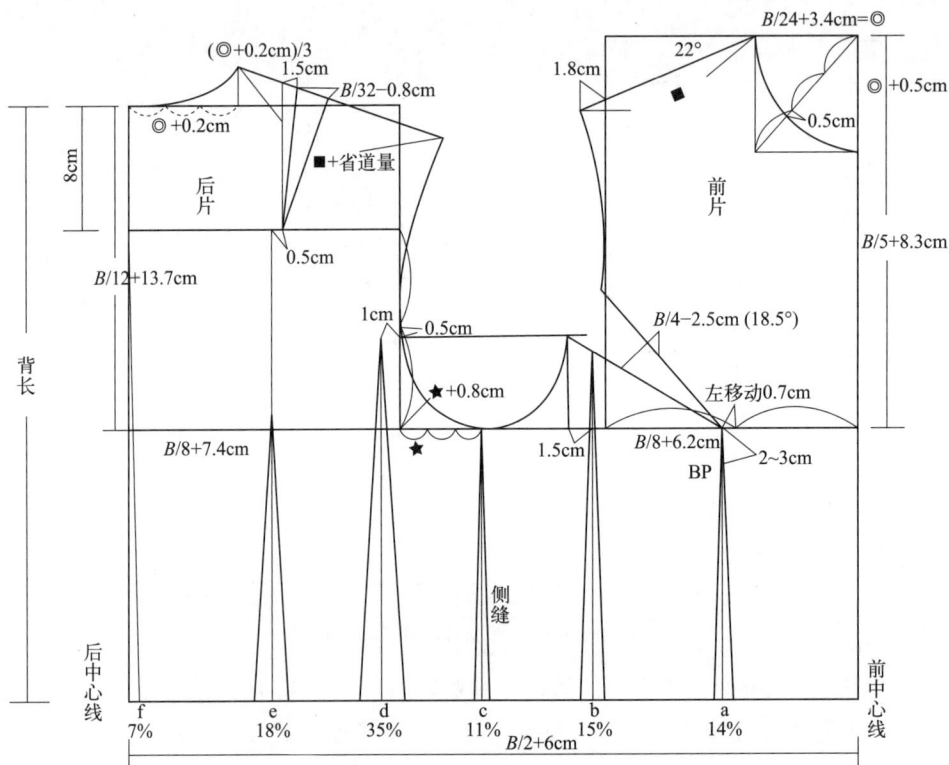

图 8-2-1　新文化式原型女上衣

在设计中，以腰围线以下的腰长作为西装的整体长度。女西装的底摆尺寸可根据具体需求进行调整，此处仅提供一个参考值。在原型的腰围处，根据设计要求进行适当的收省量设计，以塑造出贴合人体曲线的合身轮廓。在臀围的处理上需要考虑最后的省量与西装底摆的关系。

完成上述调整后，需对整个西装原型样板进行全面检查与修正。首先，检查各部件之间的连接是否自然流畅，确保衣身、袖片和领子之间的线条衔接紧密，无多余褶皱或空隙。其次，重点核对关键部位的尺寸，如肩宽、胸围、腰围和袖长等，这些尺寸的准确性直接关系到西装的合身程度。最后，通过试裁和试穿，根据实际穿着效果进一步优化样板细节。

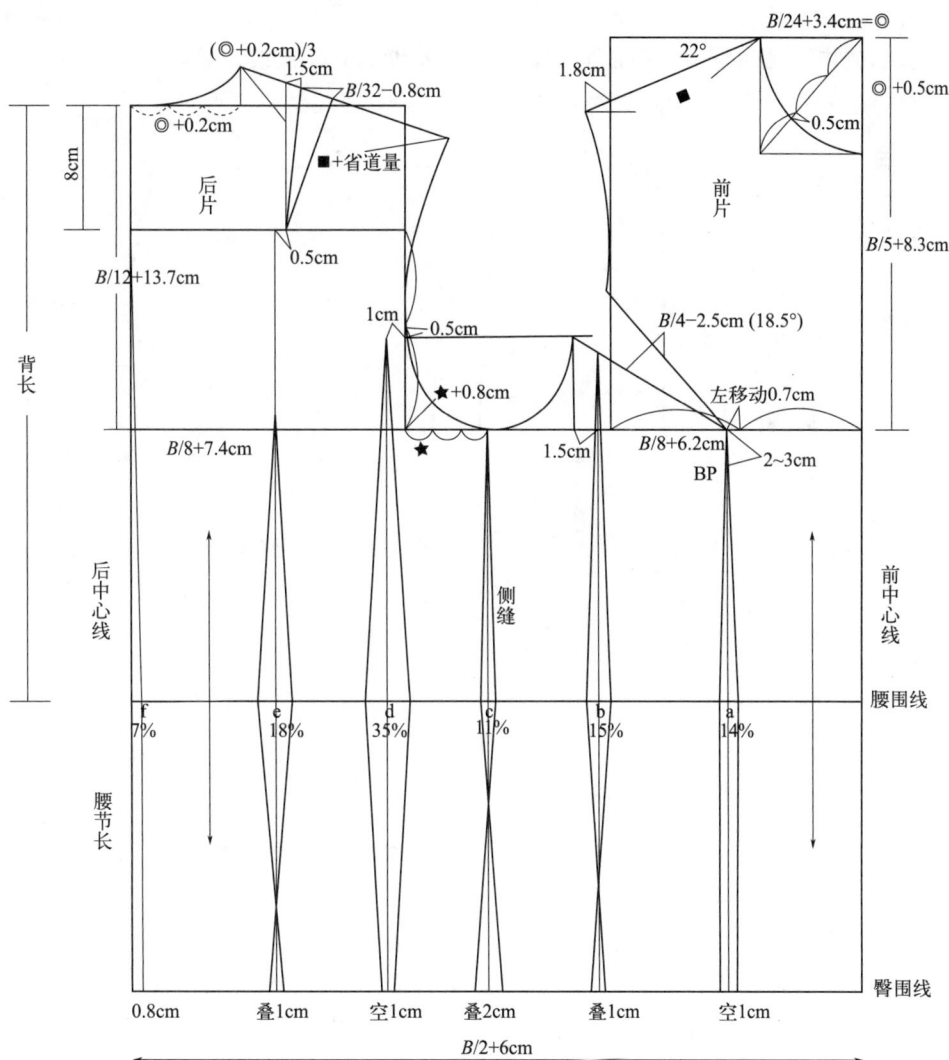

图 8-2-2　女西装六省基本型

至此，从新文化式原型女上衣到新文化式女西装原型的样板绘制基本完成。在整个过程中，设计师需充分考虑人体工学、时尚趋势以及穿着的舒适性，通过对原型的细致调整和优化，打造出既合身又时尚的女西装样板。图 8-2-2 所示的西装原型可用于三开身（六面体）和四开身（八面体）女西装的设计演变。后续内容将围绕此原型展开省道转移及进一步的调整优化。

二、三开身与四开身女西装结构制图原理

后续的西装样版变形证实新文化式原型是一种非常便捷的平面样版设计方法，它简单实用，广泛适用于不同地域和人种体型。但也有部分西装原型是应用标准原型上衣来制作的，图 8-2-3 所示的三开身和四开身女西装的设计都是在这一原型基础上进行的省道分配和分割变化设计。三开身西装由前片、侧片和背片组成，每边三片，共六片，因此也称六面体。同样，四开身是由前片、前侧片和后片及后侧片组成，也就是每边 4 片，这种设计使得西装在结构上更为复杂，但能够更好地贴合女性的身体曲线。具体的三开身四开身西装基本型如图 8-2-3 所示，也可以根据具体的需求设置西装基本模型。

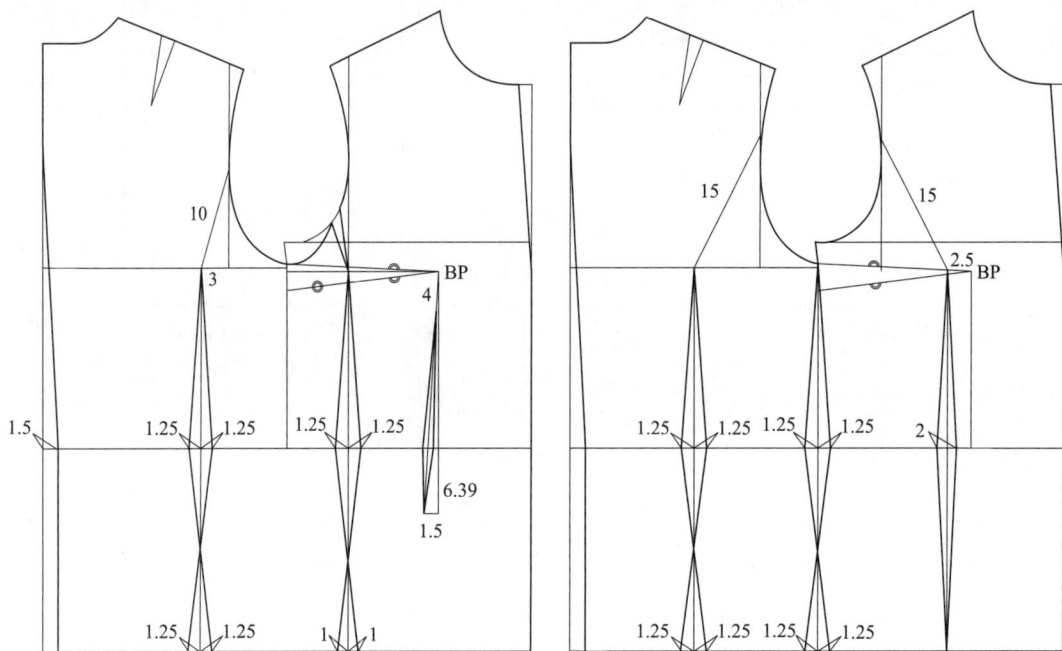

图 8-2-3　三开身西装和四开身西装基本型（单位：cm）

三开身胸臀原型：在变形过程中，可以通过调整省道的位置和大小来适应不同的款式需求。例如，将部分省道转移到袖窿或肩部，以改变服装的外观和结构。

四开身胸臀原型：由于省道更多，变形过程更为灵活。可以通过合并或分解省道，或者将省道转移到其他部位，如领口、门襟等，来创造不同的设计效果。

在西装基本型架构过程中，省道设计对于三开身和四开身西装意义重大。省道是服装制图中用来描述布料折叠和缝合的部分，用于塑造服装的立体形态。三开身和四开身女西装的省道分配细致，根据不同位置设计了不同的省道量，以突出女性体型特点。在设计过程中，省道可以从一个位置转移到另一个位置，以适应不同的设计需求。例如，胸省可以转移到领省、腋下省、肩省或腰省等位置，通过剪切法实现省道的转移。省道的形状和位置可以根据体型和造型要求进行设置，常见的省道形状包括橄榄形、锥形、子弹形等。在

设计省道时，要注意省尖与人体突出点的距离，一般胸省距离 BP 点 3～5cm。同时，省道的方向应指向人体突出点，以确保服装的贴合度。此外，在设计中要注意撇胸量的合理设置，撇胸量的大小依据人体胸部的丰满程度、工艺情况而定，用以调节胸部及乳凸与前颈点间的表面形态差。

三、三开身女西装由基本型结构变化方法

结构制图步骤：女西装前后衣片框架制图步骤具体包括确定前中线、上平线、下平线（衣长线）、腰节线等关键线条，并在此基础上进行省道、领口、肩斜等细节的设计。三开身女西装款式图和纸样如图 8-2-4 所示。

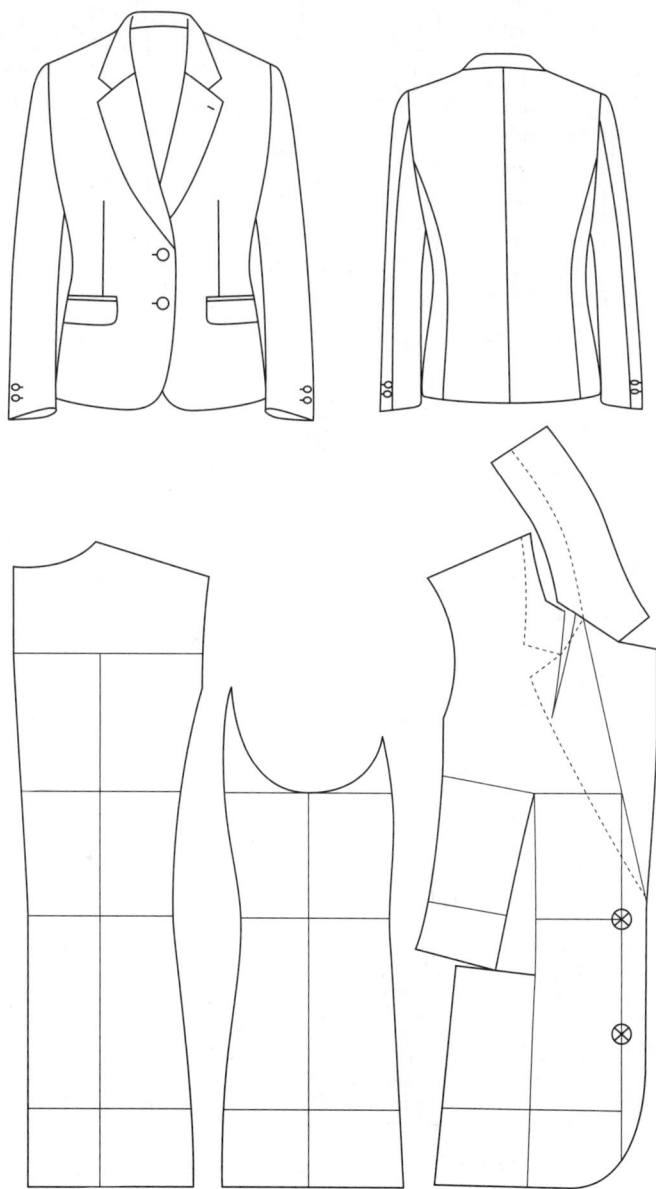

图 8-2-4　三开身女西装款式图与纸样

图 8-2-5 展示了从女西装六省基本型到三开身女西装的结构变形。具体变形过程如下。

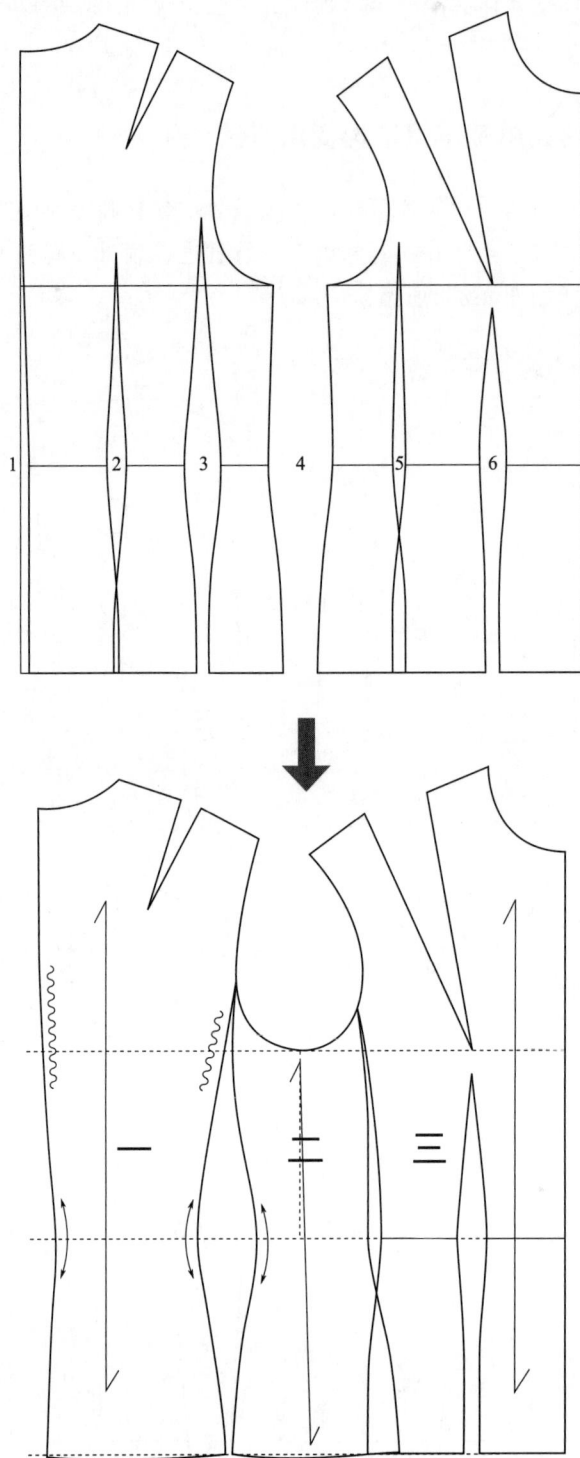

图 8-2-5　三开身女西装变形示意图

（1）绘制借助新文化式原型所形成的女西装六省基本型，其中腰部尺寸按需（修身、合体、偏宽松）设置省量。

（2）修顺侧片和后分割线。

（3）图 8-2-6 展示了前后片腋下小片合并过程。在合并过程中，侧片需要先将腰线断开，拼合侧缝，这时会出现腰部上下部分无法对整齐的情况。

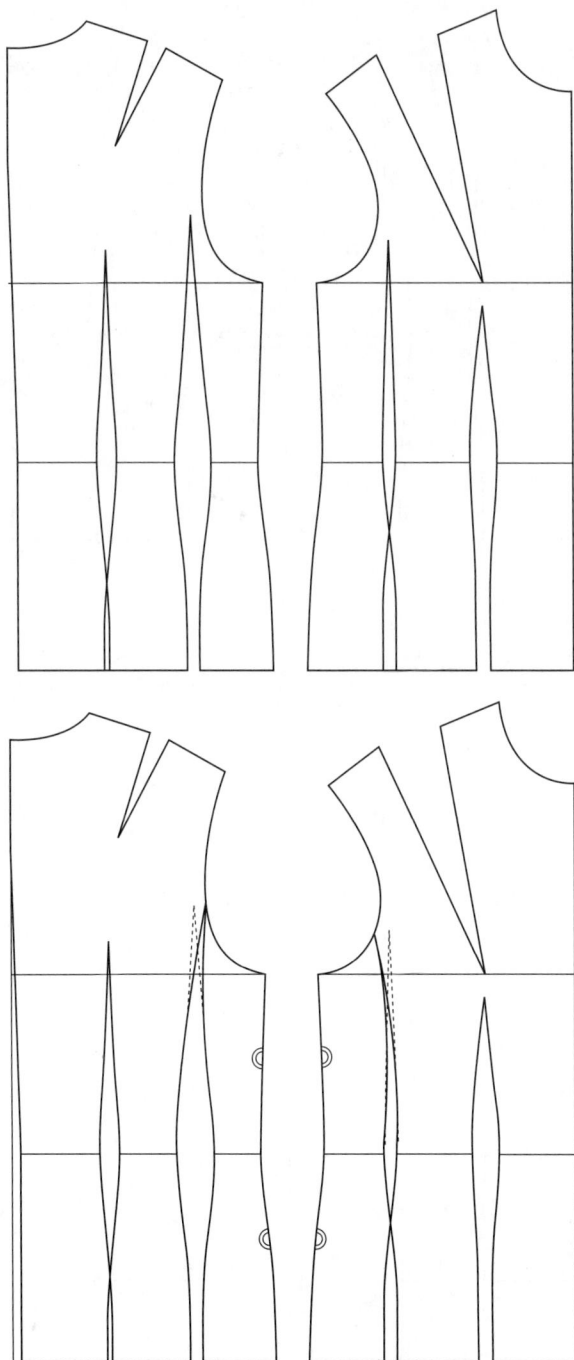

图 8-2-6　三开身合并过程

（4）腰围线上下分别拼接，然后再上下拼合。拼合后，腰线移平，画顺侧片，如图 8-2-7 所示。

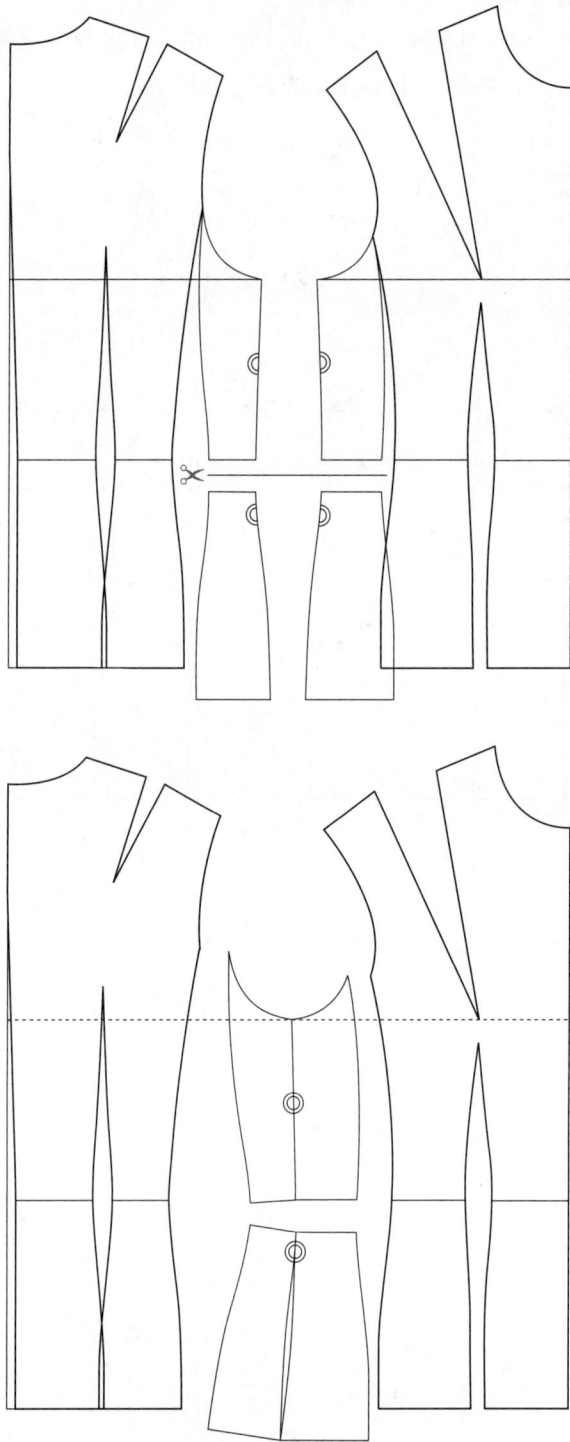

图 8-2-7　侧片变形过程

（5）剪开后片腰线，合并后腰上下片，如图 8-2-8 所示。前片用同样方法处理。前片和后片分别进行省道合并和修正。在合并过程中，首先要把腰线断开，腰线上下各自进行省道转移。合并成一片后，对准腰围水平线进行重新摆放，修正所有的结构轮廓，画顺曲线。

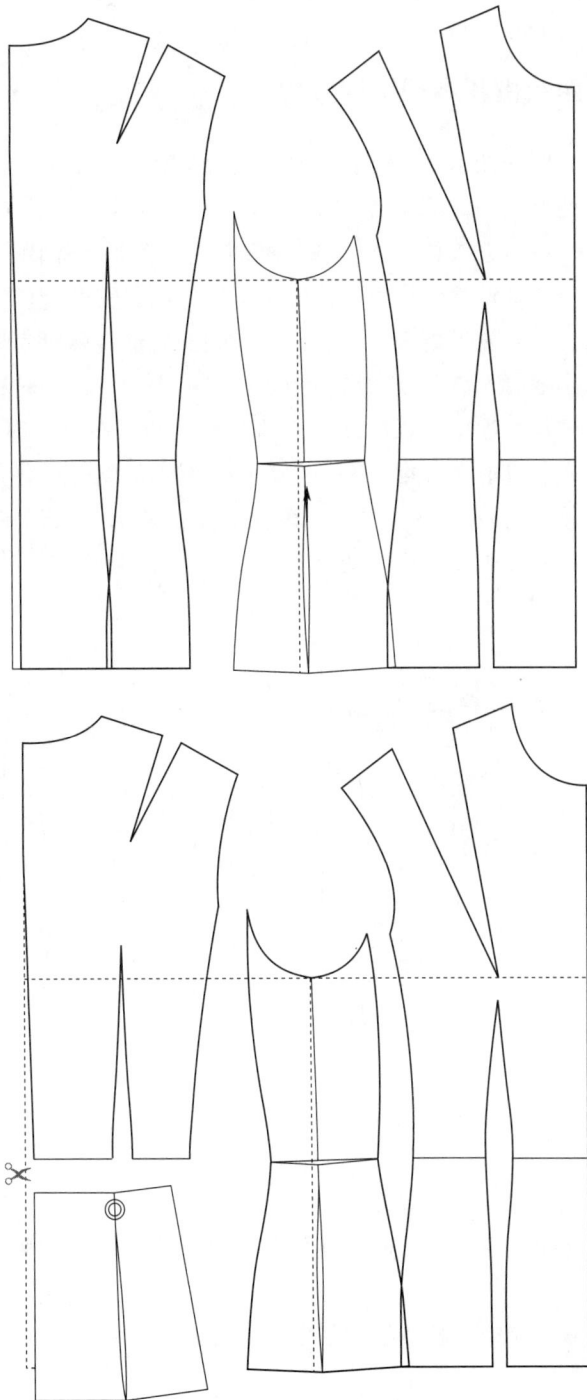

图 8-2-8　前后片省道合并过程

（6）在前衣片上设计六个省道，通常包括两个胸省、两个腰省和两个臀省。这些省道的方向均指向人体的凸点，如胸部和臀部。胸省的省尖一般距离 BP 点 3～5cm，腰省和臀省的省尖也应适当调整，以确保服装的贴合度。

最终的三开身转省效果如图 8-2-5 所示，添加丝缕线，并做好对位标记和缝制工艺标记。

四、四开身女西装由基本型结构变化

四开身女西装款式图如图 8-2-9 所示。省道设计方面，在衣片上精心布置八个省道，具体包括四个胸省、两个腰省以及两个臀省。这些省道的方向需精准指向人体的凸出部位，例如胸部和臀部，以贴合人体曲线。胸省的省尖通常应距离 BP 点 3～5cm，而腰省和臀省的省尖也需进行合理调整，从而确保服装与人体的紧密贴合，完美展现穿着者的身形。在省道转移方面，由于省道更多，八省胸臀原型的省道转移更为灵活。可以将部分省道转移到其他部位，如袖窿、肩部或领口。例如，将胸省的一部分转移到袖窿，可以增加袖子的活动空间。在转移过程中，要注意省道的对称性和平衡性，确保服装的整体效果。在细节调整方面，检查衣身的贴合度，特别是胸部和臀部的贴合情况。如果发现有不贴合的地方，可以适当调整省道的大小或位置。确保衣身的前后片长度一致，特别是腰线部分，避免出现前片或后片过长或过短的情况。

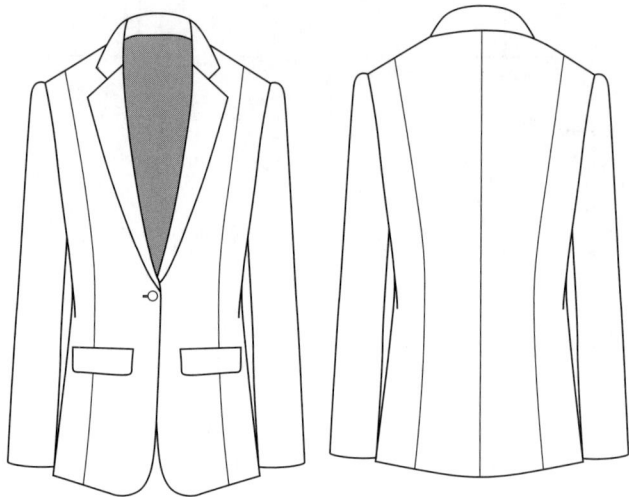

图 8-2-9　四开身女西装款式图

图 8-2-10 展示了由女西装六省基本型到四开身女西装的结构变形过程。

（1）绘制借助新文化式原型所形成的女西装六省基本型，其中腰部尺寸按需（修身、合体、偏宽松）设置省量。

（2）断开前后片靠近侧缝的腰节线，如图 8-2-11 所示。

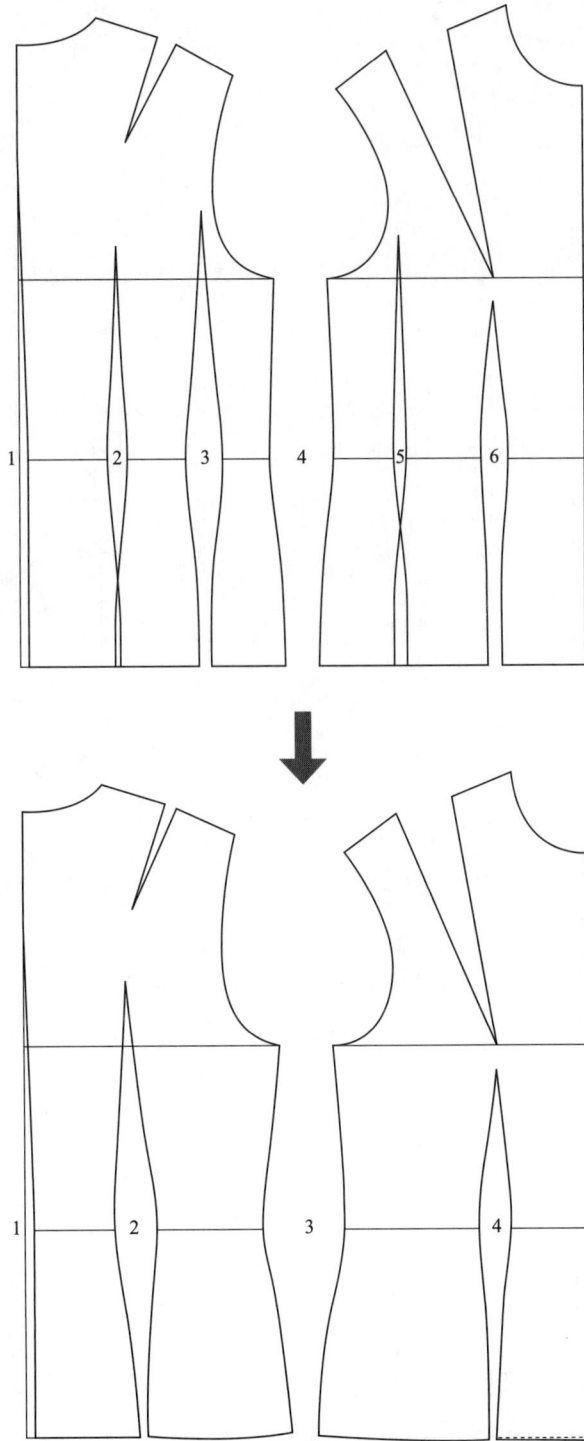

图 8-2-10 四开身女西装变形示意图

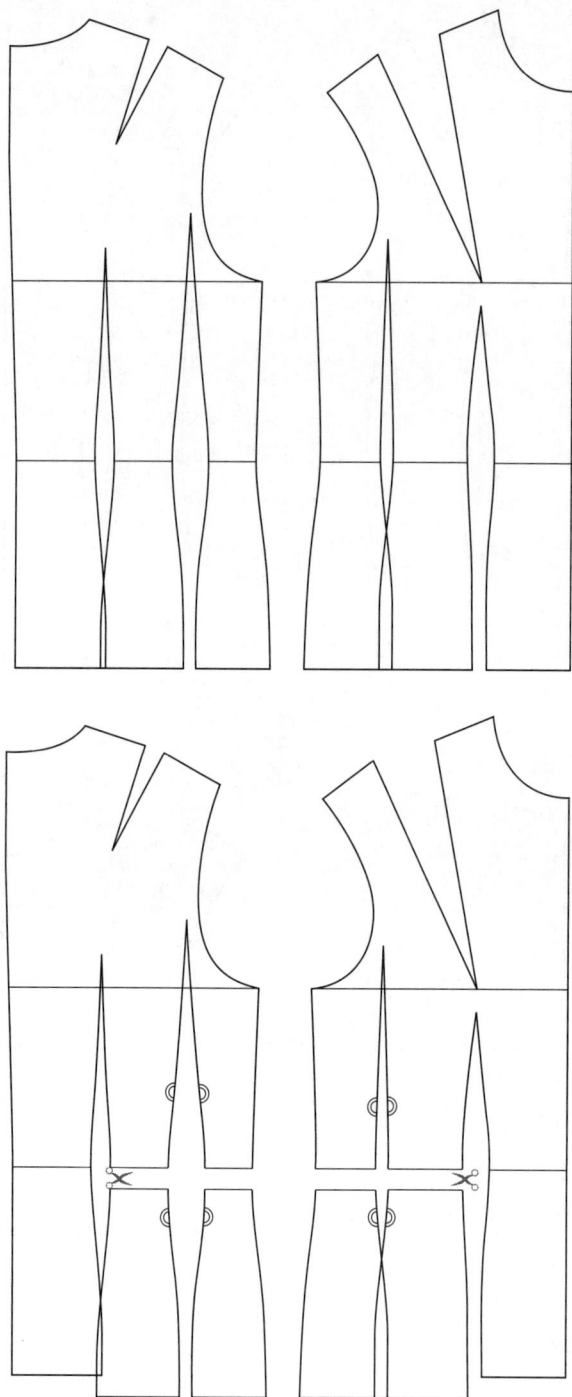

图 8-2-11 女西装六省基本型到四开身女西装变形过程（1）

（3）分别拼合腰围线上片下片省量。

（4）在腰围线处进行拼合，如图 8-2-12 所示。

（5）旋转并矫正丝缕线，将袖窿底线旋转调整，使其回归至原始胸围线位置。

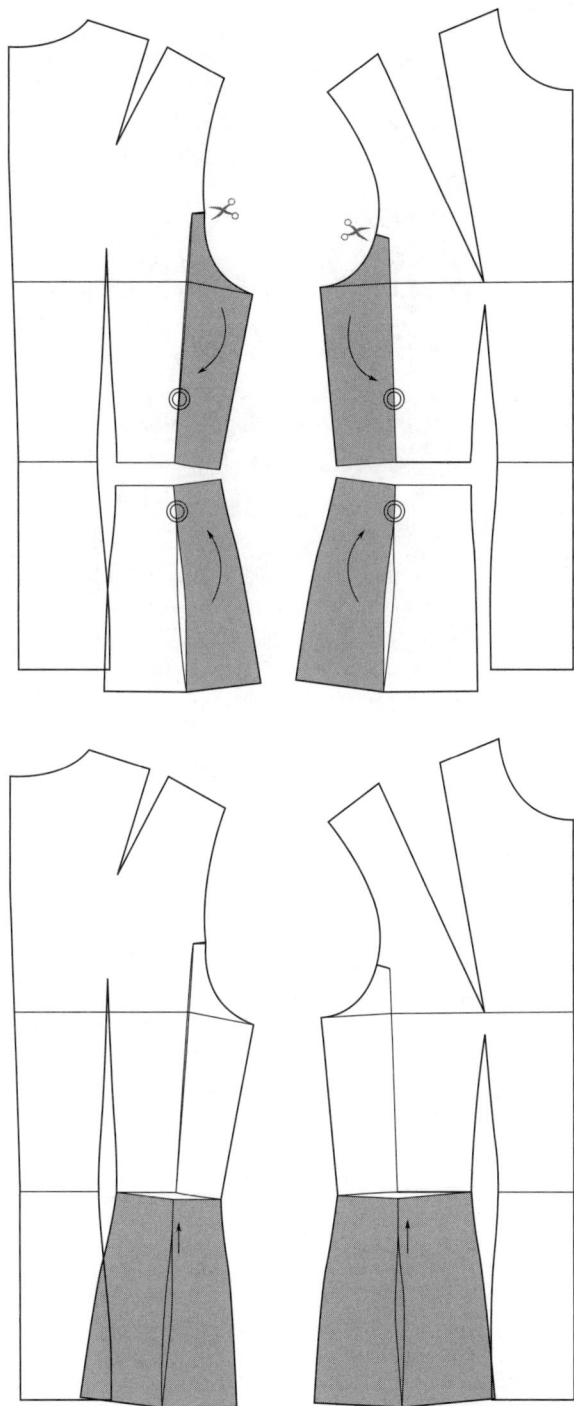

图 8-2-12 女西装六省基本型到四开身女西装变形过程（2）

（6）按照腰线和胸围线的框架，将修正后的前、后片纸样平整展开，如图 8-2-13 所示。随后，修顺省道线以及各个纸样裁片的边缘，确保其贴合人体曲线，结构自然流畅。完成后，绘制丝缕线并作好标注。

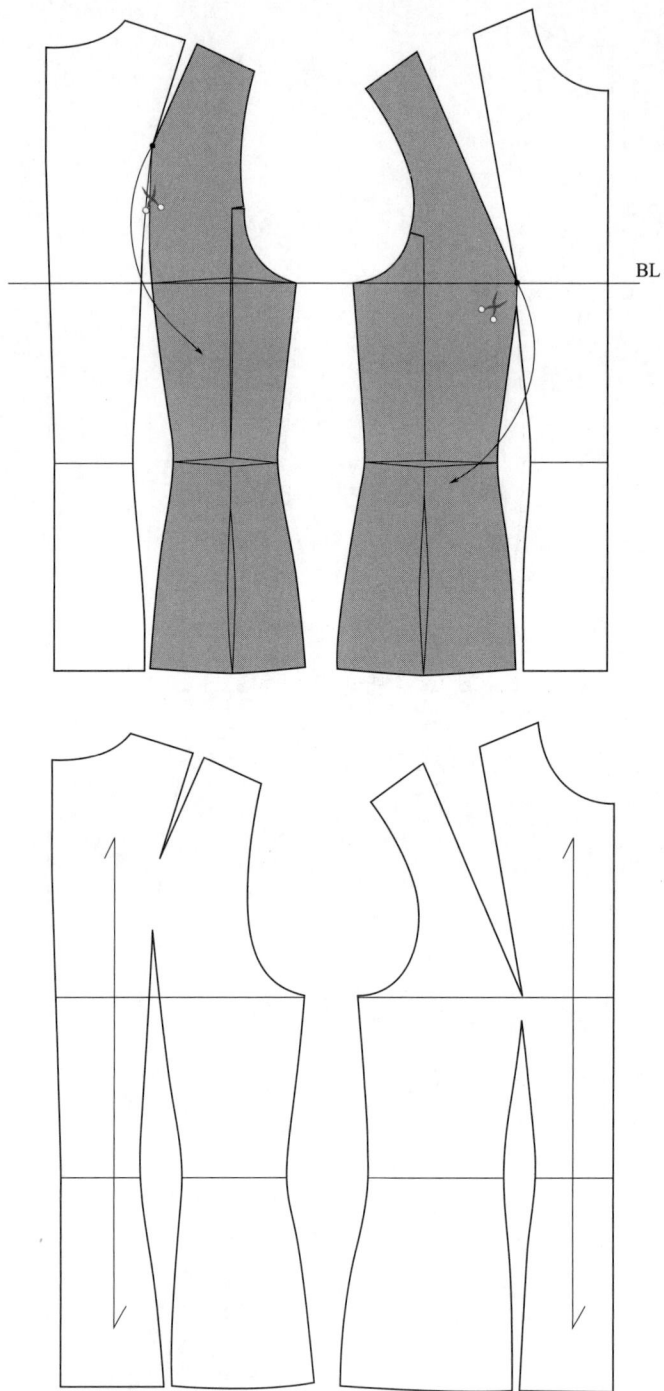

图 8-2-13　女西装六省基本型到三开身女西装变形过程（3）

第三节 ▶ 案例分析

上一节探讨了利用新文化式原型来制作三开身和四开身女西装样板。然而，西装制图的方法多种多样，为了尝试不同的制图方式，并进一步讲解制图原理，本节将采用标准女上衣原型来设计四开身女西装纸样。

一、四开身女西装结构设计

（1）衣长。由后中心线经后颈点往下取衣长 60～65cm，或由原型自腰节线往下取 22～27cm，或者自己定义（腰到臀围的距离是 18cm，作为参考尺寸），确定底边线位置，如图 8-3-1 所示。

（2）胸围。160/84A，成品胸围为 96cm，在净胸围的基础上需要加放 12cm。由于女装原型中含有 12cm 的松量，因此可以维持原型不变。

（3）领口。春夏款服装内着装较少，可以不考虑横领宽的开宽，保持原型领口尺寸不变。秋冬款可以考虑开口开大 0.5cm。

（4）后肩斜线。在成衣生产中，垫肩厚度一般为 1～1.5cm，但本款选用的垫肩厚度为 1cm，因此，由原型后肩斜线的交点提高 1cm 垫肩量，并将新的后肩斜线往里走 0.3cm，以便减少与前肩膀的差量。差量在成衣制作中可以做归拢处理，作为后肩胛凸点吃量。确定出新的后肩端点，如图 8-3-2 所示。

（5）前肩斜线。同样将前片原型肩端点往上提高 0.7cm 的垫肩量，然后由前侧颈点连线画出新的前肩斜线，前肩斜线长度往外延伸 0.3cm，确定出新的前肩端点，如图 8-3-2 所示。

（6）后袖窿线。由新后肩端点至腋下胸围点作出新袖窿曲线。注意：有些设计中，新后袖窿曲线可以考虑追加背宽松量 0.5cm，但不宜过大。

（7）后袖窿对位点。要注意袖窿对位点的标注，不能遗漏。

（8）前袖窿线。由新前肩端点至腋下胸围点作出新前袖窿曲线，新前袖窿曲线在春夏装制图中通常不追加胸宽的松量，但在秋冬需要追加一些松量。

（9）前袖窿对位点。要注意袖窿对位点的标注，不能遗漏。

（10）后中心线。在腰线和底边处分别收进 1.5cm，再与后颈点至胸围线的中点处连线并用弧线画顺，由腰节点至底边线作垂线，作出新的后中心线。

根据服装原型设计标准，胸围为 84cm，腰围为 70cm，其胸腰围差为 14cm。在结构制图过程中，只需处理 7cm 的单侧胸腰围差即可。通常情况下，原型胸围线的基准宽度为 48cm。按照当前制图方案，该款式需收进 9cm，即 $48-9=39$cm，由此得到的腰围规格为 78cm（39cm×2）。需要说明的是，具体的腰部收省量可根据款式设计的实际需求进行相应调整。

（11）后刀背线。按胸腰差的比例分配方法，可取省大 2.5cm，由后刀背线省的中点作垂线画出后腰省，再在后腰省的基础上画顺袖窿刀背线，如图 8-3-3 所示。

（12）前后侧缝线。按胸腰差的比例分配方法，在侧缝处收腰省 1.5cm，后侧缝线的状态要根据人体曲线设置，后侧缝线由两部分组成。

（13）前后底边线。在底边线上，为保证成衣底边圆顺，底边线与侧缝线要修成直角状态，起翘量根据下摆展放量的大小而定，底边放量越大，起翘量越大。

（14）前刀背线。确定刀背缝省位：在腰线上由省位点取省大 2cm，作垂线至底边线，该线为省的中心线，分割线在袖窿的位置可以根据款式需求确定，如图 8-3-4 所示。

腰长

可以根据款式设计需要进行去除

移平前后片腰线

臀围线

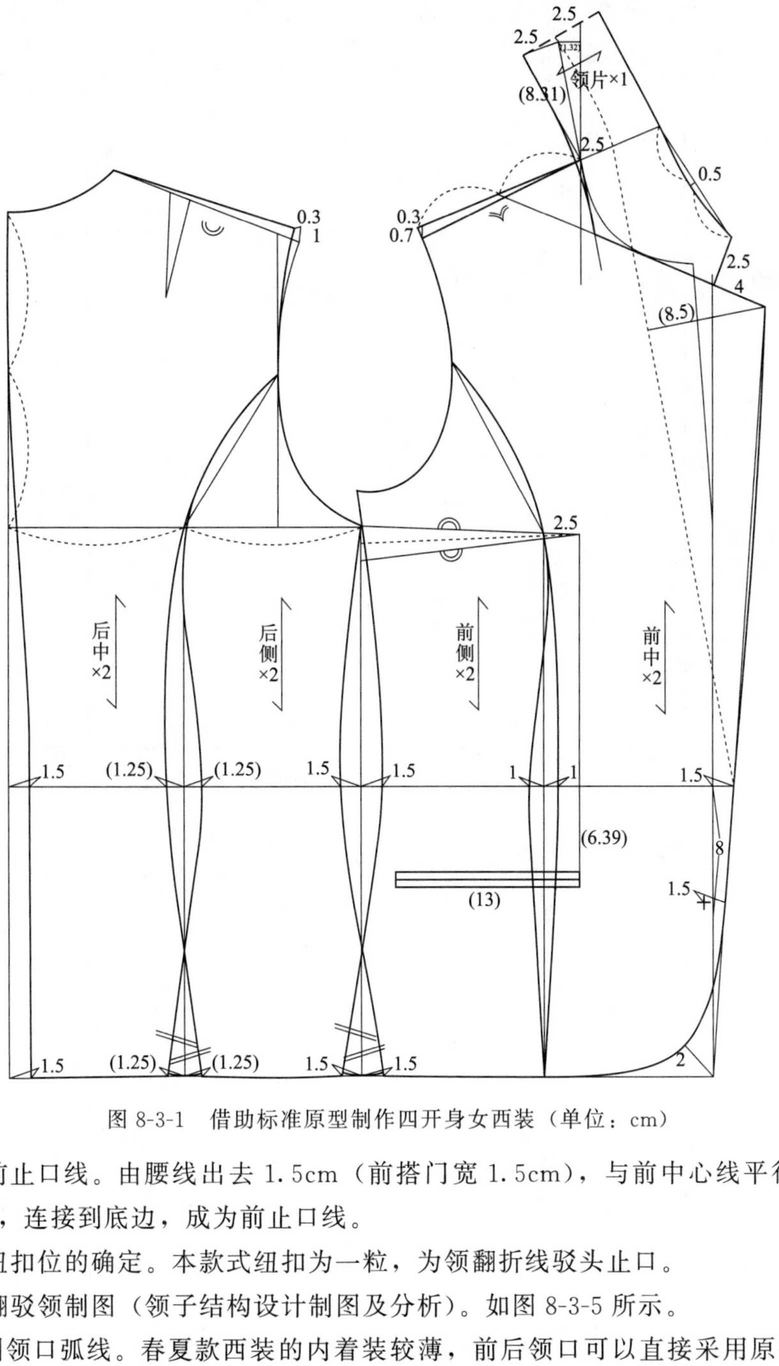

图 8-3-1 借助标准原型制作四开身女西装（单位：cm）

（15）前止口线。由腰线出去 1.5cm（前搭门宽 1.5cm），与前中心线平行 1.5cm 绘制前止口线，连接到底边，成为前止口线。

（16）纽扣位的确定。本款式纽扣为一粒，为领翻折线驳头止口。

（17）翻驳领制图（领子结构设计制图及分析）。如图 8-3-5 所示。

① 绘制领口弧线。春夏款西装的内着装较薄，前后领口可以直接采用原型领口。接着进行撇胸，可通过旋转原型进行撇胸，保持 BP 点固定不动，将整个前片原型逆时针旋转，直到之前确定的点（领窝上的点）水平向左移动的距离等于所设定的撇胸量（0.5～1.5cm）。

② 绘制领子翻折线。

③ 先由前侧颈点沿肩线向前中心方向延长放出 2.5cm（后领座高－0.5cm），确定领翻折起点。

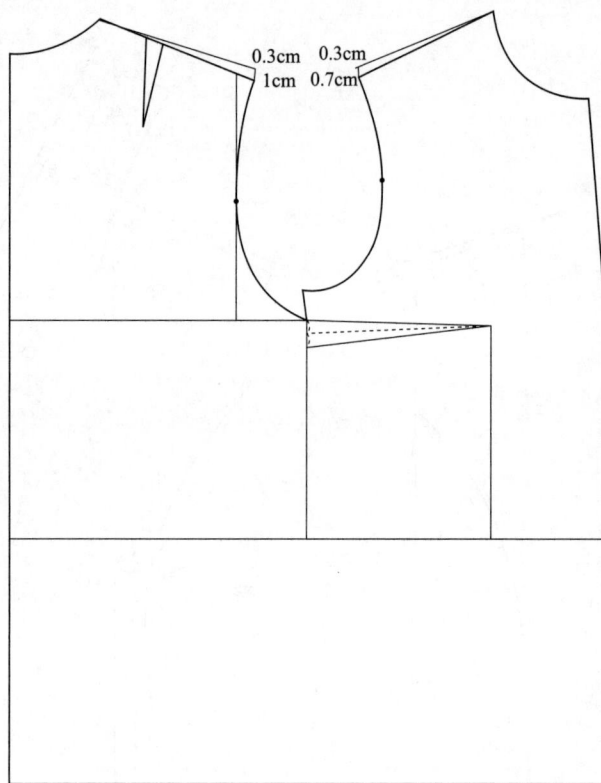

图 8-3-2　标准女装原型上衣借助构建女西装框架

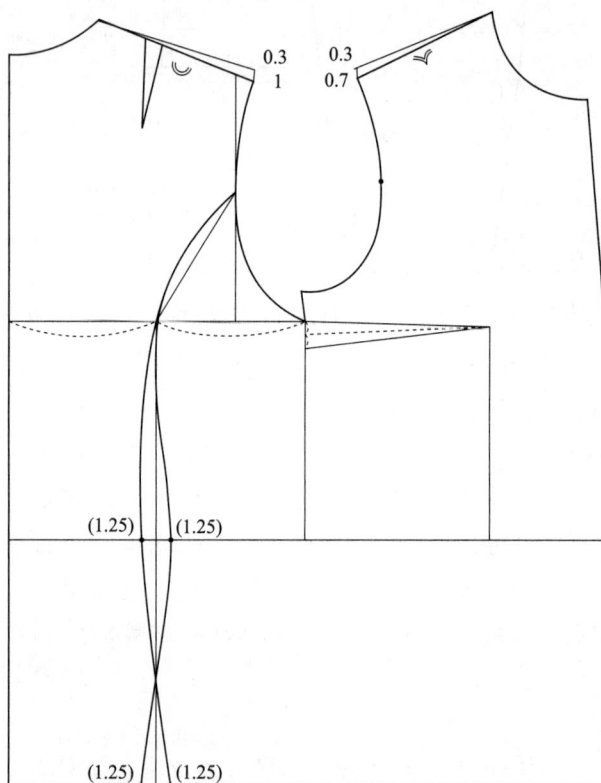

图 8-3-3　女西装后片省道设计（单位：cm）

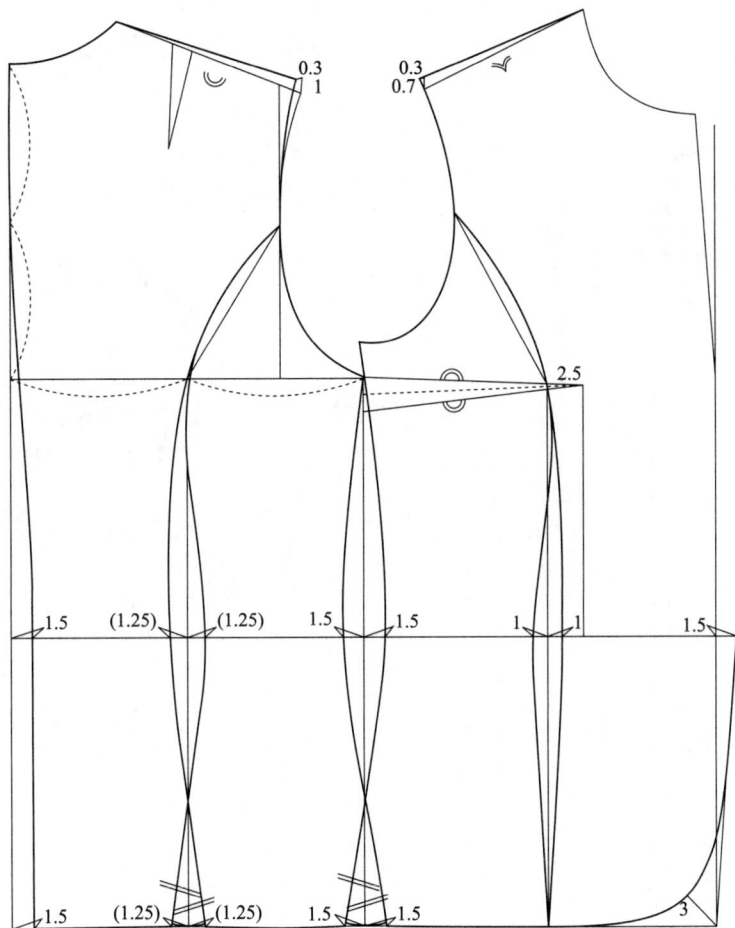

图 8-3-4 女西装前片省道设计（单位：cm）

④ 将腰线水平延长 1.5cm，确定领翻折止点。

⑤ 连接领翻折起点、领翻折止点，画出领翻折线（驳口线）。

⑥ 前领子造型。在前身领翻折线的内侧，预设驳头和领子的形状，这个有一定的经验值在里面，要根据服装的款式需求设计串口线的高低，根据款式图的领子样式绘制结构制图。

⑦ 驳头宽。在领翻折线与串口线之间截取驳头宽，驳头宽要垂直于领翻折线，驳头是设计量，要根据款式的形态绘制，本款设计宽度为 8.5cm，如图 8-3-5 所示。

⑧ 驳头外口线。由驳头尖点与翻折止点连线，驳头外口线的造型可以是直线造型，也可以是弧线造型，根据款式造型而定。

⑨ 领嘴作为西装驳领的重要构成部分，其造型设计需严格遵循款式特征进行精确绘制。在本款设计中，首先需确定绱领止点的位置：以驳头尖端点作为起始基准，沿串口线向内量取 3.5cm 的设计量，该点即为绱领止点。随后以此为基准，绘制宽度为 4cm 的前领嘴造型，具体形态可参考图 8-3-6 的示意。这一设计既确保了驳领结构的完整性，又通过合理的比例控制实现了造型的协调美观。

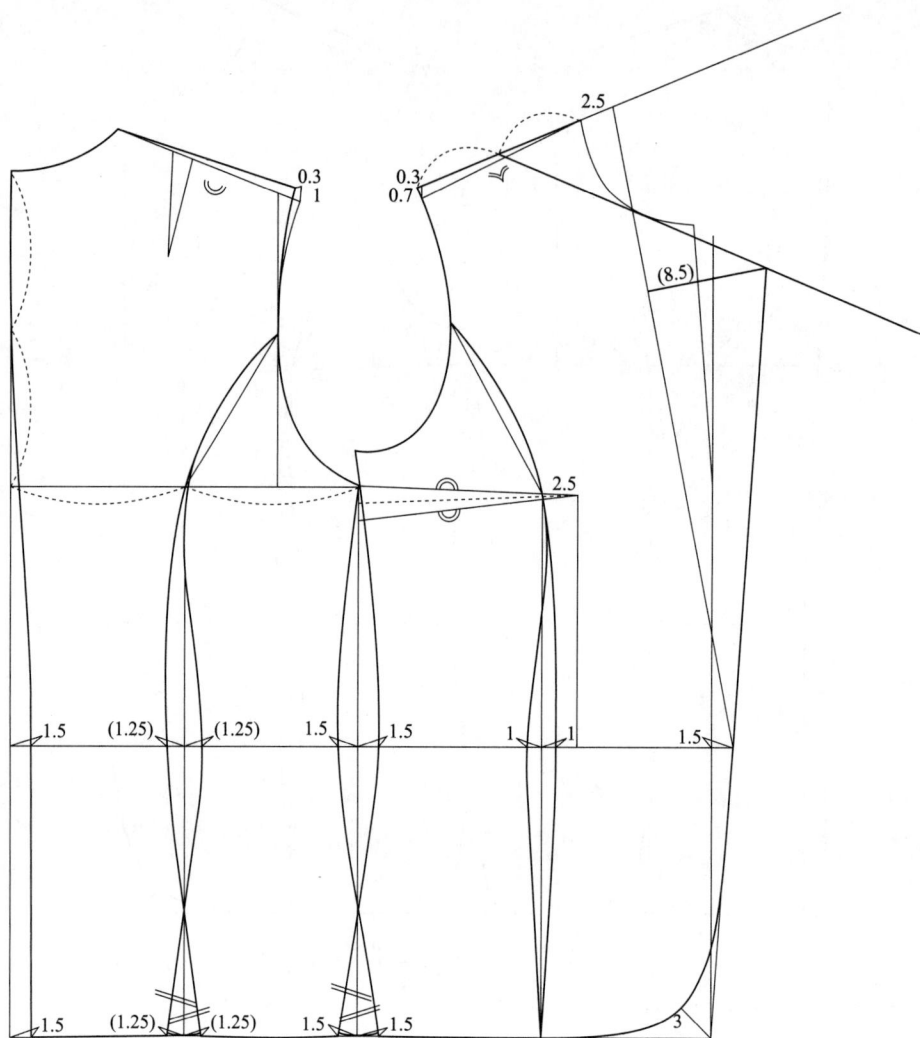

图 8-3-5　女西装领子造型设计（单位：cm）

　　⑩ 绘制前领底线。以侧颈点向上作延长领翻折线的平行线，向下延长该线，与领串口线的延长线相交，形成前领底线，如图 8-3-6 所示。

　　⑪ 绘制后翻领。在领翻折线的平行线上，由侧颈点向上取后领口弧线长。

　　⑫ 绘制领倒伏量（详情见第七章的领子绘制和倒伏量的设计）。

　　⑬ 修正后翻领型。后翻领领型需要修正三条线，分别是领外口弧线、领口弧线及领翻折线，这三条线都要与领后中心线保持垂直（图 8-3-7）。需要说明的是，由于领口线的修顺，导致衣身片与领子有部分重叠量，这样形成两个侧颈点，分别是衣身 SNP 和领子SNP。在分离纸样时，初学者往往容易出现将衣身 SNP 忽略掉的错误，造成前肩斜线变短，会给实际生产带来困难，如图 8-3-7 所示。

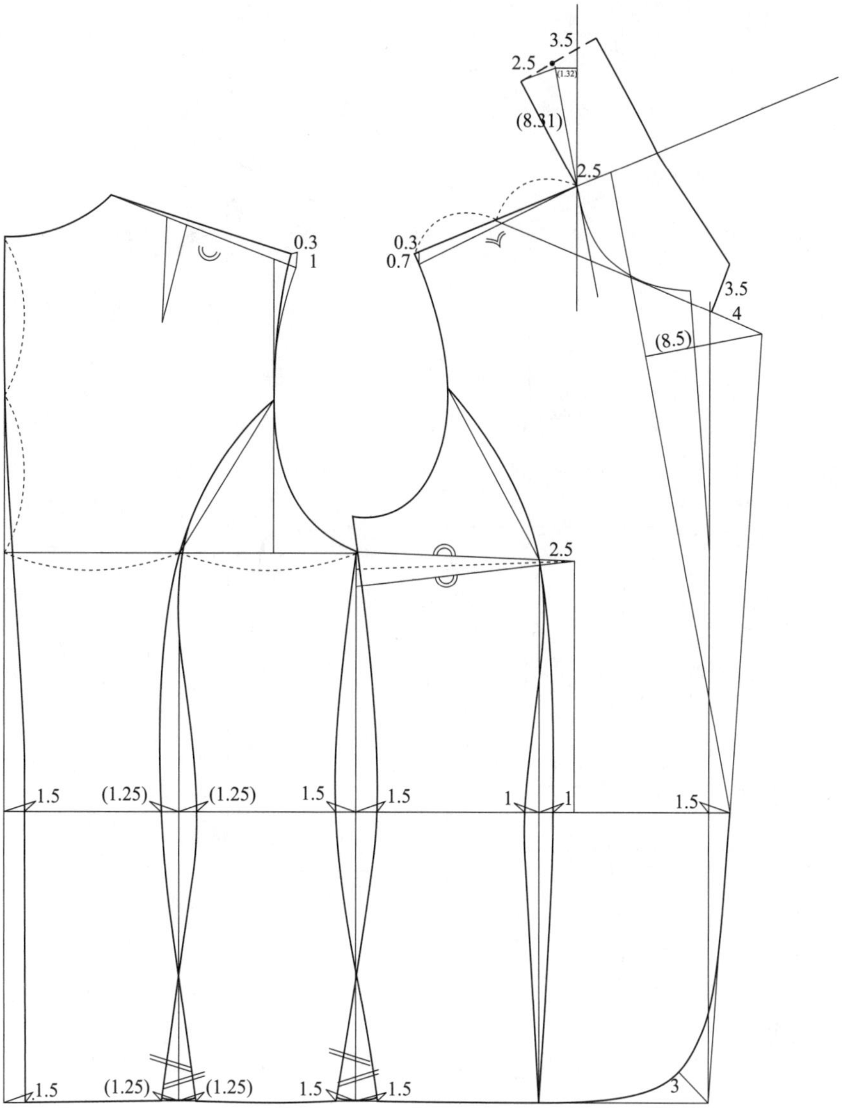

图 8-3-6 女西装领子绘制（单位：cm）

二、三开身秋冬女西装纸样结构设计

1. 秋冬女西装加放松量设计

本部分借助新文化式原型进行制作。秋冬女西装与春夏女西装相比，松量的增加并无固定标准，需综合多方面因素考量。从面料来看，秋冬女西装多用厚实面料，如全毛或毛涤呢绒类面料，保暖但透气性和柔软度欠佳，穿着易紧绷，故胸围松量通常比春夏增加2～4cm。在款式方面，秋冬西装为保暖和造型常有特殊设计，如加厚垫肩、宽松袖型等，若款式复杂，胸围和袖窿松量可能需增加 3～5cm。气候因素也不容忽视，秋冬需搭配保

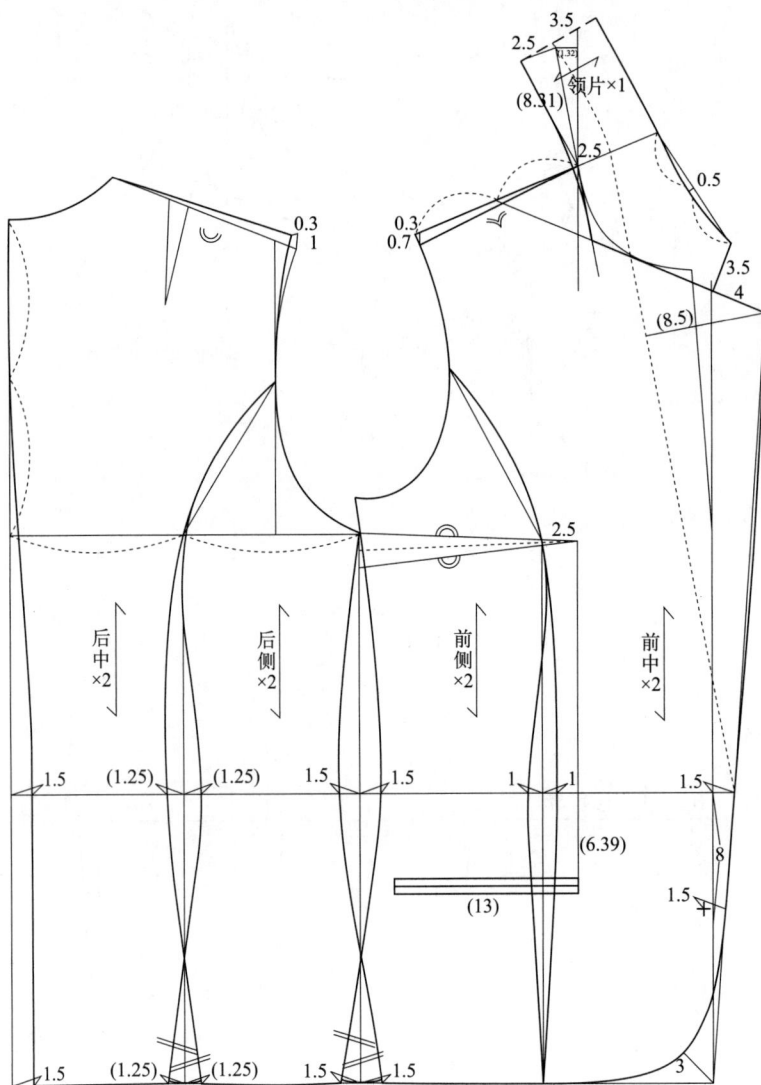

图 8-3-7　四开身女西装纸样（单位：cm）

暖内衣，因此衣长一般情况下也可以增加 1～2cm，以免内搭外露。再从人体活动角度讲，秋冬虽活动减少，但仍需活动自如，肩部松量可增加 1～2cm，袖窿增加 2～3cm，腰部增加 1～2cm，以保证自由活动。图 8-3-8 为三开身秋冬女西装款式图。

2. 贴袋三开身秋冬女西装

（1）三开身秋冬西装制图。图 8-3-9 和图 8-3-10 展示了三开身秋冬女西装作图具体步骤。由于该款式为秋冬款，因此松量增加了 3～5cm，腰部的收省量为 11cm，因此如果以 160cm 的标准身高为例，其胸围为 84cm，规格为 96cm，如果因为秋冬的款式，其胸围放松量再增加 8cm，腰围的尺寸则为 104－22＝82cm。与前面的女西服相比，驳头的翻折止点从腰节线向上 1.5cm。原型的借助方法以及衣身和领子的作图参照前面章节。袖窿深

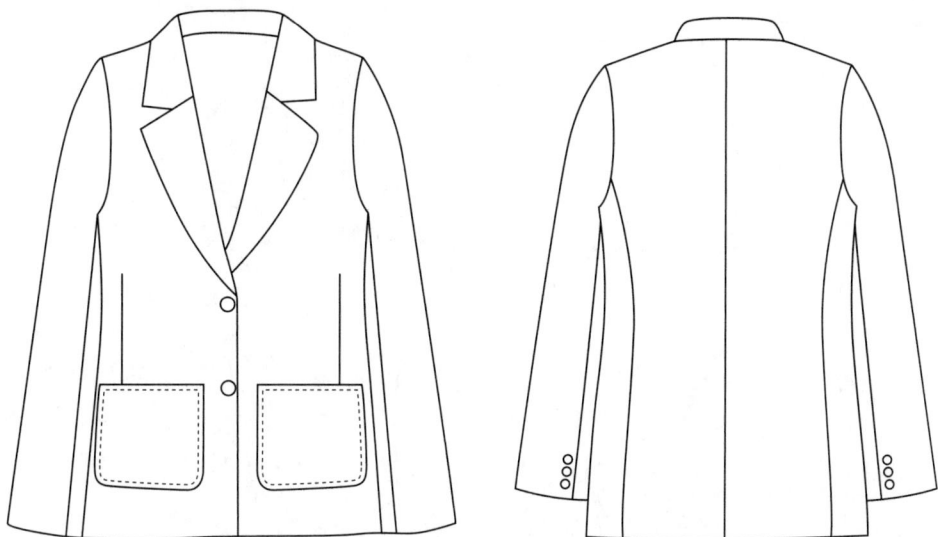

图 8-3-8　三开身秋冬女西装款式图

度下降 1cm，袖子是没有开衩的两片袖。垫肩为 0.5cm 高，撇势为 0.7cm，如图 8-3-9
所示。

（2）纸样的调整。为使胸部造型挺括，把过面一直做到袖窿。将领口省道闭合，翻折
的位置要加入松量。以领底的纸样为基础制作领面的纸样。为了过面的里侧不向上吊起，
在袖窿和下摆领翻折线内侧将余量收拢，在领外口追加面料的厚度和领外口的不足。在翻
折线的位置要加追加尺寸。如图 8-3-11 所示。

三、四开身无领女西装结构设计

1. 款式特征

这款女装（图 8-3-12）外形雅致，采用无领设计，衣身通过侧缝和前后身的刀背分割
线打造出半紧身的效果，整体轮廓流畅而修身。衣身由刀背线分割成四开身，结构简洁大
方。衣襟采用单排扣设计，过面（贴边）连裁，细节处理精致。领口为圆领口，简洁而不
失优雅。袖子为两片绱袖设计，配有袖开衩，增添了一丝灵动感。衣袋采用贴袋设计，实
用且美观。垫肩厚度为 1cm，用里料包裹，内侧用线襻固定，确保肩部线条挺括。整体服
装使用中等厚度的羊毛面料，覆黏合衬，做成全里服装，既保暖又显质感。

2. 面料、里料、辅料的准备

面料：150cm 幅宽，165cm 长。估算方法：（衣长＋缝份 10cm）×2，需要对花对格
的时候适量追加。

里料：90cm 幅宽，215cm 长。估算方法：衣长×3。

厚黏合衬：90cm 幅宽，150cm（前身用）长，前衣片、前侧片、后领贴边使用。

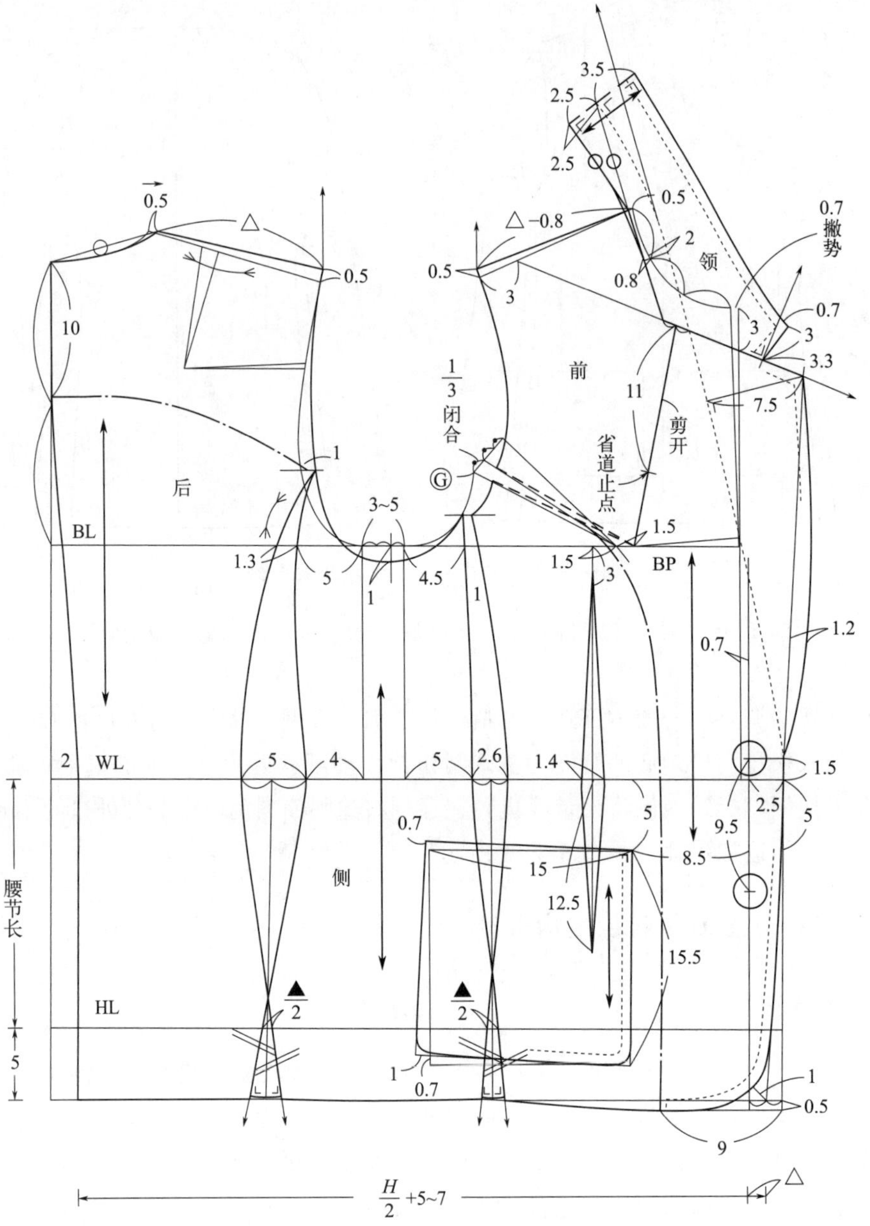

图 8-3-9　三开身秋冬女西装纸样（单位：cm）

薄黏合衬：90cm 幅宽，80cm（零部件用）长，后背、袖窿、下摆、袖口、口袋使用。

黏合牵条：1cm 宽，6°斜丝牵条。

垫肩：厚 1cm，绱袖用一副。

袖条：1 副。

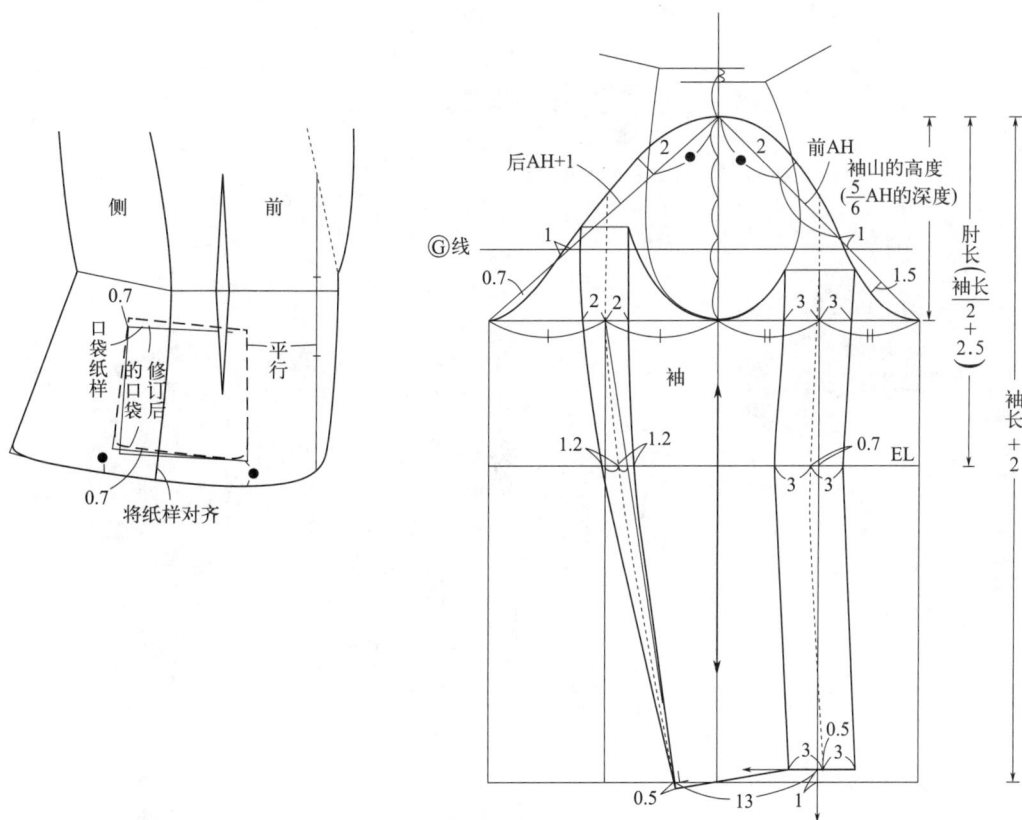

图 8-3-10　三开身秋冬女西装两片袖与口袋纸样（单位：cm）

纽扣：直径 1.8cm，5 个（前叠门用）；直径 1.5cm，6 个（袖口开衩用）。

垫扣：5 个。

3. 借助新文化式原型制图（图 8-3-13）

（1）与后中心线垂直相交引出腰围线，放置后身原型。

（2）在同一条水平延长线即腰围线上放置前身原型。省道及 BP 作记号，通过 G 点画水平线。

（3）后片肩省量的 1/3 合并，剪开袖窿，分散合并的省量，即 1/3 的肩省量转移到袖窿之处，剩余的部分在肩部进行归缩，然后订正肩线、袖窿线。

（4）与前中心线平行，追加 0.5cm 作为面料厚度的超出量，成为新的前中心线。

（5）从腰围线向下取腰长，画水平线，成为臀围线。

（6）在后中心线上，从臀围线向下 14cm 画水平线，成为衣长线。

（7）与前中心线平行画出 2cm 宽的叠门，成为止口线。

（8）领口：前后都是在颈侧点剪掉 1cm，在前中心线下挖 3.5cm，画成圆领口。

（9）肩端：作为垫肩量在前后各追加 0.5cm，与颈侧点连接，作肩线。

领面

0.1　　0.2剪开

0.2
剪开

翻折线

在SNP闭合0.2

肩里

10

过面

0.2剪开

闭合

0.1

15

闭合

衣身的省道

驳口线

剪开

BP

0.3
追加

剪开

BP

9

0.2追加

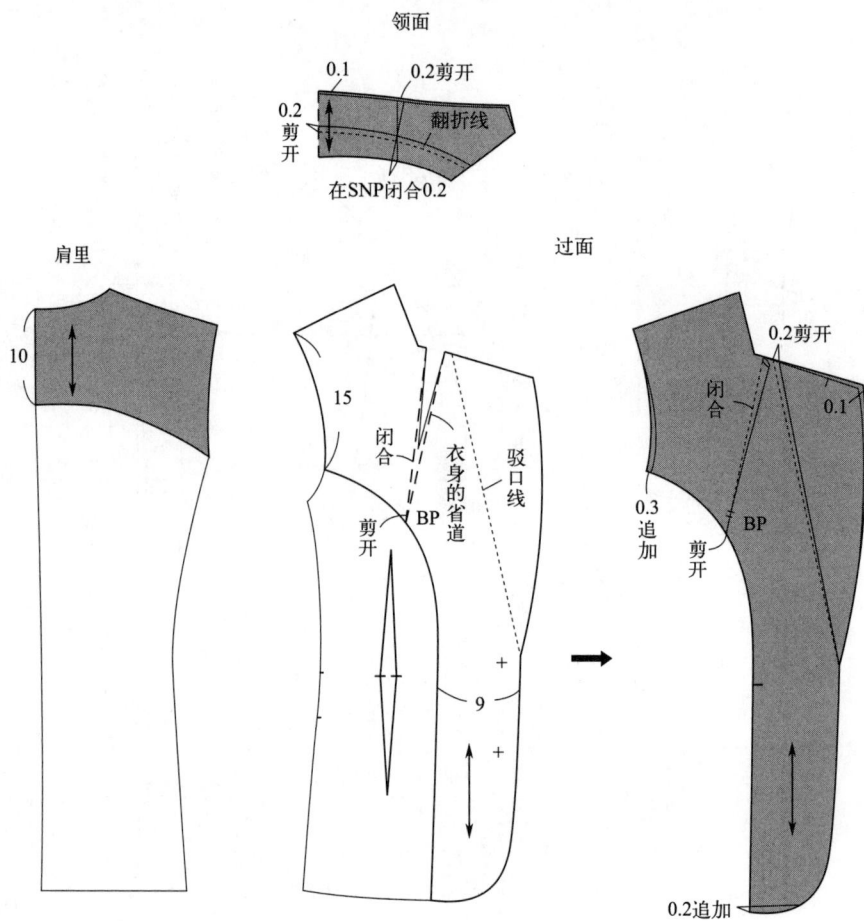

图 8-3-11　六开身秋冬女西装裁片（单位：cm）

图 8-3-12　四开身无领女西装

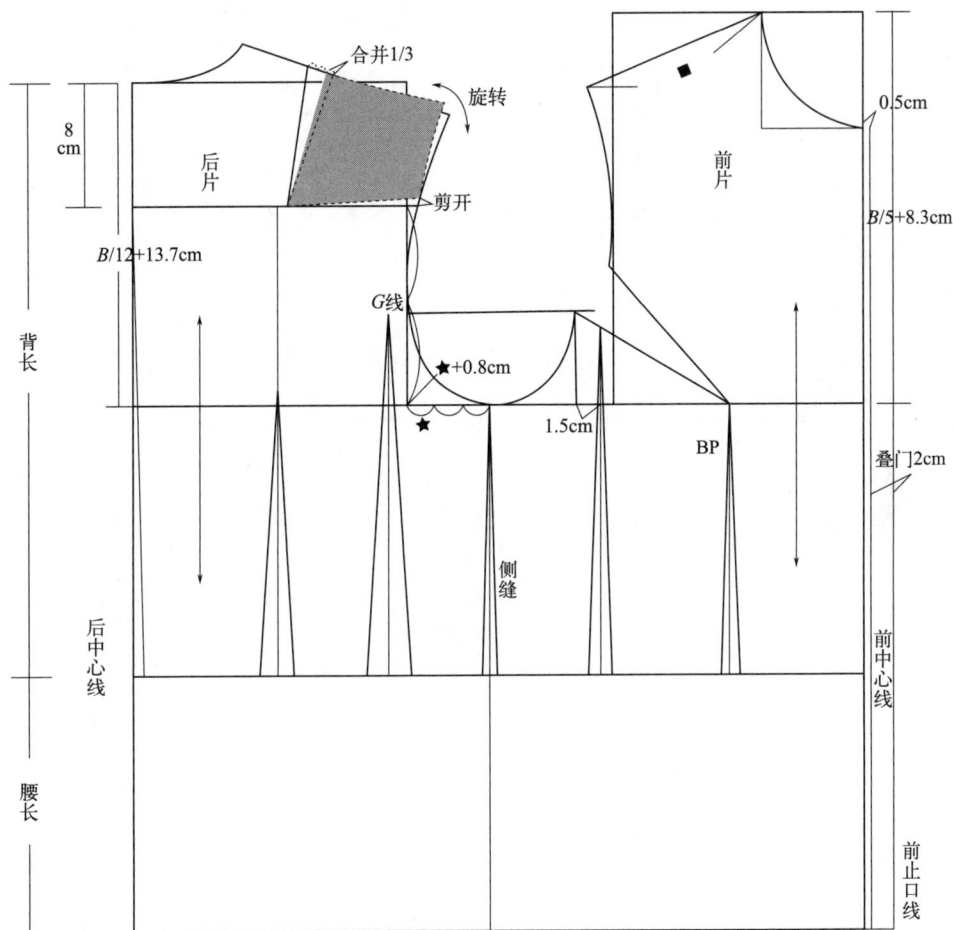

图 8-3-13　借助新文化式原型制图

4. 前片制作

（1）前片宽。在胸围线位置，从原型的腋下缝上去掉 0.5cm，袖窿下挖 1cm。

（2）在臀围线上取（$H/4+4cm$）再减掉 2cm，此点与下摆点连接。在腰围线以上 2cm 的位置向内收 1.2cm，画出与腋下点、臀围线相连的腋下缝线。

（3）袖窿省：1/2 量分散在袖窿，1/2 量处理在刀背。

（4）刀背缝：从原型的袖窿省位置开始连接到腰围线上距离前中心线 11cm 的位置，再与臀围线的交点处交叉 2cm，如图 8-3-14 所示。

（5）袖窿。合拢刀背缝，将其修整圆顺。

（6）在胸部和腹部进行贴袋，要注意贴袋两侧边线分别与前中心线平行。同时，口袋缝在衣身上，看上去要自然。腹部的口袋不仅要与下摆平行，也与腋下缝线的倾斜程度相协调。

（7）过面宽。在肩线上取 3cm，下摆取 7cm，后领口贴边宽取 3cm。

合并1/3

旋转

8 cm

后片

剪开

B/12+13.7cm

背长

*G*线

0.5cm

1cm

后中心线

侧缝

2cm 1.2cm

1.6cm

腰长

2cm

1cm 0.7cm

1.5cm 1.5cm

1cm

3cm

0.5cm

前片

面料厚度0.5cm

3.5cm

BP

叠门2cm

11cm 前中心线

前止口线

2cm

H/4+4cm

7cm

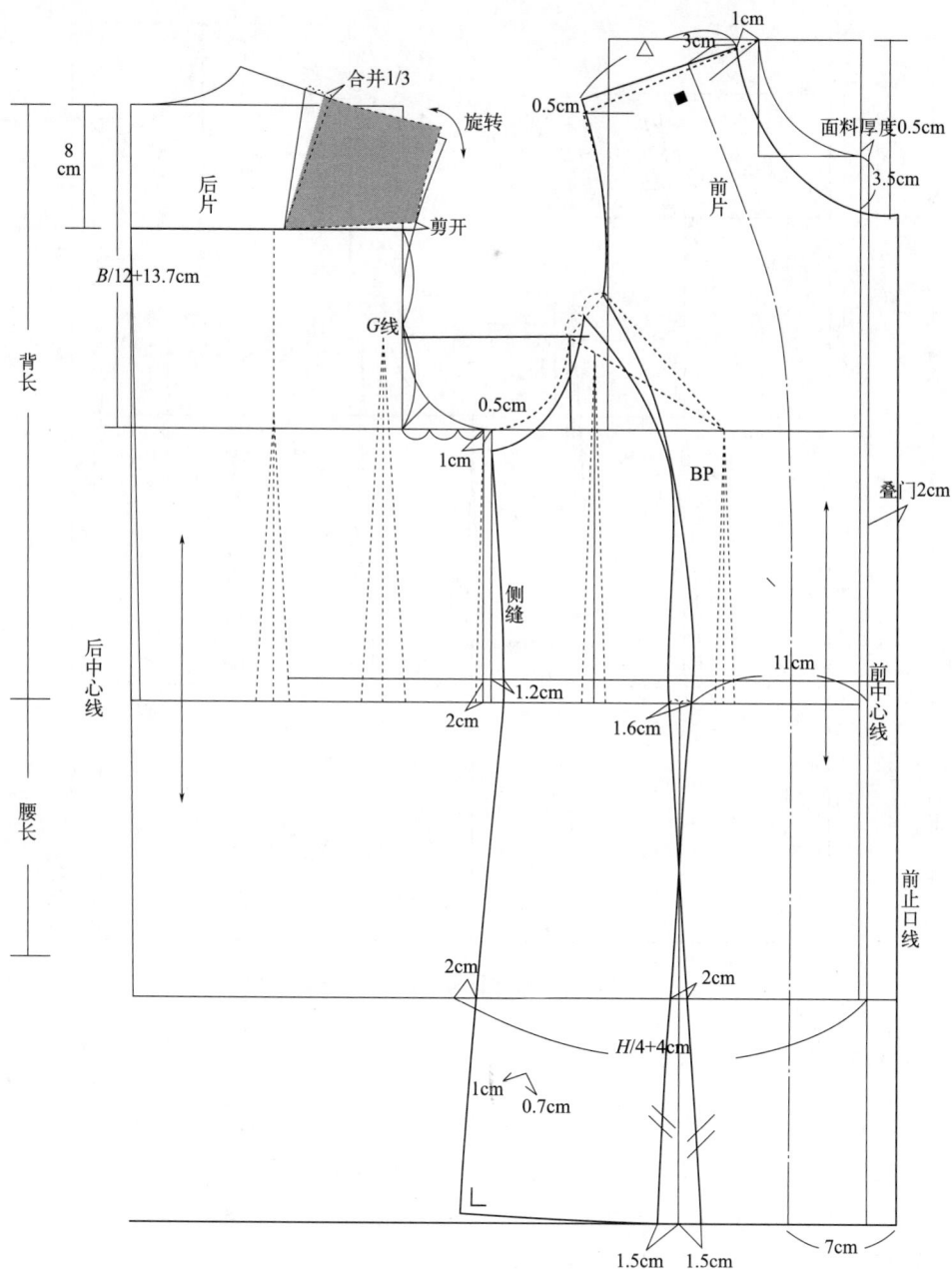

图 8-3-14 无领外套前片制图

（8）贴袋。在胸部和腹部的贴袋设计中，两侧边线应分别与前中心线保持平行。缝制口袋时，需确保其外观自然，腋下缝一侧应适当倾斜，以符合人体曲线。腹部的口袋不仅要与下摆平行，还需与腋下缝线的倾斜程度相协调，以保持整体设计的和谐统一。在女装设计中，口袋的功能性虽重要，但更强调其装饰性，因此需特别注重口袋的大小和位置的合理安排。

具体设计细节如下（图 8-3-15）。

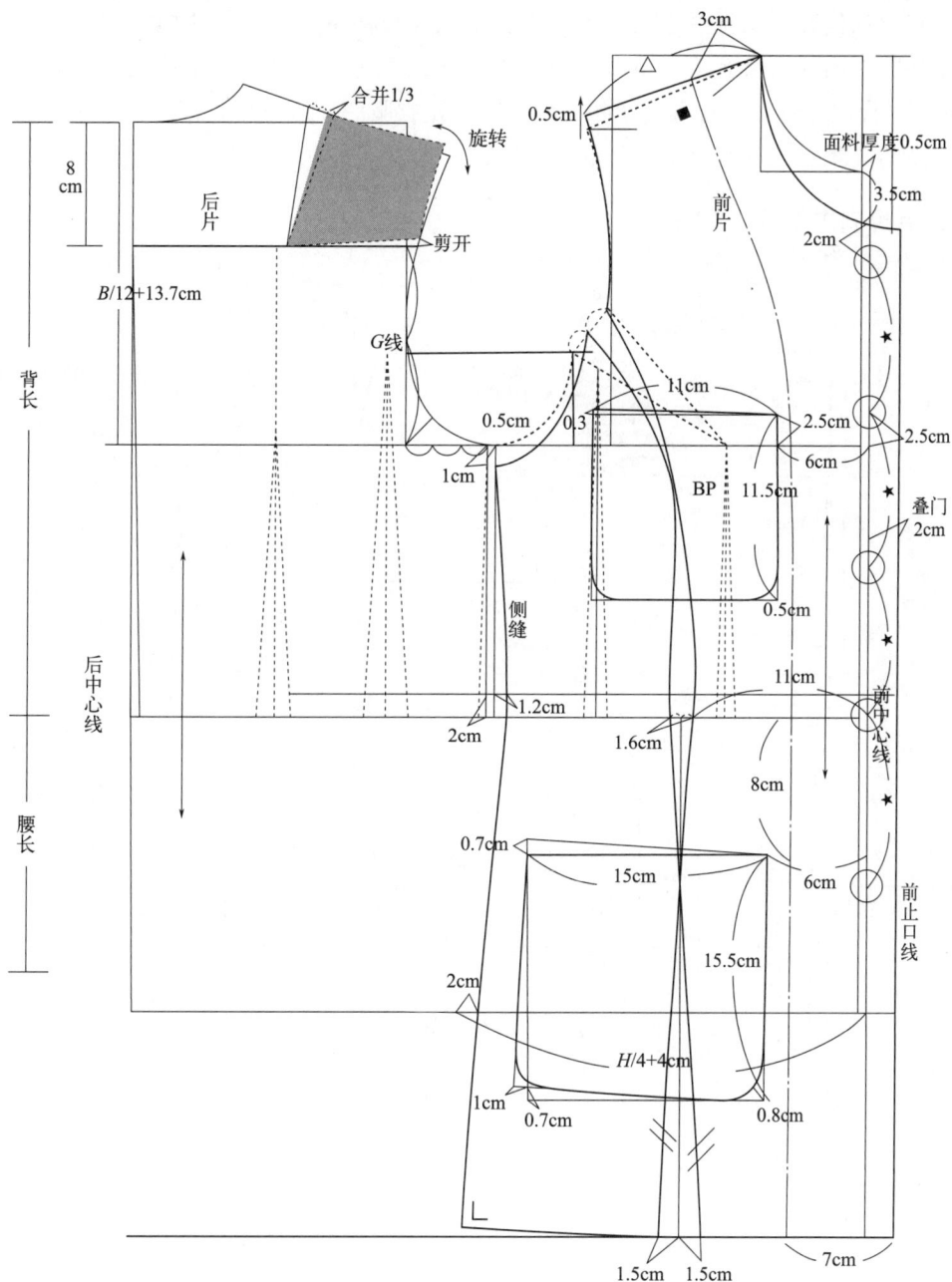

图 8-3-15　无领外套前片贴袋制作

　　胸部口袋：距离新前中心线 6cm，口袋上水平线高出胸围线 2cm，口袋尺寸为 11cm（宽）×11.5cm（高）。上水平线右侧需稍微提升 0.3cm，以增强视觉平衡感。

　　腹部口袋：同样距离新前中心线 6cm，上水平线距离腰围线 8cm，口袋尺寸为 15cm（宽）×15.5cm（高）。整体设计呈现 0.7cm 的倾斜，上水平线右侧下落 0.7cm，底端右侧向外延伸 1cm，以与服装的整体线条和人体曲线相协调。

　　通过以上设计，口袋不仅能够满足实用性需求，还能在视觉上提升服装的美感，体现女装设计的精致与优雅。

（9）纽扣位置。在前中心线上第一个扣眼从领口向下 2cm（与叠门宽度基本相同），第二个扣眼在胸围线以上 2.5cm 处，第三个扣眼以下每一个都是用上面的扣眼间距加上 0.2cm，以使间距看上去相等。纽扣的设置既可使衣服的穿脱方便，同时也是装饰品，数量、大小的配置对于设计效果起着重要的作用。

5. 后片制作（图 8-3-16）

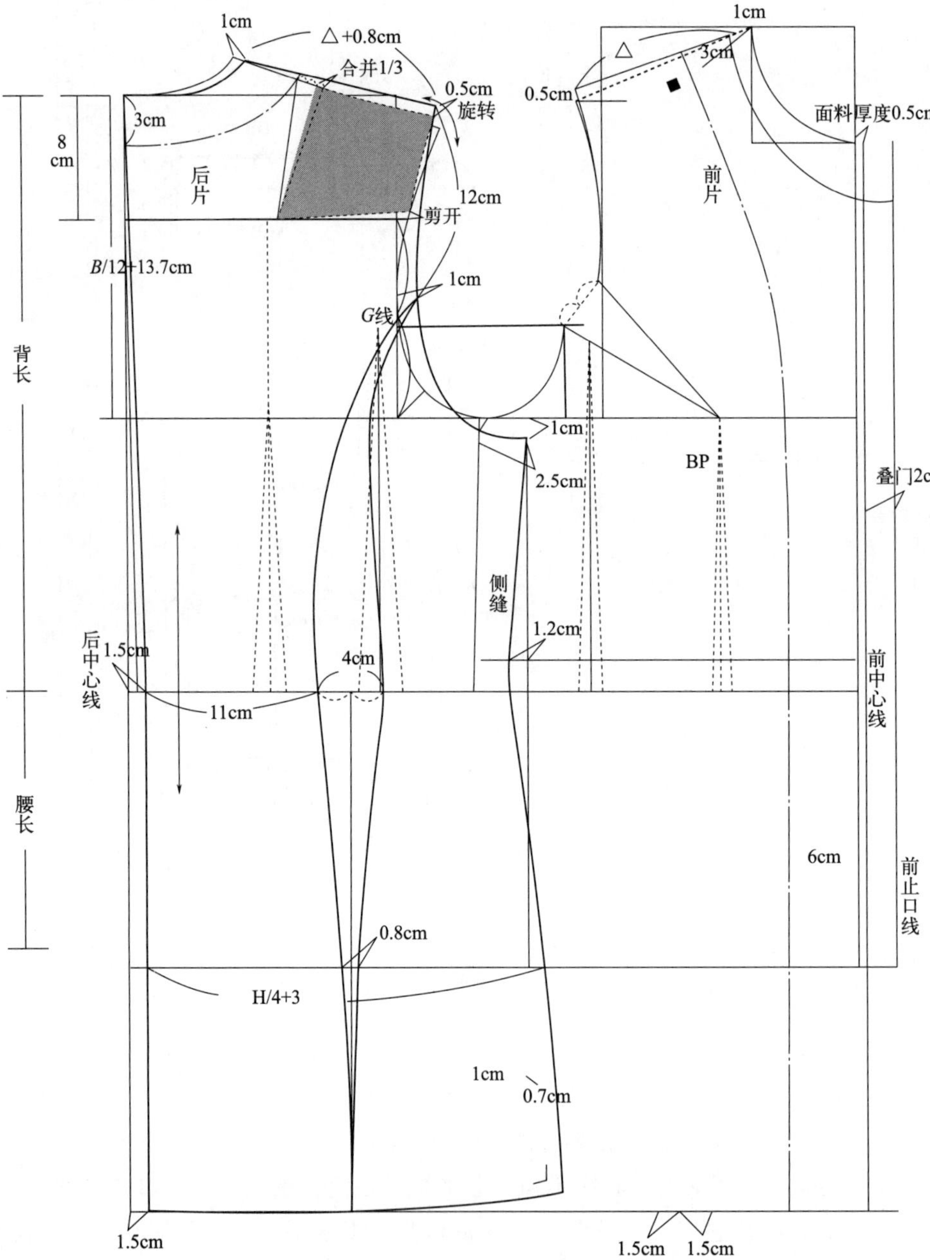

图 8-3-16　无领外套后片

（1）在臀围上从后中心线量取（H/4+3）cm，与下点连接。腰围线以上 2cm 的位置向内收 1.2cm，与臀围线连接，画出后腋下缝线。将下摆宽度平均分成四等份，腋下缝线与 1/4 等份的交点画成直角，继续画出下摆线。

（2）后刀背缝。从肩端点开始沿着袖窿线向下 12cm 的位置到距后背中心线 11cm 的 WL 位置连线，向侧面量取 4cm，确定侧片位置。将 4cm 两等分，过其中点向下画直线，在臀围线上去掉 0.8cm，连接袖窿、WL、HL、下摆上的各个点，形成后身的刀背缝。

（3）后肩宽。根据前肩宽（△）追加 0.8cm 的缩缝。

（4）后中心线。在腰围线上取 1.5cm 背省，垂直画到下摆。

（5）后片宽。在胸围线上袖窿处加出 2.5cm 松量，袖窿下挖 1cm，弥补由于背部松量增加造成后袖窿变浅的情况。

无领外套前后片结构样板对比如图 8-3-17 所示。

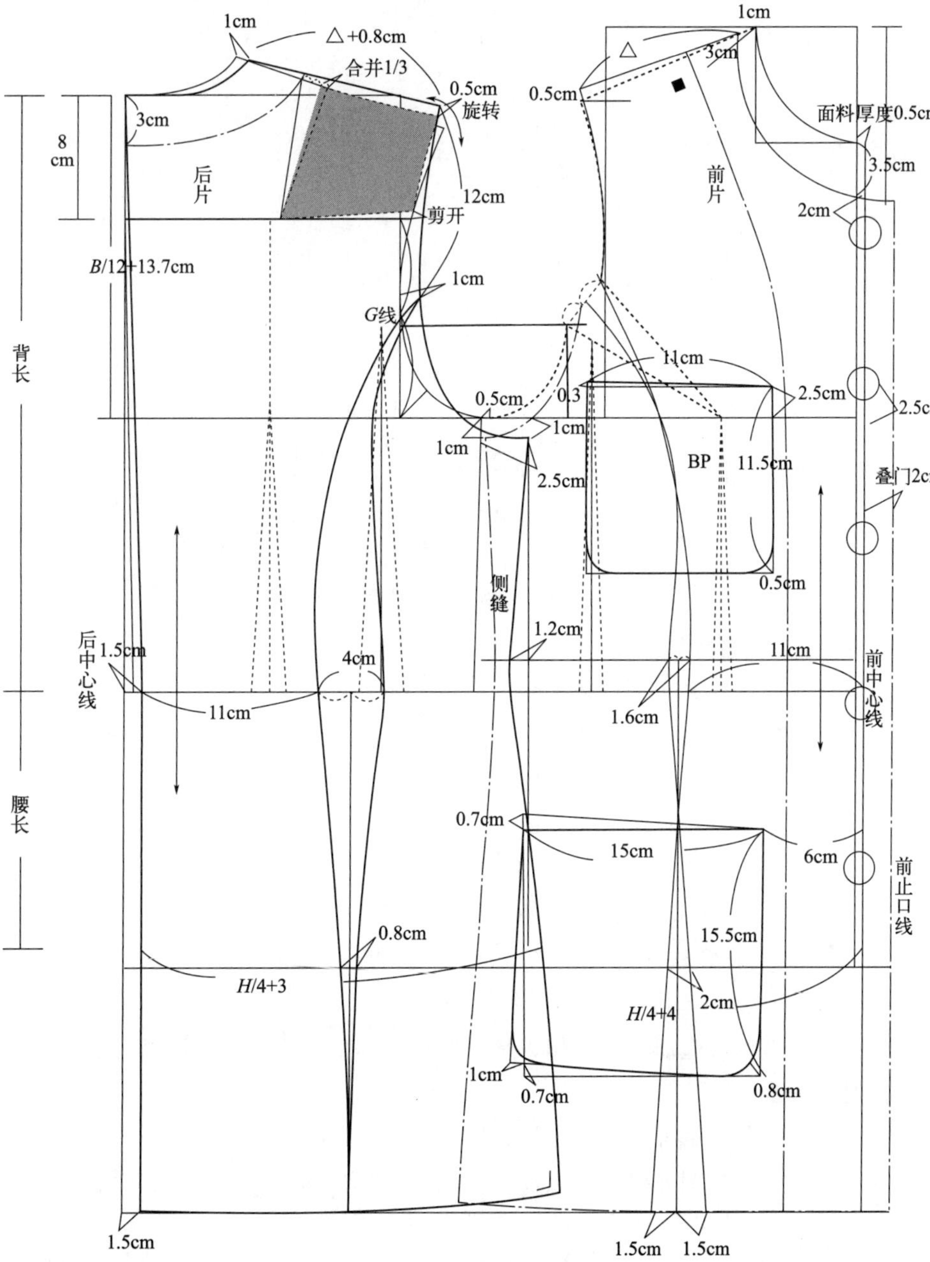

图 8-3-17　无领外套前后片比较

6. 袖子的作图（图 8-3-18）

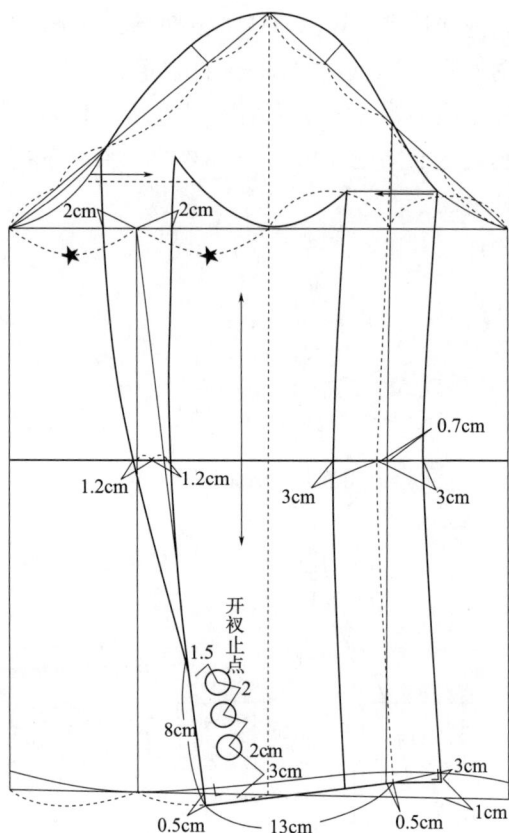

图 8-3-18　无领贴袋西装两片袖

测量衣身袖窿（AH）的深度，确定袖山高度。

（1）刀背缝对合，腋下缝点对合，画出衣身的袖窿线。

（2）在袖窿底部画出水平线作袖肥线，通过腋下缝点引垂直线作袖山线。

（3）测量前后肩点到袖窿底的垂直尺寸（AH 的深度），将前后 AH 的深度平均，取其 5/6 作袖山的高度（作法与新文化式袖子原型一致）。

（4）立起卷尺与袖窿曲线吻合，测量前后袖窿的尺寸，从袖山点斜着取前 AH、后 AH＋1cm 确定袖肥。同时应确认袖肥的松量是否适当，紧身袖的袖肥约为 27～34cm，合体袖约为 29～36cm，宽松袖约为 31～40cm 或更大。

（5）以 G 线变曲点为基准，画袖山弧线。

（6）袖长从袖山点再追加 2cm，作为垫肩的厚度和由于吃缝而掩藏部分的补偿。画出袖口线和袖肘水平线。

（7）将前后袖肥分别 2 等分并作出垂直线。

（8）袖口尺寸。以前偏袖线为起点取 13cm，开衩取 8cm。

（9）袖下线。前偏袖上下同宽，宽度为 3cm。相对而言，后偏袖上宽下窄，袖根处宽度为 2cm，袖肘处宽度为 1.2cm，在袖开衩止点以上结束。分别画出大袖和小袖。

（10）小袖的袖窿。沿着偏袖线折叠纸样，把袖山弧线的下半段描绘到小袖的袖窿底部。

（11）最后，测量袖山的吃缝量（袖山弧线与袖窿尺寸的差量），该西服的吃缝量是 3.5cm 左右。吃缝量与绱袖子的位置、绱袖子的角度以及面料的物理性能有关。

参考文献

[1] 中屋典子，三吉满智子.服装造型学技术篇Ⅰ［M］.孙兆全，刘美华，金鲜英，译.北京：中国纺织出版社，2004.

[2] 刘瑞璞.女装纸样设计原理与应用［M］.北京：中国纺织出版社，2017.

[3] 侯东昱.女装成衣纸样设计教程［M］.北京：中国纺织出版社，2015.

[4] 张文斌.服装制版提高篇［M］.上海：东华大学出版社，2018.

[5] 中屋典子，三吉满智子.服装造型学技术篇Ⅱ［M］.孙兆全，刘美华，金鲜英，译.北京：中国纺织出版社，2004.

[6] 威妮弗蕾德·奥尔德里奇.图解英国服装样板裁剪［M］.杨子田，译.北京：中国纺织出版社，2017.